"十三五"高等职业教育核心课程规划教材·机电大类

U0719679

数控机床电气及PLC控制技术

主　编　徐　慧　赵宏立

副主编　孙翀翔　李家峰　苏安辉

参　编　高　杉　朱开滨

主　审　黄启明

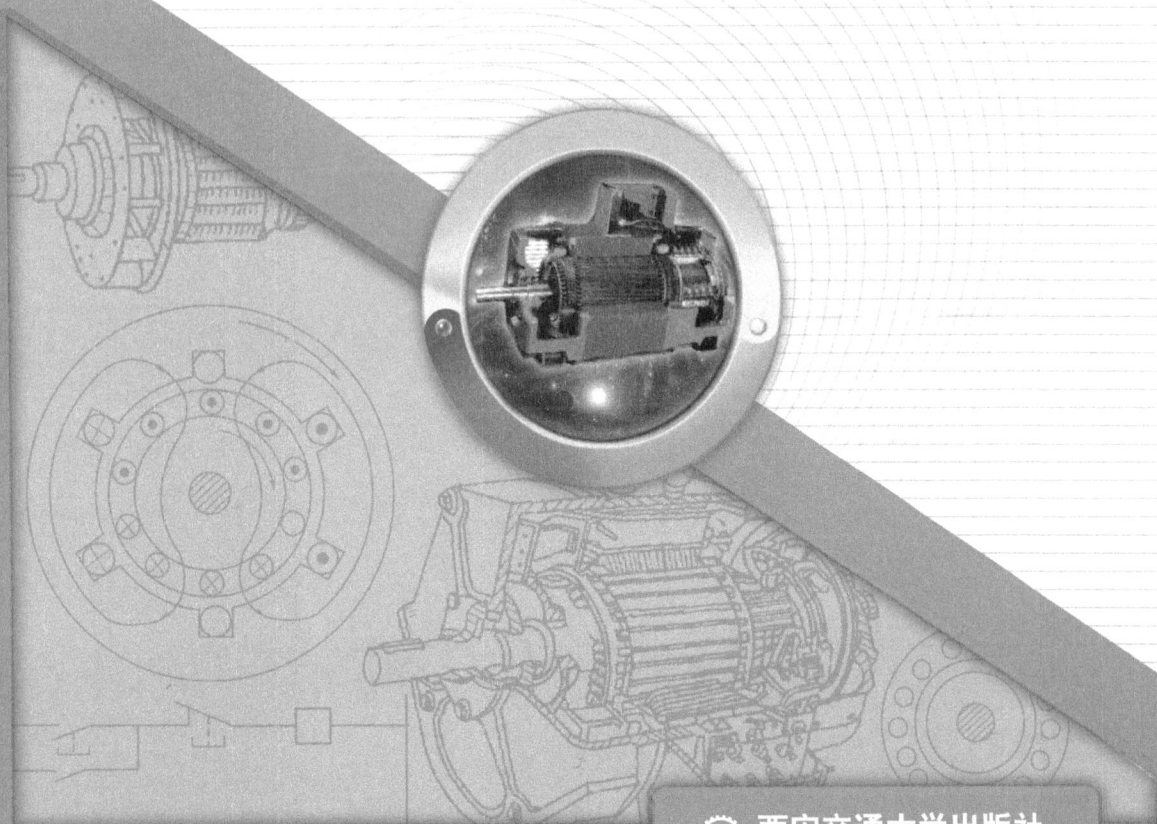

西安交通大学出版社

XI'AN JIAOTONG UNIVERSITY PRESS

内 容 简 介

本书兼顾工程应用及教学需要,从数控机床电气控制的应用出发,把握典型机床的电气自动控制系统的特点。在理论上在只求够用,内容上力求全面、实用,突出应用能力的培养。全书共分九章,从两方面着手编写,第一方面介绍了数控机床常用低压电器、常用电动机应用基础、电气控制基本环节、典型机床电气控制。第二方面具体介绍 PLC 概论、S7-200 系列 PLC 程序编制、PLC 应用设计、S7-200 系列 PLC 的自动化网络通信。本书 PLC 部分主要以西门子 S7-200 系列 PLC 产品为介绍对象,内容新颖,实例详细。

本书可作为高职高专机电一体化、数控、电气自动化等专业的教材,也可作为职工培训、自学教材,对从事电气控制的技术人员也有重要的参考价值。

图书在版编目(CIP)数据

数控机床电气及 PLC 控制技术/徐慧,赵宏立主编 . —西安:西安交通大学出版社,2018.3(2021.7 重印)
ISBN 978-7-5693-0307-0

Ⅰ.①数… Ⅱ.①徐…②赵… Ⅲ.①数控机床-电气控制-高等职业教育-教材②PLC 技术-高等职业教育-教材 Ⅳ. ①TG659②TM571.6

中国版本图书馆 CIP 数据核字(2017)第 299841 号

书 名	数控机床电气及 PLC 控制技术
主 编	徐 慧 赵宏立
责任编辑	雷萧屹
出版发行	西安交通大学出版社
	(西安市兴庆南路 1 号 邮政编码 710048)
网 址	http://www.xjtupress.com
电 话	(029)82668357 82667874(发行中心)
	(029)82668315(总编办)
传 真	(029)82668280
印 刷	西安日报社印务中心
开 本	787mm×1092mm 1/16 **印张** 12.875 **字数** 310 千字
版次印次	2018 年 7 月第 1 版 2021 年 7 月第 2 次印刷
书 号	ISBN 978-7-5693-0307-0
定 价	37.50 元

读者购书、书店添货,如发现印装质量问题,请与本社发行中心联系、调换。
订购热线:(029)82665248 (029)82665249
投稿 QQ:850905347

前　言

为了适应高等职业教育事业的不断发展,本书针对高职高专电气、机电或数控专业学生的培养目标和岗位技能的要求,在充分体现理论内容"必须、够用"的原则和突出应用能力和综合素质培养的前提下,由浅入深,循序渐进地对教材内容进行陈述。

全书共分九章,从两方面着手编写,即数控机床电气和PLC。主要内容有数控机床常用低压电器、常用电动机应用基础、电气控制基本环节、典型机床电气控制、PLC概论、S7-200系列PLC程序编制、PLC应用设计、S7-200系列PLC的自动化网络通信。针对当前市场上众多PLC产品,以当今应用最广泛的世界著名PLC厂商西门子产品的应用机型为主,介绍PLC的应用和程序设计方法,其内容新颖,实例由浅入深。此外每一章后都有思考与练习,使学生对所学的内容能进一步理解和掌握。本教材中的术语、图形文字符号均采用最新的标准。教材既注意了反映我国机床电气控制的现状,也注意了机床控制新技术发展的需要。

本书由辽宁省交通高等专科学校数控教研室徐慧、赵宏立主编。辽宁省交通高等专科学校的孙翀翔、李家峰和辽宁机电职业技术学院苏安辉担任副主编,同时参与编写的还有高杉和朱开滨。在本书编写的过程中,得到了沈阳明日宇航工业有限责任公司技术总监朱开滨的大力帮助,为本书提供了部分宝贵的企业案例和教学资源。全书由沈阳机床股份有限公司的全国技术能手黄启明主审。

本书可作为高等职业教育机电一体化、数控、电气自动化等专业的教材,也可作为职工培训、自学教材,对从事电气控制的技术人员也有重要的参考价值。

由于电气控制技术的发展日新月异,加之编者水平有限,时间仓促。书中如有疏漏或不足之处恳请专家和读者提出宝贵意见和建议,以便再版时更正,不胜感激。

编　者

2018 年 5 月

目　录

第1章 绪　论

1.1　概论

机床是机械制造业中的主要加工设备,机床的质量、数量及自动化水平,直接影响整个机械工业的发展;机床的自动化水平对提高生产效率和产品质量,减轻操作人员的体力劳动等方面起到极为重要的作用。数控机床是由普通机床发展而来,它集机械、液压、气动、伺服驱动、精密测量、电气自动控制、现代控制理论、计算机控制和网络通信等技术于一体,是一种高效率、高精度、能保证加工质量、解决工艺难题,而且又具有一定柔性的生产设备,正逐步取代普通机床。

数字控制(Numerical Control,NC)技术是用数字化信息进行控制的自动控制技术,采用数控技术控制的机床,或者说装备了数控系统的机床,称之为数控机床。数控机床是机电一体化的典型产品,现代数控系统都为计算机数控(Computer Numerical Control,CNC)系统。

机床的电气控制对于现代机床的发展有着非常重要的作用,从广义上说,现代机床电气控制的重要标志是:自动调节技术、电子技术、检测技术、计算技术、综合控制技术应用在机床中。虽然目前机床使用各种不同的动力设备,如液压装置、气压装置及电气设备等,但其中电气设备使用最广泛,是最主要的动力设备,即使使用液压或气压装置做动力,也离不开电气控制,电气自动控制装置的配置情况正是机床自动化水平的重要标志。

1.1.1　数控机床电气控制系统的组成

自19世纪有了电动机以后,由于电力在传输、分配、使用和控制方面的优越性,使电动机拖动获得了广泛应用。现代机床的动力主要由电动机来提供,即由电动机来拖动机床的主轴和进给系统。电动机通过传动机构,来带动工作机构的拖动方式,就称为电力拖动。

人们习惯把电动机、传动机构及工作机构视为电力拖动部分;把为满足加工工艺要求、电动机启动、制动、反向、调速的控制部分视为电气自动控制部分。

数控机床电气控制系统由数控装置(CNC)、进给伺服系统、主轴伺服系统、机床强电控制系统等组成,如图1-1所示。

数控装置是数控机床电气控制系统的控制中心。它能够自动地对输入的数控加工程序进行处理,将数控加工程序信息按两类控制量分别输出:一类是连续控制量,送往伺服系统;另一类是离散的开关控制量,送往机床强电控制系统,从而协调控制机床各部分的运动,完成数控机床所有运动的控制。

由图1-1可知,机床的控制任务是实现对主轴的转速和进给量的控制,有时还要完成如各种保护、冷却、照明等系统的控制。机床的电气自动控制系统就是用电气手段为机床提供动力,并实现上述控制任务的系统。从数控机床最终要完成的任务看,主要有以下三个方面内容。

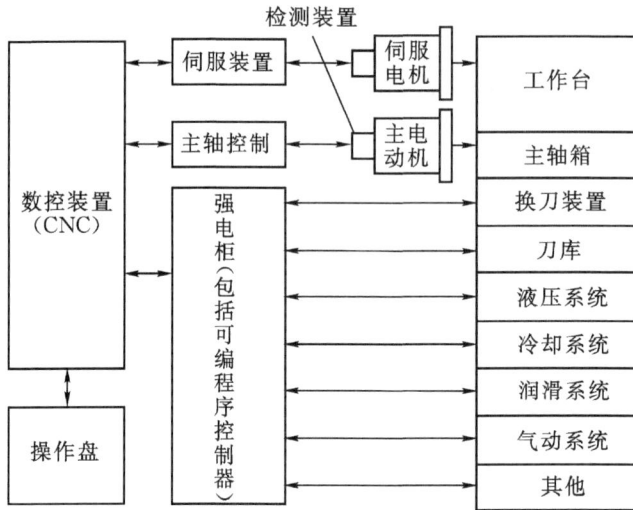

图 1-1　数控机床电气控制系统组成

1. 主轴运动

和普通机床一样,主运动主要完成切削任务,其动力约占整台机床动力的 70%~80%。基本控制是主轴的正、反转和停止,可自动换档及无级调速;对加工中心和有些数控车床还必须具有定向控制和 C 轴控制。

2. 进给运动

这是数控机床区别于普通机床最根本的地方,即用电气驱动替代了机械驱动,数控机床的进给运动是由进给伺服系统完成的。伺服系统包括伺服驱动装置、伺服电动机、进给传动链及位置检测装置,如图 1-2 所示。

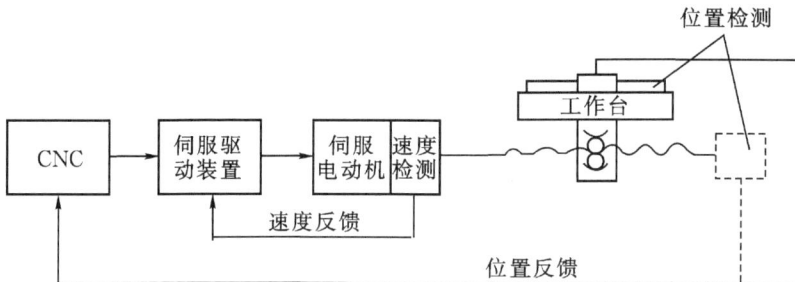

图 1-2　数控机床进给伺服系统

伺服控制的最终目的就是机床工作台或刀具的位置控制,伺服系统中所采取的一切措施,都是为了保证进给运动的位置精度。如对机械传动链进行预紧和反向间隙调整;采用高精度的位置检测装置;采用高性能的伺服驱动装置和伺服电动机,提高数控系统的运算速度等。

3. 强电控制

数控系统对加工程序处理后输出的控制信号除了对进给运动轨迹进行连续控制外,还要对机床的各种状态进行控制,这些状态包括主轴的变速控制,主轴的正、反转及停止,冷却和润滑装置的起动和停止,刀具自动交换,工件夹紧和放松及分度工作台转位等。例如,通过对机床程序中的 M 指令、机床操作面板上的控制开关及分布在机床各部位的行程开关、接近开关、压力开关等输入元件的检测,由数控系统内的可编程控制器(PLC)进行逻辑运算,输出控制信号驱动中间继电器、接触器、电磁阀及电磁制动器等输出元件,对冷却泵、润滑泵、液压系统和气动系统进行控制。

电源及保护电路由数控机床强电线路中的电源控制电路构成。强电线路由电源变压器、控制变压器、各种断路器、保护开关、接触器、熔断器等连接而成,以便为辅助交流电动机(如冷却泵电动机、润滑泵电动机等)、电磁铁、离合器、电磁阀等功率执行元件供电。强电线路不能与低压下工作的控制电路或弱电线路直接连接,只有通过断路器、中间继电器等器件,转换成在直流低电压下工作的触点的开合动作,才能成为继电器逻辑电路和 PLC 可接收的电信号,反之亦然。

开关信号和代码信号是数控装置与外部传送的输入、输出控制信号。当数控机床不带 PLC 时,这些信号直接在数控装置和机床间传送。当数控装置带有 PLC 时,这些信号除极少数的高速信号外,均通过 PLC 传送。

1.1.2　机床电气控制系统及其发展

机床电气自动控制的发展与电力拖动和电气自动控制的发展紧密相连。

1. 电力拖动的发展过程

20 世纪初,由于电动机的出现,使得机床的拖动发生了根本性的变革,电动机代替了蒸汽机,机床的电力拖动也随着电动机的发展而不断更新。

(1)成组拖动　19 世纪末,交流、直流电动机相继出现,最初是由电动机直接代替蒸汽机,即由一台电动机拖动一组机床,称之为成组拖动。电动机是通过拖动传动轴(天轴),再由传动轴经过皮带来实现能量分配与传递。这种拖动方式机构复杂、传递路径长、损耗大、生产灵活性小、工作中极不安全,在电动机成本逐渐下降后,已被淘汰。

(2)单电机拖动　20 世纪 20 年代,出现了单独拖动形式,即由一台电动机拖动一台机床,称为单电机拖动。与成组拖动相比较,简化了传动机构,缩短了传动路径,降低了能量传递中的损失,提高了传动效率,同时也可充分利用电动机的调速性能,并易于实现自动控制。至今,中小型通用机床仍有采用单电机拖动的。

(3)多电机拖动　由于生产的发展,机床在结构上有所改变,机床的运动要求增多。如果各种辅助运动也用同一台电动机拖动,其机械传动机构将变得十分复杂,而且也不能满足生产工艺的需要,因此出现了多台电动机分别拖动不同的运动机构,这种由多台电动机拖动一台机床称为多电机拖动。

采用了多电机拖动以后,不但简化了机床的机械结构,提高了传动效率;各运动部件能够选择最合理的运动速度,缩短了加工时间;而且便于分别控制,易于实现各运动部件的自动化,提高机床整体的自动化程度。多电机拖动已经成为现代机床最基本的拖动方式。

2. 电气自动控制的发展历程

在电力拖动方式的演变过程中,电力拖动的控制方式也由手动控制逐步向自动控制方向发展。电气自动控制发展的历史,也就是电动机调速技术和电气控制技术发展的历史。

1)机床调速技术的发展历程

为了提高机床的工作效率,在满足加工精度与光洁度的前提下,对于不同的工件材料和不同的刀具,应选择各自不同的最合理的切削速度。另一方面,机床的快速进刀、快速退刀和对刀调整等辅助工作,也需要不同的运动速度。因此,为了保证机床能在不同的速度下工作,要求包括主拖动和进给拖动在内的电力拖动系统,必须具备调节速度的功能。

现代机床一般采用下列调速系统。

(1)机械有级调速系统 在机械有级调速系统中,电动机采用不调速的鼠笼异步电动机,而速度的调节是通过改变齿轮箱的变速比来实现的。在这种系统中,负载转矩是经机械传动机构传到电动机轴上的,电动机轴上转矩只是负载转矩的传动比的数倍,可以选择转矩较小的电动机。但机械系统变得复杂,影响了机床的加工精度。在普通车床、钻床、铣床中一般都采用这种机械有级调速系统。

(2)电气-机械有级调速系统 在机械有级调速系统中,用多速鼠笼式异步电动机代替不能调速的鼠笼式异步电动机,就可简化机械传动机构,这样的系统就是电气-机械有级调速系统。多速电动机一般采用双速电动机,少数机床采用三速、四速电动机。中小型机床的主拖动系统多采用双速电动机。

(3)电气无级调速系统 通过直接改变电动机转速来实现机床工作机构转速的无级调节的拖动系统,称为电气无级调速系统。这种调速系统具有调速范围宽、可以实现平滑调速、调速精度高、控制灵活等优点,还可大大简化机床的机械传动机构,因而广泛应用于机床的主拖动和进给拖动系统中。

电气无级调速系统主要分为直流无级调速系统和交流无级调速系统两大类。

由于交流电动机具有结构简单、造价低及容易维护等特点,交流拖动系统在普通机床中占主导地位。但直流电动机具有良好的启动、制动和调速性能,可以很方便地在宽范围内实现平滑无级调速,20 世纪 30 年代,直流调速系统在重型和精密机床上得到广泛应用。20 世纪 60 年代以后,由于大功率晶闸管的问世,大功率整流技术和大功率晶体管的发展,晶闸管直流电动机无级调速系统取代了直流发电机-直流电动机、电磁放大机等直流调速系统,采用脉宽调制的直流调速系统也得到了广泛应用。

但 20 世纪 80 年代以来,随着电力电子学、电子技术、大规模集成电路和计算机控制技术的发展,再加上现代控制理论向电气传动领域的渗透,高性能交流调速系统在机床上应用越来越广泛。特别是以鼠笼式交流伺服电机为对象的矢量控制技术,使交流调速具有直流调速的优越调速性能。交流调速的单机容量和转速可大大高于直流电机,且交流电机无电刷和换向器,易于维护,可靠性高,能用于有腐蚀性、易爆性、含尘气体等特殊环境中。交流变频调速器、矢量控制伺服单元及交流伺服电机等交流调速技术,正逐步取代直流调速技术,成为机电传动技术的主流选择,得到了广泛应用。

2)电气控制技术的发展历程

在机床调速技术发展的过程中,电气控制技术也由手动方式逐步向自动控制方向发展。

①手动控制。手动控制是采用一些手动电器(如刀开关等),控制执行电器,称为手动控制。它适合那些容量小、动作单一、不需要频繁操作的场合。

②继电接触器控制。20 世纪 20～30 年代出现了继电接触器控制,采用继电器、接触器、位置开关、保护元件,实现对控制对象的启动、停车、调速、制动、自动循环以及保护等控制,通常称为电器控制。

由于控制器件结构简单、价廉,控制方式简单直接、工作可靠、易维护,因此在机床控制上得到长期、广泛的应用。其缺点一是接线固定,一台控制装置只能针对某一种固定程序的设备,一旦工艺程序有所变动,改变控制程序困难,就得重新配线,满足不了对程序经常改变、控制要求比较复杂的系统的需求;二是控制装置体积大、功耗大、控制速度慢;另外它是有触点控制,在控制复杂时可靠性降低。

③PLC控制。随着计算机技术的发展,又出现了以微型计算机为基础的,具有编程、存储、逻辑控制及数字运算功能的可编程控制器PLC。PLC的设计以工业控制为目标,接线简单、通用性强、编程容易、抗干扰能力强、工作可靠。它一问世即以强大的生命力,大面积地占领了传统的控制领域。PLC的发展方向之一是微型、简易、价廉,以图取代传统的继电器控制;而它的另一个发展方向是大容量、高速、高性能、对大规模复杂控制系统能进行综合控制。

④数字控制。数字控制是机床电气自动控制发展的另一个重要方面。数控机床就是数控技术用于机床的产物。它是20世纪50年代初,为适应中小批量的机械加工自动化的需要,应用电子技术、计算技术、现代控制理论、精密测量技术、伺服驱动技术等现代科学技术的成果。

数控机床既具有专用机床生产率高的优点,又具有通用机床工艺范围广、使用灵活的特点,并且还具有能自动加工复杂成形表面、精度高的优点。数控机床集高效率、高精度、高柔性于一身,成为当今机床自动化的理想形式。

数控机床的控制系统,最初是由硬件逻辑电路组成的专用数控装置NC,它的灵活性差,可靠性不高。随着价格低廉、工作可靠的微型计算机的发展,数控机床的控制系统无疑已为微机控制所取代,成为CNC或MNC系统。

加工中心机床是工序高度集中的数控机床。具有刀库和换刀机械手是它的显著特性。在加工中心机床上,工件可以通过一次装夹,完成全部加工。

⑤自适应控制。从现代控制理论中的“最优控制理论”出发,研制了自适应数控机床(AC)。它能自动适应毛胚裕量变化、硬度不均匀、刀具磨损等随机因素的变化,使刀具具有最佳的切削用量,从而始终保证有高的生产率和加工质量。

⑥计算机集成制造系统。为了发挥计算机运算速度快的能力,可由一台计算机控制多台数控机床,它称为计算机群控系统DNC,又称为“直接数控系统”。

20世纪90年代后,“直接数控系统”在不断消退,而由柔性制造系统取而代之。柔性制造系统FMS是由一中心计算机控制的机械加工自动线,是数控机床、工业机器人、自动搬运车、自动化检测、自动化仓库组成的高技术产物。

柔性制造系统加上计算机辅助设计CAD(Computer aid design)、计算机辅助制造CAM、计算机辅助质量检测CAQ及计算机管理信息系统CMIS(Computer Management information system),将构成计算机集成制造系统CIMS,它是当前机械加工自动化发展的最高形式。机床电气自动化在电气自动控制技术迅速发展的进程中将被不断推向新的高峰。

1.2 本课程的性质和任务

本课程是一门实用性很强的专业课,主要内容是以电动机或其他执行电器为控制对象,介绍了数控机床继电接触器控制系统和PLC控制系统的工作原理、典型机床的电气控制线路以及电气控制系统的设计方法。目前,PLC控制系统应用十分普遍,已经成为实现工业电气化的主要手段,是教学的重点所在。但是,一方面,根据中国当前的情况,继电接触器控制系统仍然是工厂设备最常用的电气控制方式,而且低压电器正向小型化、长寿命发展,出现了功能多样的电子式电器,使继电接触器控制系统性能不断提高,因此,继电接触器在今后的电气控制技术中仍然占有相当重要的地位;另一方面,PLC 是计算机技术与继电接触器控制技术相结合的产物,而且 PLC 的输入、输出仍然与低压电器密切相关,因此,掌握继电接触器控制技术也是学习和掌握 PLC 应用技术所必需的基础。

由于科学技术发展很快,教师在教学中,必须注意理论联系实际,教材的有些内容应创造条件进行现场教学,在实习中结合现场进行讲授,或在课堂教学中广泛应用教具、实物,并尽可能运用现代化教学手段,以提高教学质量和教学效果。实践课是本课程的重要组成部分,必须注意加强学生实际技能的训练和独立工作能力的培养,如低压电器的调整、电气控制基本环节组成和调试、典型机床电气控制线路的熟悉和故障分析、PLC 系统组成及编程调试等。教学中还应积极改进教学方法,注重以学生为主。

本课程的培养目标是培养学生继电接触器及 PLC 工程应用能力,具体要求如下:

①熟悉常用控制电器的结构原理、用途,具有合理选择、使用主要控制电器的能力。

②熟悉掌握继电接触器控制线路的基本环节,具有阅读和分析继电接触器构成的电气控制线路原理图的能力。

③掌握 PLC 的基本工作原理及编程方法,能够根据生产过程和控制要求进行系统设计和编写应用程序。

④熟悉典型机床的电气控制系统,具有从事电气设备安装、调试、维修及管理的基本知识。

习　题

1. 什么叫电力拖动? 电力拖动经过了哪几个发展过程?

2. 机床调速系统如何分类? 各种调速系统的优缺点是什么?

3. 电气控制技术各个发展阶段的特点是什么?

4. 数控机床电气控制系统由哪几个部分组成? 各部分的基本作用是什么?

5. 现代机床的发展趋势是什么?

第2章　数控机床常用低压电器

2.1　低压电器的基本知识

低压电器是组成各种电气控制成套设备的基础配套组件,它的正确使用是低压电力系统可靠运行、安全用电的基础和重要保证。

本章主要介绍常用低压电器的结构、工作原理、用途及其图形符号和文字符号,为正确选择和合理使用这些电器进行电气控制线路的设计打下基础。

2.1.1　低压电器的分类

低压电器通常是指工作在交流电压小于1200V、直流电压小于1500V的电路中起通、断、保护、控制或调节作用的电器设备。

低压电器种类繁多,结构各异,用途广泛,功能多样,下面介绍低压电器常用的分类方法。按其在电路中作用分为以下四类。

(1)控制电器　用于各种控制电路和控制系统的电器,要求使用寿命长、工作可靠、维修方便。在电路中主要起控制、转换作用,包括接触器、继电器、电动机启动器等。

(2)主令电器　用于自动控制系统中发送动作指令的电器,包括控制按钮、行程开关等。

(3)保护电器　用于保护电路及用电设备的电器,包括熔断器、热继电器各种保护继电器、避雷器等。

(4)执行电器　用于完成某种动作或传送功能的电器,例如电磁阀、电磁离合器等。

2.1.2　低压电器的基本结构

电磁式低压电器在电气控制线路中使用量很大,类型也很多。这些低压电器的工作原理和结构基本相同,就其结构而言,大都由三部分组成,即触头系统、灭弧装置和电磁机构。

1. 电磁机构

电磁机构又叫电磁铁,它是电磁式低压电器的感测部件,它的作用是将电磁能转换成机械能,带动触头动作使之闭合或断开,从而实现电路的接通或分断。

电磁机构由吸引线圈、铁心、衔铁等几部分组成,常见的三种结构如图2-1所示。

电磁铁的工作原理是:当线圈通入电流后,产生磁场,磁通经铁心、衔铁和工作气隙形成闭合回路,产生电磁吸力,将衔铁吸向铁心。与此同时,衔铁还要受到复位弹簧的反作用力,只有电磁吸力大于弹簧反力时,衔铁才能可靠地被铁心吸住。

按通入吸引线圈的电流种类的不同可分为直流线圈和交流线圈,与之对应的有直流电磁机构和交流电磁机构。对于直流电磁机构,因其铁心不发热,只有线圈发热,所以通常直流电磁机构的铁心是用整块钢材或工程纯铁制成,而且它的激磁线圈高而薄,且不设线圈骨架,使线圈与铁心直接接触,这样的结构易于散热。对于交流电磁机构,由于其铁心存在磁滞和涡流损耗,这样铁心和线圈都发热,所以通常交流电磁机构的铁心用硅钢片叠铆而成,而且它的激磁线圈短而厚,其中设有骨架,使铁心与线圈隔离,这样的结构有利于铁心和线圈的散热。

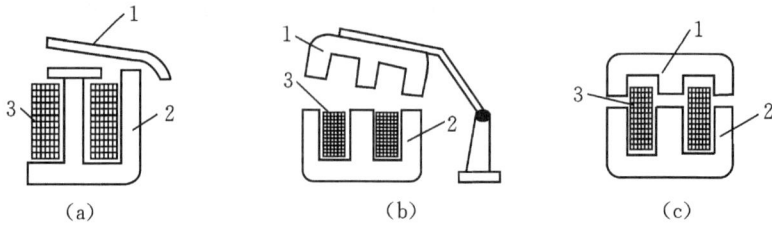

图 2-1 电磁机构的结构
(a) 拍合式;(b)转动式;(c)直动式
1—衔铁;2—铁心;3—吸引线圈

当线圈中通以交流电流时,在铁心中产生的磁通也是交变的,这样对衔铁的吸力就时大时小,有时为零,在弹簧反力的作用下,有释放的趋势,造成衔铁振动,同时产生噪音,为了避免这种情况的发生,常常在交流电磁铁的铁心上装短路环,如图 2-2 所示。这样就使铁心磁通和环中产生的磁通不会同时为零,仍然将衔铁吸住。

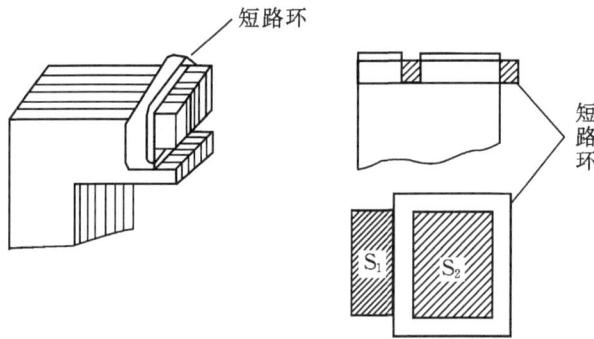

图 2-2 交流电磁机构的短路环

2. 触头系统

触头(触点)是电磁式电器的执行元件,用它来接通或断开被控制电路。

触头的结构形式很多,按其所控制的电路可分为主触头和辅助触头。主触头用于接通或断开主电路,允许通过较大的电流;辅助触头用于接通或断开控制电路,只能通过较小的电流。

触头按其原始状态可分为常开触头和常闭触头:原始状态时(即线圈未通电)断开,线圈通电后闭合的触头叫常开触头;原始状态闭合,线圈通电后断开的触头叫常闭触头。

触头按其接触形式可分为点接触、线接触和面接触三种,如图 2-3 所示。触点的三种接触形式中,点接触形式只能用于小电流的电器中,如接触器的辅助触点和继电器的触点;面接触形式允许通过较大的电流,一般在其接触面上镶有合金,以减小触点的接触电阻,提高耐磨性,容量较大的接触器的主触点多用这类触点;线接触形式触点的接触区域是一条直线,触点在通断过程中波动动作,从而保证了触点的良好接触,这种接触多用于中等容量的触点,如一般接触器的主触点。

在常用的继电器和接触器中,主要有桥形触点和指形触点两种结构,如图 2-4 所示。桥式触点一般为点接触和面接触形式,指形触点一般为线接触形式。为了使触点接触得更加紧密,以减小接触电阻,消除接触时产生的振动,常常在触点上装有接触弹簧,它对触点产生压力作用,触点闭合的程度越大,压力越大。

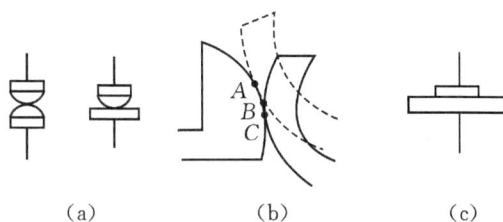

图 2-3　触头的接触形式
(a)点接触;(b)线接触;(c)面接触

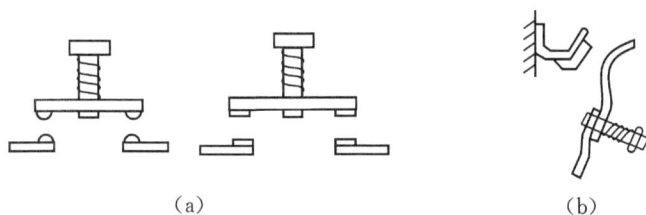

图 2-4　触点的结构
(a)桥形触点;(b)指形触点

3. 灭弧装置

当触点断开大电流的瞬间,触点间距离极小,电场强度较大,触点间产生大量的带电粒子,形成炽热的电子流,产生弧光放电现象,称为电弧。显然,电压越高,电流越大,电弧功率也越大;弧区温度越高,游离程度越大,电弧亦越强。电弧的出现,既妨碍电路的正常分断,又会使触点受到严重灼伤,为此必须采用有效的措施进行灭弧,以保证电路和电器元件工作的安全可靠。根据上面的分析,要使电弧熄灭,应设法降低电弧的温度和电场强度,常用的灭弧装置有灭弧罩、灭弧栅和磁吹灭弧装置等。

2.2　开关电器

2.2.1　低压隔离器

低压隔离器是低压电器中结构简单、应用广泛的一类手动操作电器,主要有刀开关、转换开关、万能转换开关等。它的作用是在电源切除后,将线路与电源明显地隔开,以保障修检人员的安全。

1. 刀开关

刀开关是结构最简单,应用最广泛的一种手动电器。在低压电路中,用它来不频繁地接通和分断电路,或使电路与电源隔离。

刀开关由操纵手柄、触刀、静插座和绝缘底板等组成,结构如图 2-5 所示,用手扳动手柄即可实现触刀插入插座和脱离插座的操作。刀开关安装时,手柄向上,不得倒装或平装。如果倒装,拉闸后手柄可能因自重下落引起误合闸而造成人身设备安全事故。接线时,必须将电源线接在上端,负载线接在下端,以保证安全。刀开关按刀数可分为单级、双级和三级。刀开关的图形、文字符号如图 2-6 所示。

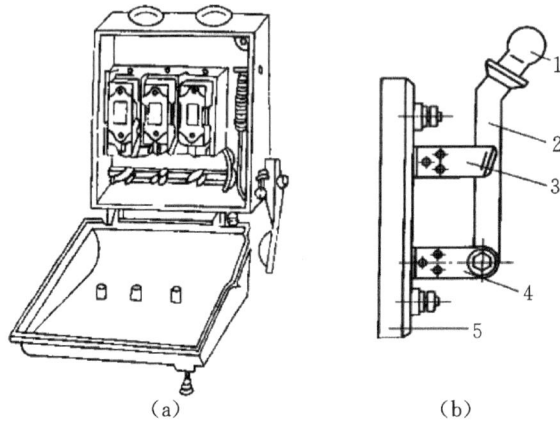

图 2-5　刀开关结构

(a)铁壳开关外形;(b)结构

1—静插座;2—操作手柄;3—触刀 ;4—支座;5—绝缘底板

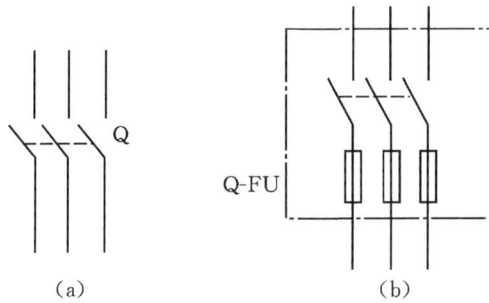

图 2-6　刀开关的图形及文字符号

(a)刀开关;(b)带熔断器的刀开关

　　刀开关的主要类型有带灭弧装置的大容量刀开关、带熔断器的开启式负荷开关(胶盖开关)、带灭弧装置和熔断器的封闭式负荷开关(铁壳开关)等。常用的产品有 HD11～HD14 系列和 HS11～HS13 系列,其中 HK1、HK2 系列为胶盖开关,HH3、HH4 系列为铁壳开关。

　　刀开关的主要技术参数有:

　　(1)额定电压　指在规定条件下,保证电器正常工作的电压值。目前国内生产的刀开关的额定电压为交流 500V 以下,直流 440V 以下。

　　(2)额定电流　指在规定条件下,保证电器正常工作的电流值。目前生产的刀开关,额定工作电流为 10A、15A、20A、30A、60A、100A、200A、400A、600A、1000A 及 1500A 等,最高的可达 50000A。

　　(3)通断能力　指在规定条件下,能在额定电压下接通和分断的电流值。

　　选用刀开关时,刀开关的额定电压应等于或大于所控制的线路的额定电压;其额定电流应等于或大于所控制的线路的额定电流。刀的极数要与电源进线相数相等;若用刀开关来控制电动机,由于电动机的启动电流比较大,应选用额定电流大的刀开关。此外刀开关的通断能力及其他参数应符合电路要求。

2. 转换开关

转换开关也称为组合开关,主要用作电源的引入开关,所以又称电源的隔离开关。

HZ10 系列转换开关的外形和结构如图 2-7(a)和(b)所示。它是由多极触点组合而成的刀开关,由动触点(动触片)、静触点(静触片)、转轴、手柄、定位机构及外壳等部分组成。其动、静触点分别叠装于数层绝缘壳内,其内部结构示意图如图 2-8(c)所示,当转动手柄时(即换挡时),每层的动触片随转轴一起转动并改变其与静触头的分、合位置。所以,转换开关实际上是一个多触头、多位置,可以控制多个回路的开关电器。

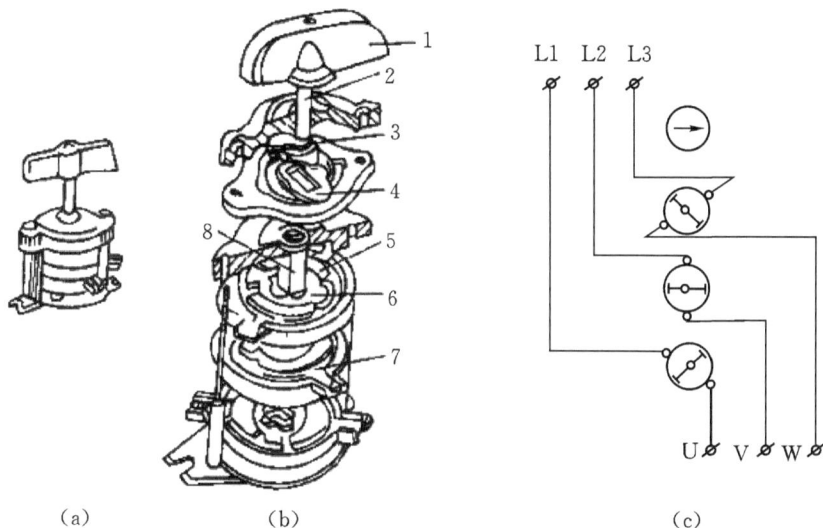

图 2-7　HZ10-10/3 型转换开关
(a)外形;(b)结构;(c)结构示意图

1—手柄;2—转轴;3—凸轮;4—绝缘垫板;5—动触片;6—静触片;7—绝缘杆;8—接线柱

转换开关的主要参数有额定电压、额定电流、极数等,其额定电流有 10A、25A、60A、100A 等几级。转换开关常用的产品有 HZ10、HZ15 系列,其图形和文字符号如图 2-8 所示。图 2-8(a)中虚线表示操作位置,若在其相应触头下涂黑圆点,即表示该触头在此操作位置是接通的,没有涂黑点则表示断开状态。另一种方法是用通断状态表来表示,表中以"+"(或"×")表示触头闭合,"一"(或无记号)表示分断。图 2-8(b)是转换开关的另一种表示方式(也可用 QS 表示)。

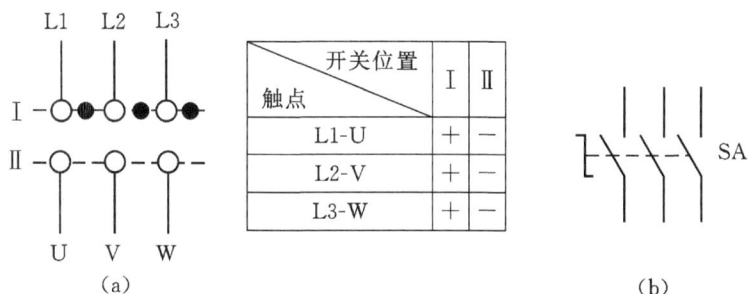

触点＼开关位置	I	II
L1-U	+	-
L2-V	+	-
L3-W	+	-

图 2-8　转换开关的图形及文字符号

3. 万能转换开关

万能转换开关是一种多挡式且能对电路进行多种转换的电器。它用于各种控制电路的转换、电气测量仪表的转换以及配电设备的远距离控制,也可用作小容量电动机的起动、制动、调速和换向控制。

万能转换开关由凸轮机构、触头系统和定位装置等部分组成。它依靠操作手柄带动转轴和凸轮转动,使触头动作或复位,从而按预定的顺序接通与分断电路,同时由定位机构确保其动作的准确可靠。操作时,手柄带动转轴和凸轮一起旋转,当手柄转到不同的位置时,可使每层的各触点按设置的规律接通或断开,因而这种开关可以组成多种接线方案。万能转换开关的图形及文字符号如图 2-9 所示。

目前,国内常用万能转换开关有 LW5、LW6 等系列。

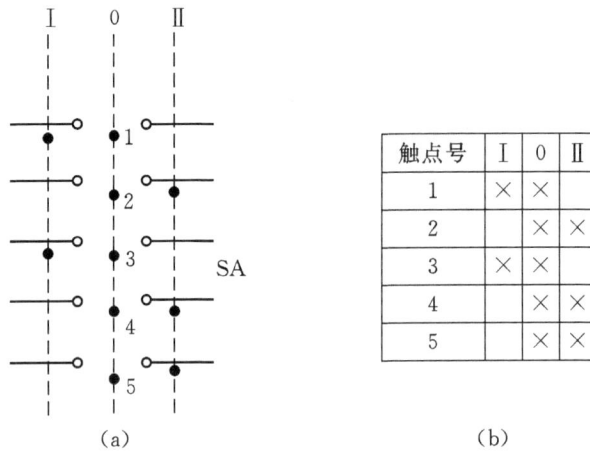

触点号	Ⅰ	0	Ⅱ
1	×	×	
2		×	×
3	×	×	
4		×	×
5		×	×

（a）　　　　　　　　　（b）

图 2-9　万能转换开关的图形及文字符号

（a）图形符号和文字符号;（b）通断表

2.2.2　低压断路器

断路器又称为空气开关或自动空气断路器。它多用于低压配电电路不频繁地转换及起动电动机,在线路、电器设备及电动机发生严重过载、短路或欠(失)电压等故障时能自动切断电路。其功能相当于熔断器式开关与欠压继电器、热继电器等的组合,而且在分断故障电流后一般不需要更换零部件,因而获得了广泛的应用。断路器的图形、文字符号如图 2-10 所示。

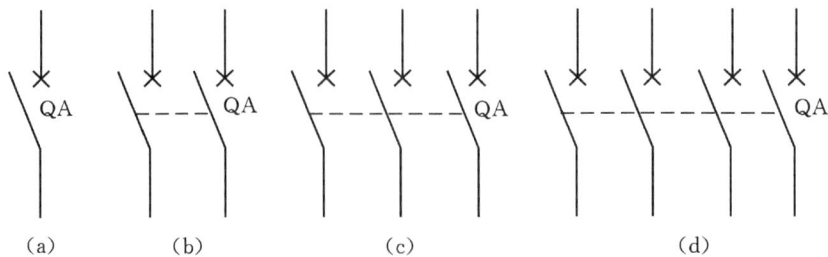

（a）　　　　（b）　　　　（c）　　　　　　（d）

图 2-10　低压断路器的图形及文字符号

（a）单极;（b）双极;（c）三级;（d）四极

低压断路器主要由触头、灭弧装置、各种可供选择的脱扣器与操作机构、自由脱扣机构等几部分组成。各种脱扣器包括分励、过流、欠压(失压)脱扣器和热脱扣器等。但不是每种继电器都具有上述四种脱扣器,在使用时根据体积和具体使用场合的不同来选择断路器。

低压断路器的结构如图 2-11 所示,开关的主触头是靠操作机构手动或电动合闸的,并由自由脱扣机构将主触头锁在合闸位置上。过电流脱扣器的线圈和热脱扣器的热元件与主电路串联;失压脱扣器的线圈与电路并联。当电路发生短路或严重过载时,过电流脱扣器的衔铁被吸合,使自由脱扣机构动作。当电路过载时,热脱扣器的热元件产生的热量增加,使双金属片向上弯曲,推动自由脱扣机构动作。当电路失压时,失压脱扣器的衔铁释放,也使自由脱扣机构动作。分励脱扣器则作为远距离控制分断电路之用。

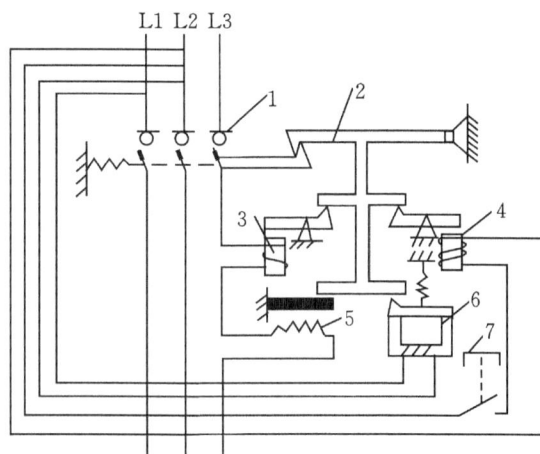

图 2-11　低压断路器结构

1—主触点;2—自由脱扣器;3—过流脱扣器;4—分励脱扣器;
5—热脱扣器;6—失压脱扣器;7—按钮

断路器的主要技术参数有:额定电压、额定电流、极数、脱扣器类型及其整定电流范围、通断能力、分断时间等。其中通断能力是指在一定实验条件下,断路器能够接通和分断的最大电流值。分断时间是指断路器从断到燃弧结束为止的时间间隔。选用断路器时,其额定电压和额定电流应大于或等于线路、设备的正常工作电压和工作电流。

机床上常用的自动开关有 DZ-10、DZS-20 和 DZS-50 系列。

2.2.3　主令电器

主令电器是用来发布命令、改变控制系统工作状态的电器,它可以直接用于控制电路,也可以通过电磁式电器的转换对电路实现控制,其主要类型有按钮、行程开关、主令控制器、脚踏开关等。

1. 按钮

按钮是最常用的主令电器,在低压控制电路中用手动发出控制信号,用来短时接通或断开小电流的控制电路。其典型结构如图 2-12 所示,一般由钮帽、复位弹簧、桥式触头和外壳等组成。按钮的图形、文字符号如图 2-13 所示。

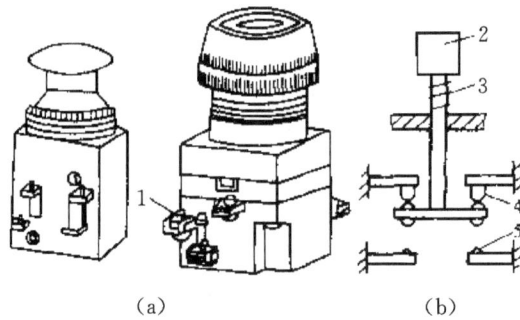

图 2－12　按钮结构

(a)外形；(b)结构

1—接线柱；2—按钮帽；3—复位弹簧；4—常闭触点；5—常开触点

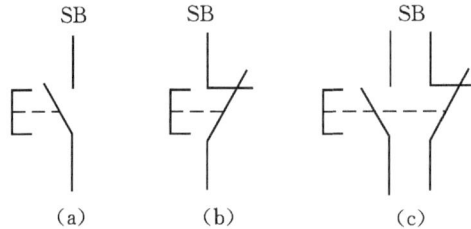

图 2－13　按钮的图形及文字符号

(a)常开按钮；(b)常闭按钮；(c)复合按钮

按钮在结构上有按钮式、自锁式、紧急式、钥匙式、旋钮式和保护式等，有些按钮还带有指示灯，可根据使用场合和具体用途来选用。如按钮式带有常开触头，手指按下按钮帽，常开触头闭合，手指松开，常开触头复位。为便于识别各个按钮的作用，避免误操作，通常将按钮帽做成不同颜色，以示区别，其颜色有红、绿、黄、蓝、白等。如红色表示停止按钮，绿色表示启动按钮等。

按钮的主要参数有外观型式及安装孔尺寸、触头数量及触头的电流容量，在产品说明书中都有详细说明。常用产品有 LAY3、LAY6、LA20、LA25、LA38、LA101、NP1 等系列。

2. 行程开关

行程开关也称为位置开关或限位开关。它的作用与按钮相同，但不用手按，而是利用生产机械某些运动部件的碰撞使触点动作来控制电路。行程开关的种类很多，按其结构可分为直动式、转动式和微动式；按其复位方式可分为自动和非自动复位；按触点性质可分为触点式和无触点式。行程开关的图形、文字符号如图 2－14 所示。

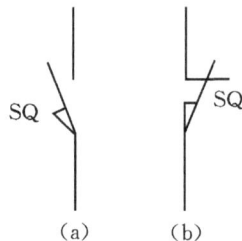

图 2－14　行程开关的图形及文字符号

(a)常开触点；(b)常闭触点

（1）直动式行程开关　直动式行程开关如图 2-15 所示。其结构与按钮相似，只是它用运动部件上的挡块来碰撞行程开关的推杆。这种行程开关触点的分合速度取决于挡块的移动速度，当挡块移动速度低于 0.4m/min 时，触点断开较慢，电弧易烧坏触点，不宜采用这类行程开关。

（2）转动式行程开关　为克服直动式行程开关的缺点，还可采用能瞬时动作的转动式行程开关。其结构如图 2-16 所示，这种开关通过左右推动滚轮 1，带动小滑轮 10 在擒纵件 7 上快速移动，从而使动触点迅速地与右边的静触点断开，并与左边的静触点闭合。这样就减少了电弧对触点的烧蚀，并保证了动作的可靠性。这类行程开关适用于低速运动的机械。

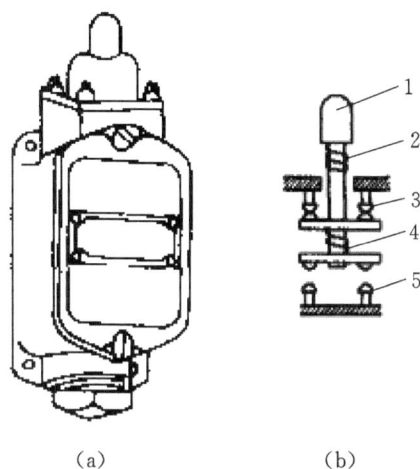

图 2-15　直动式行程开关

（a）外形；（b）结构

1—顶杆；2—弹簧；3—动断触点；4—触点弹簧；5—动合触点

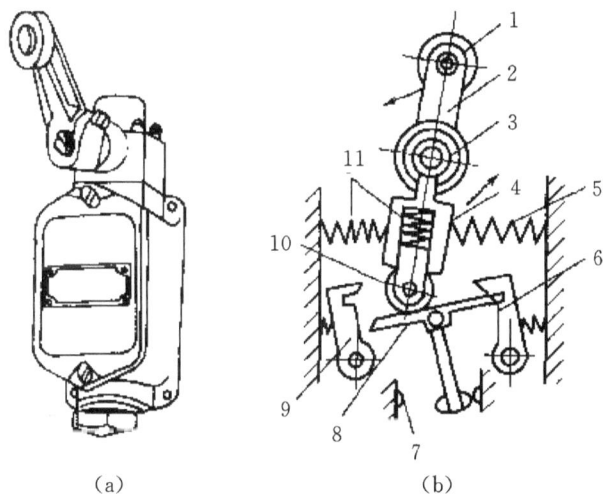

图 2-16　转动式行程开关

（a）外形；（b）结构

1—滚轮；2—上转臂；3、9、11—弹簧；4—推杆；5、8—压板；6—触点；7—擒纵件；10—小滑轮

（3）微动式行程开关　微动开关具有弯片式弹簧瞬动机构，其结构如图 2-17 所示。当推杆被压下时，弹簧片变形，储存能量。当达到预定位置时，弹簧片连同动触点产生瞬时跳跃，实现电路的切换。当操作力小时，弹簧释放能量，反向跳跃，触点分合速度不受推杆压下速度影响，克服了直动式行程开关的缺点。这种行程开关不仅动作灵敏而且体积小，适用于小型机构。

行程开关的主要技术参数有额定电压、额定电流、触点换接时间、动作力、动作角度或工作行程、触点数量、结构形式和操作频率等。常用的行程开关有 LX19、LXW-11、JIXK1、LW2、LX5 和 LX10 等系列。

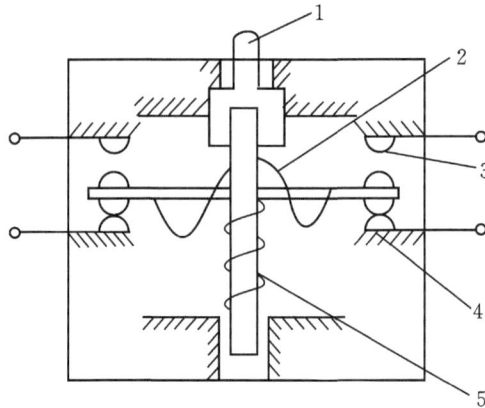

图 2-17　微动式行程开关结构

1—推杆；2—弓形片弹簧；3—动合触点；4—动断触点；5—复位弹簧

3. 接近开关

接近开关又称无触点行程开关，它除可以完成行程控制和限位保护外，还是一种非接触型的检测装置，常常用来检测零件的尺寸或测速等，也可用于变频计数器、变频脉冲发生器、液面控制和加工程序的自动衔接等，它具有工作可靠、寿命长、功耗低、复定位精度高、操作频率高以及适应恶劣的工作环境等特点。常用的接近开关有电感式和电容式两种。

图 2-18 是电感式接近开关的工作原理图。接近开关由一个高频振荡器和一个整形放大器组成，振荡器振荡后，在开关的检测面产生交变磁场。当金属体接近检测面时，金属体产生涡流，吸收了振荡器的能量，使振荡减弱以致停振。通过对"振荡"和"停振"两种不同的状态，由整形放大器转换成"高"和"低"两种不同的电平，从而起到"开"和"关"的控制作用。目前常用的电感式接近开关有 LJ1、LJ2 等系列。

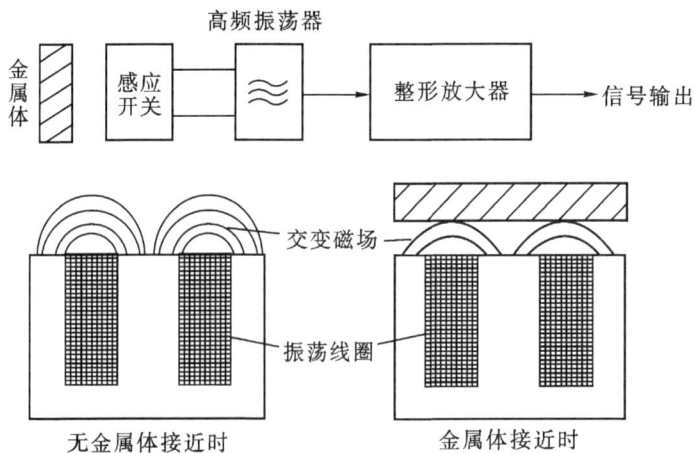

图 2-18　电感式接近开关工作原理图

电容式接近开关的感应头只是一个圆形平板电极，既能检测金属，又能检测非金属及液体，因而应用得十分广泛，常用的有 LXJ15 系列和 TC 系列。

4. 主令控制器

主令控制器是用来发出信号指令的电器。触头的额定电流较小,不能直接控制主电路,而是经过接通、断开接触器或继电器的线圈电路,间接控制主电路。

目前,常用的有 LKl4～LK16 系列主令控制器。机床上用到的十字形转换开关也属主令控制器,这种开关一般用于多电动机拖动或需多重联锁的控制系统中。

图 2-19 为主令控制器外形图及结构原理图,手柄通过带动轴上凸轮的转动,以操作触头的断开与闭合。

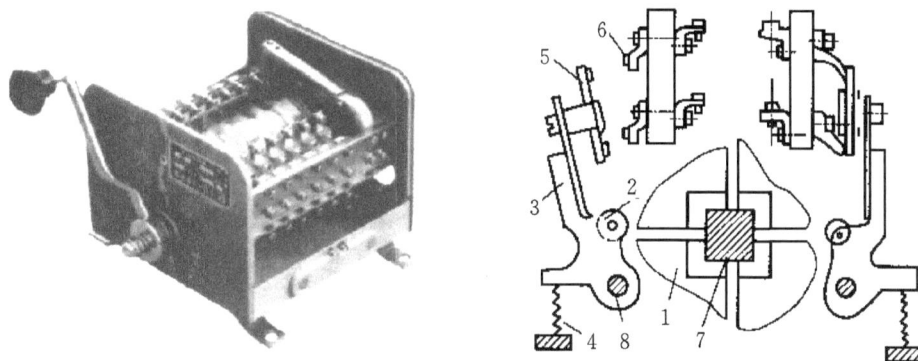

图 2-19　主令控制器外形图及结构原理图
1—凸轮;2—滚子;3—杠杆;4—弹簧;5—动触头;6—静触头;7—转轴;8—轴

2.3　接触器

2.3.1　接触器的用途及分类

接触器是一种用于频繁地接通或断开交直流主电路、大容量控制电路的自动切换电器。在功能上接触器除能自动切换外,还具有手动开关所缺乏的远距离操作功能和失压(或欠压)保护功能,但没有自动开关所具有的过载和短路保护功能。主要控制对象是电动机,也可用于其他电力负载,如电热器、电焊机、电炉、变压器及电容器等。接触器生产方便、成本低,是电力拖动自动控制线路中应用最广泛的电器元件。

接触器种类繁多,按其主触头的不同分直流接触器和交流接触器;按其主触点的级数(即主触点的个数)来分,则直流接触器有单极和双极两种,交流接触器有三极、四极和五极三种。机床控制上以交流接触器应用最为广泛。

2.3.2　接触器的结构及工作原理

1. 交流接触器

交流接触器常用于远距离接通和分断电压至 1140V、电流至 630A 的 50Hz 交流电路及交流电机。

交流接触器主要由电磁系统、触点系统和灭弧装置组成,其外形如图 2-20(a)所示。接触器的触点分主触点和辅助触点,主触点用以通断电流较大的主电路,体积较大,一般有三对动合触点;辅助触点用以通断电流较小的控制电路,体积较小,有动合和动断两种触点。主触头和辅助触头一般均采用双断点的桥式触头,电路的接通和分断由两类触头共同完成。接触器的灭弧装置用来迅速熄灭主触点在分断电路时所产生的电弧,保护触点不受电弧灼伤,并使分断时间缩短。一般容量在 10A 以上的接触器都设有灭弧装置。

交流接触器的结构如图 2-20(b)所示,当线圈通入电流后,在铁心中形成强磁场,动铁心受到电磁力的作用,被吸向静铁心。但动铁心运动的同时受到弹簧的反作用阻力,故只有当电磁力大于弹簧反力时,动铁心才能被静铁心吸住。当线圈得电后,动铁心向下运动时,带动动触点与静触点接触,从而接通被控电路;当线圈断电后,动铁心在反力弹簧作用下迅速与静铁心分离,从而使动、静触点也分离,断开被控电路。

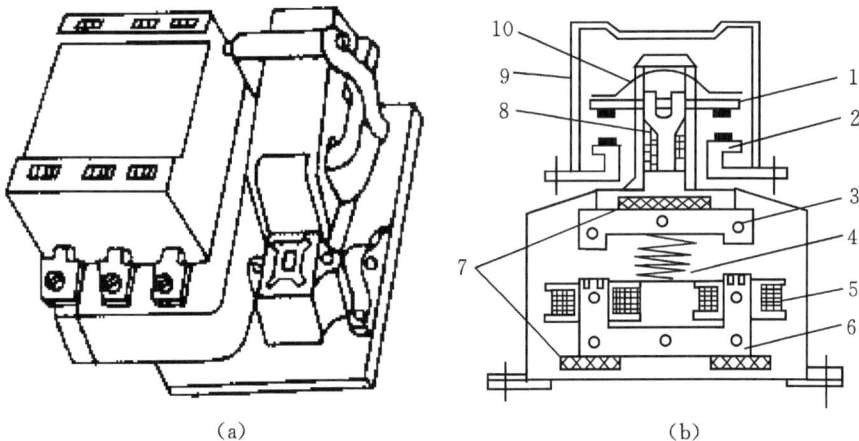

图 2-20 交流接触器

(a)外形;(b)结构

1—动触点;2—静触点;3—动铁心;4—缓冲弹簧;5—电磁线圈;6—静铁心;

7—垫毡;8—接触弹簧;9—灭弧罩;10—触点压力簧片

常用的交流接触器有 CJ10、CJ12、CJ10X、CJ20、CJX1、CJX2、3TB、3TD、LC-D15 等系列。

2. 直流接触器

直流接触器主要用来远距离接通和分断电压至 440V、电流至 600A 的直流电路。其工作原理与交流接触器基本相同,但结构不同,直流接触器采用了直流电磁机构,并且由于直流电弧不像交流电弧有自然过零点,所以更难熄灭,因此常采用磁吹式灭弧装置。

常用的直流接触器有 CZ0、CZ18 等系列。

2.3.3 接触器的选择

接触器在选用时主要依据其技术参数,一般遵循以下原则:

①根据负载性质选择接触器的类型;

②接触器的额定电压应大于或等于主电路的工作电压;

③接触器的额定电流应大于或等于被控电路的额定电流;

④接触器的线圈电压必须与接入此线圈的控制电路额定电压相等;

⑤接触器触头数量和种类应满足主电路和控制线路的需要。

但实际选用时还要考虑具体使用情况。

接触器的文字符号是 KM,图形及文字符号如图 2-21 所示。

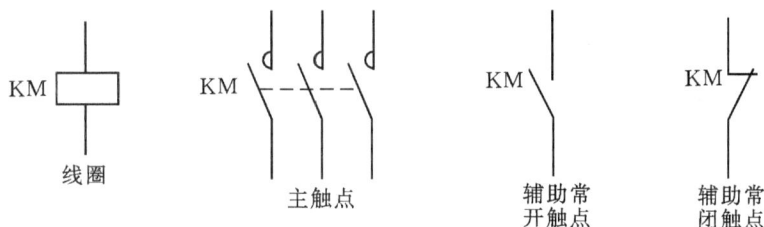

图 2-21　接触器的文字及图形符号

2.4　继电器

继电器是根据外界输入的信号来控制电路通断的一种自动切换电器。其输入信号可以是电压、电流等电量,也可以是时间、转速、温度、压力等非电量,而输出则是触点的动作或电路参数的变化。

继电器的种类繁多,按输入信号的性质可分为电压继电器、电流继电器、时间继电器、温度继电器、速度继电器和压力继电器等;按工作原理可分为电磁式继电器、感应式继电器、电动式继电器、热继电器和电子式继电器等;按输出形式可分为有触点继电器和无触点继电器;按用途分为控制用继电器和保护用继电器。

2.4.1　电磁式继电器

在低压控制系统中采用的继电器大部分是电磁式继电器,它的结构与原理和接触器基本相同。一般由电磁机构和触头系统组成,按通入线圈电流的不同,可分为直流电磁式继电器和交流电磁式继电器。按线圈在电路中的连接方式,可分为电流继电器、电压继电器和中间继电器等。

1. 电流继电器

当电路中的电流达到线圈额定值而使之动作的继电器称为电流继电器。有欠电流继电器和过电流继电器两种。大于线圈额定电流而动作的称为过电流继电器,低于线圈额定电流而动作的称为过欠电流继电器。在使用时电流继电器的线圈和被保护的设备串联,线圈匝数少而线径粗,阻抗小,分压小,不影响电路正常工作。

欠电流继电器在正常工作时,衔铁是吸合的,只有当电流降到某一数值时(一般为额定电流的 20%~30%),继电器的衔铁释放,输出信号起欠电流保护作用。它主要用于直流电动机中,对电动机进行弱磁保护。

过电流继电器在正常工作时不动作,当电流超过某一整定值时继电器吸合动作,对电路起到过电流保护作用。它广泛用于直流电动机或绕线转子异步电动机的控制中,用于频繁启动的场合,对电动机或主回路作过载和短路保护。

常用的交流、直流电流继电器 JT4、JT9、JL14 、JL14 等系列,主要根据主电路的电流种类和额定电流来选择。直流电流继电器的结构如图 2-22 所示。

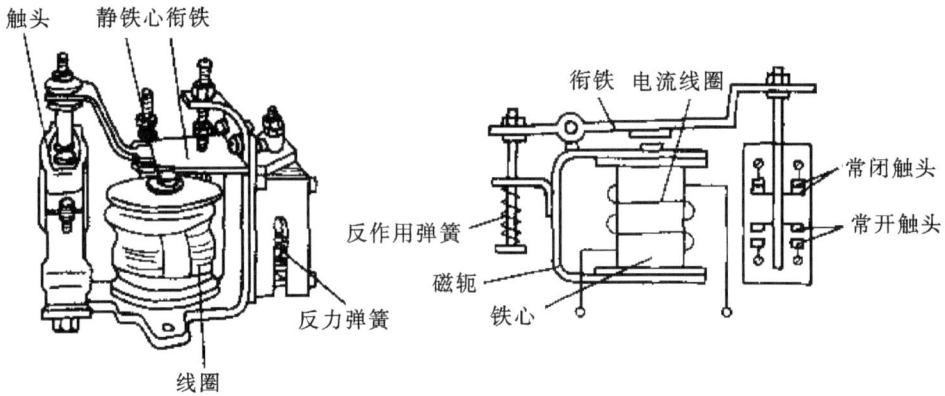

图 2-22　直流电流继电器结构

2. 电压继电器

电压继电器反映的是所接线路电压值的变化。使用时,电压继电器的线圈并接于被测电路,线圈的匝数多、导线细、阻抗大。常用的有欠(零)电压继电器和过电压继电器两种。

电路正常工作时,欠电压继电器的衔铁吸合,当电路电压减小到某一整定值(一般为额定电压的 30%～50%)以下时,欠电压继电器衔铁释放,对电路实现过电压保护。常用于交流电动机的欠压保护以及制动和反转控制等。

电路正常工作时,过电压继电器的衔铁释放,当电路电压超过某一整定值(一般为额定电压的 105%～120%)时,过电压继电器的衔铁吸合,对电路实现过电压保护。常用于直流电动机的过压保护。

电路正常工作时,零电压继电器的衔铁吸合,当电路电压降低到额定电压 5%～25% 时衔铁释放,对电路实现欠电压保护。

常用电压继电器的类型有 JT3、JT4 系列。

3. 中间继电器

中间继电器的结构和工作原理与接触器基本相同,只是触头没有主、辅之分,各对触头所允许通过的电流大小是相等的。一般中间继电器的触头容量较小,与接触器的辅助触点差不多。其主要作用是扩展触点数或触点容量,起到中间转换的作用。中间继电器的图形符号和文字符号如图 2-23 所示。

常用中间继电器有 JZ14、JZ15、JZ17 等系列。

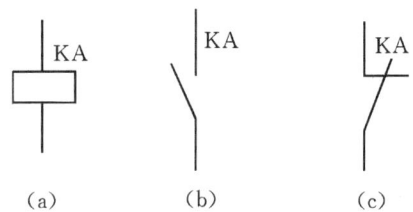

图 2-23　中间继电器的图形及文字符号
(a)吸引线圈;(b)常开触头;(c)常闭触头

2.4.2　热继电器

1. 热继电器的作用和分类

热继电器主要用作电动机的过载保护。电动机在实际运行中,常常遇到过载的情况。若过载电流不太大且过载的时间较短,电动机绕组不超过允许温升,这种过载是允许的。但若过载时间长,过载电流大,电动机绕组的温升就会超过允许值,使电动机绕组绝缘老化,缩短电动机的使用寿命,严重时甚至会使电动机绕组烧毁。所以,这种过载是电动机不能承受的。热继电器就是利用电流的热效应原理,在电动机出现不能承受的过载时切断电路,为电动机提供过载保护的保护电器。热继电器可以根据过载电流的大小自动调整动作时间,具有反时限保护特性,即过载电流大,动作时间短;过载电流小,动作时间长。当电动机的工作电流为额定电流时,热继电器应长期不动作。

按相数来分,热继电器有单相、两相和三相式共三种类型,每种类型按发热元件额定电流的不同又有不同的规格和型号。三相式热继电器常用作三相交流电动机过载保护。按功能来分,三相式热继电器又有不带断相保护和带断相保护两种类型。

2. 热继电器的结构与工作原理

热继电器主要由热元件、双金属片和触头三部分组成。双金属片是热继电器的感测元件,由两种线膨胀系数不同的金属片碾压而成,线膨胀系数大的称为主动层,小的称为被动层。在加热以前,两金属片长度基本一致,当有电流通过时,热元件产生的热量使两金属片伸长。由于线膨胀系数不同,且因它们紧密结合在一起,所以双金属片就会发生弯曲。电动机正常运行时,双金属片的弯曲程度不足以使热继电器动作,当电动机过载时,热元件中电流增大,加上时间效应,所以双金属片接受的热量就会大大增加,从而使弯曲程度加大,最终双金属片推动导板使热继电器的触头动作,切断电动机的控制电路。其结构如图 2-24 所示。

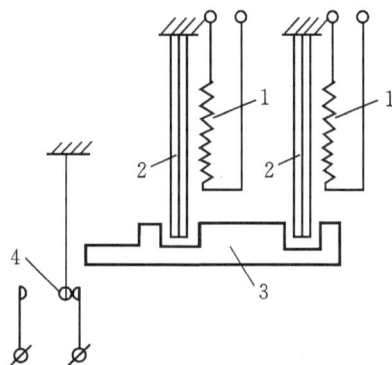

图 2-24　热继电器的结构
1—热元件;2—双金属片;3—导板;4—触头

常用的产品有 JR16、JR20、JRSl、T 系列、3UP 及 LRl-D 等系列。对于星形接线的电动机选择两相或三相结构的普通热继电器均可,而对于三角形接线的电动机,则应选择带断相保护的热继电器。

热继电器的图形符号及文字符号如图 2-25 所示。

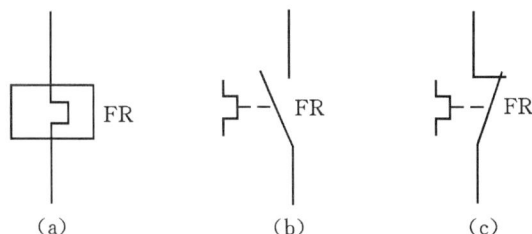

图 2-25　热继电器的图形及文字符号
(a)热元件;(b)常闭触点;(c)常开触点

2.4.3　时间继电器

在自动控制系统中,需要有瞬时动作的继电器,也需要有延时动作的继电器。时间继电器就是利用某种原理实现触头延时动作的控制电器。

时间继电器的延时方式有以下两种:

(1)通电延时　接收输入信号后延迟一定的时间,输出信号才发生变化。当输入信号消失后,输出瞬时复原。

(2)断电延时　接受输入信号时,瞬时产生相应的输出信号。当输入信号消失后,延迟一定的时间,输出才复原。

时间继电器按工作原理分类,有电磁式、电动式、空气阻尼式、电子式等。其中电子式时间继电器近几年发展十分迅速,这类时间继电器除执行器件外,均由电子元件组成,因而具有寿命长、精度高、体积小、延时范围大、控制功率小等优点,已得到广泛应用。

常用的电磁式时间继电器型号有 JT3、JT18;常用的电动式时间继电器型号有 JS10、JS11;常用的电子式时间继电型号有 JSJ、JS20。空气阻尼式时间继电器型号有 JS7 - A 和 JS6 系列。

时间继电器的图形符号及文字符号如图 2 - 26 所示。

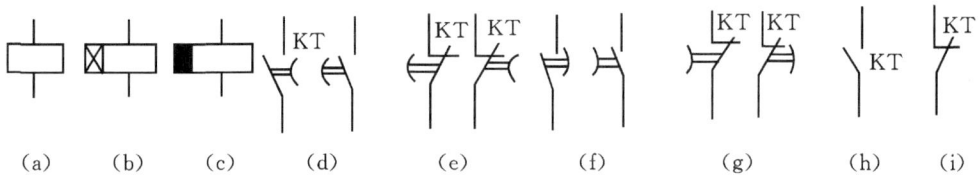

图 2 - 26　时间继电器的图形及文字符号

(a)线圈一般符号;(b)通电延时线圈;(c)断电延时线圈;(d)延时闭合常开触点;

(e)延时断开常闭触点;(f)延时断开常开触点;(g)延时闭合常闭触点;(h)瞬时常开触点;(i)瞬时常闭触点

下面以空气阻尼式时间继电器为例,说明其工作原理。它是利用空气阻尼作用获得延时的,有通电延时和断电延时两种类型,图 2 - 27 是 JS7 - A 系列时间继电器的结构示意图,它主要由电磁系统、延时机构和工作触头三部分组成。

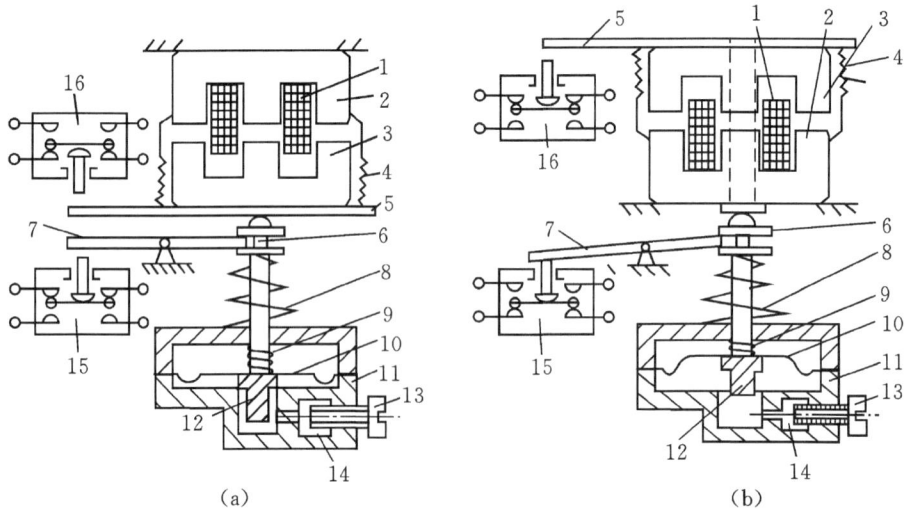

图 2 - 27　JS7 - A 系列空气阻尼式时间继电器结构

(a)通电延时型;(b)断电延时型

1—线圈;2—铁心;3—衔铁;4—复位弹簧;5—推板;6—活塞杆;7—杠杆;8—塔形弹簧;

9—弱弹簧;10—橡皮膜;11—空气式腔;12—活塞;13—调节螺钉;14—进气孔 ;15,16—微动开关

图 2-27(a)为通电延时型时间继电器,当线圈 1 通电后,铁心 2 将衔铁 3 吸合(推板 5 使微动开关 16 立即动作),活塞杆 6 在塔形弹簧 8 作用下,带动活塞 12 及橡皮膜 10 向上移动,由于橡皮膜下方气室空气稀薄,形成负压,因此活塞杆 6 不能迅速上移。当空气由进气孔 14 进入时,活塞杆 6 才逐渐上移。移到最上端时,杠杆 7 才使微动开关 15 动作。延时时间即为自电磁铁吸引线圈通电时刻起到微动开关动作时为止的这段时间。通过调节螺杆 13 调节进气孔的大小,就可以调节延时时间。当线圈 1 断电时,衔铁 3 在复位弹簧 4 的作用下将活塞 12 推向最下端。因活塞被往下推时,橡皮膜下方气室内的空气,都通过橡皮膜 10、弱弹簧 9 和活塞 12 肩部所形成的单向阀,经上气室缝隙顺利排掉,因此延时微动开关 15 与不延时的微动开关 16 都迅速复位。

将电磁机构翻转 180°安装,可得到图 2-27(b)所示的断电延时型时间继电器。它的工作原理与通电延时型相似,微动开关 15 是在吸引线因断电后延时动作。

空气阻尼式时间继电器的优点是结构简单、寿命长、价格低廉,还附有不延时的触头(瞬动触头),所以应用较为广泛。缺点是准确度低、延时误差大(10%～20%),因此在要求延时精度高的场合不宜采用。

2.4.4　速度继电器

速度继电器是用来反映转速和转向变化的继电器,它常与接触器配合实现对电动机的反接制动控制,亦称反接制动继电器。

速度继电器种类很多,以感应式速度继电器为例说明其工作原理。它主要由定子、转子和触点三部分组成,转子是一个圆柱型永久磁铁,定子是一个笼型空心圆环,由硅钢片叠制而成,并装有笼型绕组。其机构如图 2-28 所示,它的转轴与被控电机的轴相连接,当电动机转动时,速度继电器的转子随之转动,到达一定转速时,定子在感应电流和力矩的作用下跟随转动;到达一定角度时,装在定子轴上的摆锤推动簧片(动触点)动作,使常闭触点打开,常开触点闭合;当电动机转速低于某一数值时,定子产生的转矩减小,触点在簧片作用下返回到原来位置,使对应的触点恢复到原来状态。

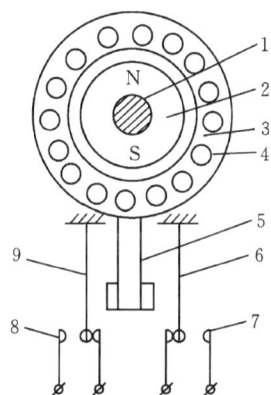

图 2-28　速度继电器结构
1—转轴;2—转子;3—定子;4—绕组;
5—摆锤;6、7—静触头;8、9—簧片

常用的感应式速度继电器有 JY1 和 JFZ0 系列。JY1 系列能在 3000 r/min 以下可靠地工作。一般感应式速度继电器转轴在 120 r/min 左右时触点动作,在 100 r/min 以下时触点复位。

速度继电器的图形符号和文字符号如图 2-29 所示。

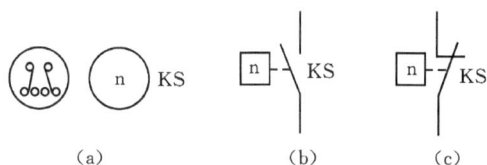

图 2-29　速度继电器的图形及文字符号
(a)转子;(b)常开触点;(c)常闭触点

2.4.5　温度继电器

温度继电器是一种利用发热元件间接反映绕组温度并根据绕组温度进行动作的继电器。当电动机发生过电流时,会使其绕组温升过高,前面所讲的热继电器可以起到保护作用。但当电网电压不正常升高时,即使电动机不过载,也会导致铁损增加而使铁心发热,这样也会使绕组温升过高;或者电动机环境温度过高以及通风不良等,也同样会使绕组温升过高。在这些情况下,若用热继电器则不能正常反映电动机的故障状态,需要使用温度继电器。

2.4.6　液位继电器

液位继电器是一种根据锅炉和水柜的液位高低来控制水泵电动机的启停的继电器。

2.5　熔断器

熔断器又称保险,用于电路的短路保护和严重过载保护。它具有结构简单、体积小、使用维护方便、分断能力高、限流性能良好等特点,因而应用十分广泛。

2.5.1　熔断器的结构和分类

1. 熔断器的结构

熔断器主要由熔断管(或盖、座)、熔体及导电部件等组成。其中熔体是主要部分,它既是感测元件又是执行元件。熔体串接于被保护的电路中,一般由熔点较低、电阻率较高的合金或铅、锌、铜、银、锡等金属材料制成丝、片状或笼状。熔断管一般由硬质纤维或瓷质绝缘材料制成半封闭式或封闭式管状,在熔体熔断时还兼有灭弧作用。熔断器的工作原理是:当电路发生过载或短路时,通过熔体的电流使其发热并达到熔化温度,熔体自行熔断,从而分断故障电路。熔体熔断后,更换上新的熔体,电路即可正常工作。

2. 熔断器的分类

熔断器的种类很多。按结构来分,有半封闭插入式、螺旋式、无填料密封管式和有填料密封管式。

插入式熔断器是一种最常用、结构最简单的熔断器,常用于低压分支电路的短路保护,由于其熔断能力较小,一般多用于民用和照明电路中。常见的插入式熔断器有 KC1A 系列。插入式熔断器的结构如图 2-30 所示。

2.5.2　熔断器的技术参数

1. 额定电压

额定电压是指熔断器长期工作时和分断后能够承受的最大电压,该值一般等于或大于电气设备的额定电压。

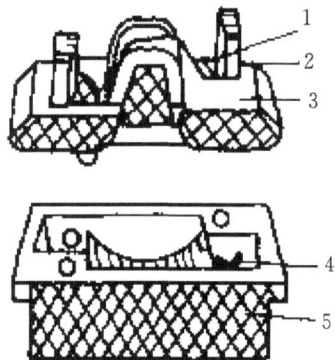

图 2-30　插入式熔断器结构
1—动触点;2—熔体;3—瓷插件;4—静触点;5—瓷座

2. 额定电流

额定电流是指熔断器长期工作时,在设备部件温度升高不超过规定值时所能承受的最大电流。

3. 极限分断能力

极限分断能力是指熔断器在规定的额定电压和功率因素(或时间常数)的条件下,能分断的最大电流值,也就是短路电流值,所以极限分断能力也反映了熔断器分断短路电流的能力。

熔断器的图形、文字符号如图 2 - 31 所示。

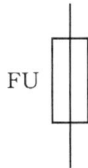

FU

图 2 - 31　熔断器的图形、文字符号

2.5.3　熔断器的选择

熔断器的选取主要依据使用场合与其技术参数,一般来说,熔断器的额定电压应大于或等于实际电路的工作电压;熔断器额定电流应大于或等于所装熔体的额定电流。

2.6　执行电器

2.6.1　电磁阀

当控制系统中负载惯性较大,所需功率较大时,一般用液压或气压控制系统,在这两类系统中,电磁阀是主要控制元件。电磁阀一般由吸入式电磁铁及液压阀(阀体、阀芯和油路系统等)两部分组成。其基本工作原理是:当电磁铁线圈通、断电时,衔铁吸合或释放,由于电磁铁的动铁心与液压阀的阀芯连接,就会直接控制阀芯移动,从而实现油路的沟通、切断和方向变换,操纵各种机构动作,如气缸的往返、油路系统的升压、卸荷和其他工作部件的顺序动作等。

电磁阀按工作电源可分为交流电磁阀和直流电磁阀。交流电磁阀由于启动力较大,不需要专门的电源,吸合、释放快,动作时间约为 0.01～0.03s,其缺点是若电源电压下降 15 % 以上,则电磁铁吸力明显减小,且冲击及噪音较大,寿命低,因而在使用中交流电磁铁允许的切换频率一般为 10 次/min,最高不得超过 30 次/min。直流电磁阀相对交流电磁阀工作可靠,吸合、释放动作时间约为 0.05～0.08s,允许使用的切换频率较高,一般可达 120 次/min,最高可达 300 次/min,且冲击小、体积小、寿命长,但需有专门的直流电源,成本较高。

2.6.2　电磁离合器

电磁离合器的作用是在执行机构运转时实现两轴力矩的传递。它广泛用于各种机构(如机床中的传动机构和各种电动机构等),以实现快速启动、制动、正反转或调速等功能。由于它易于实现远距离控制,和其他机械式、液压式或气动式离合器相比,操纵要简单得多,所以它是自动控制系统中一种重要的元件。

按其工作原理分,电磁离合器的形式主要有摩擦片式、牙嵌式、磁粉式和感应转差式等。

摩擦片式电磁离合器的结构如图 2-32 所示,装在主动轴的花键轴上的主动摩擦片与主动轴用花键连接,所以它可随主动轴一起旋转。从动摩擦片与主动摩擦片交替叠装,其外缘凸起部分卡在与从动齿轮固定在一起的套筒内,因此可随从动齿轮一起旋转,在主动、从动摩擦片未压紧之前,主动轴旋转时它不转动。当电磁线圈通入直流电产生磁场后,在电磁吸力的作用下,主动摩擦片与衔铁克服弹簧反力被吸向铁心,并将各摩擦片紧紧压住,依靠主动摩擦片与从动摩擦片之间的摩擦力,使从动摩擦片也随主动轴旋转,同时又使套筒及从动齿轮随主动轴旋转,实现了力矩的传递,当电磁离合器线圈断电后,装在主动、从动摩擦片之间的圈状弹簧使衔铁和摩擦片复位,离合器便失去传递力矩的作用。

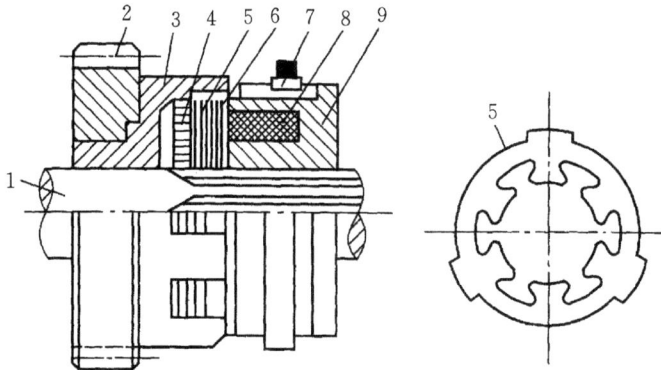

图 2-32　摩擦片式电磁离合器结构

1—主动轴;2—从动齿轮;3—套筒;4—衔铁;5—从动摩擦片;6—主动摩擦片;7—集电环;8—线圈;9—铁心

2.6.3　电磁制动器

制动器是机床的重要部件之一,它既是工作装置又是安全装置。根据制动器的构造可分为块式制动器、盘式制动器、多盘式制动器、带式制动器、圆锥式制动器等。根据操作情况不同又分为常闭式、常开式和综合式。根据动力不同,又可分为电磁制动器和液压制动器。

某电磁瓦块式制动器的工作原理如图 2-33 所示,制动器上的主弹簧,通过框形拉板使左右制动臂上的制动瓦块压在制动轮上。这样制动轮和制动瓦块之间产生摩擦力,从而实现制动。当电磁铁线圈通电后,衔铁吸合,将顶杆向右推动,制动臂带动制动瓦块同时离开制动轮,实现了松闸。

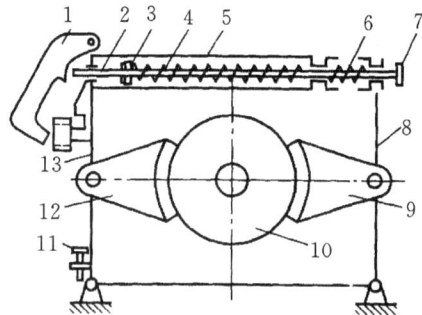

图 2-33　电磁瓦块式制动工作原理图

1—电磁铁;2—顶杆;3—锁紧螺母;4—主弹簧;
5—框形拉板;6—副弹簧;7—调整螺母;8,13—制动臂;
9,12—制动瓦块;10—制动轮;11—调整螺钉

习　题

1. 交流电磁铁的铁心上为什么装有短路环？

2. 试说出转换开关和按钮的区别？并画出它们的图形符号和文字符号。如果用转换开关来控制电动机的正反转时,应注意什么问题？

3. 什么是主令电器？

4. 交流接触器的主要用途是什么？试画出它的图形符号和文字符号。交流接触器在使用中应注意哪些问题？

5. 线圈电压为 220V 的交流接触器,误接入 380V 交流电源会发生什么问题,为什么？

6. 中间继电器与接触器有何异同？在什么条件下可用中间继电器来代替接触器控制电动机？

7. 常用的时间继电器有哪几种？试画出各种时间继电器的线圈及触头的图形符号,并标注其含义？

8. 电压和电流继电器在电路中各起什么作用？其线圈和触点各接于什么电路中？

9. 既然在电动机的主电路中装有熔断器,为什么还要装热继电器？装有热继电器是否就可以不装熔断器？为什么在照明和电热电路中只装有熔断器？

10. 是否可用过电流继电器来作电动机的过载保护？为什么？

11. 画出下列电器元件的图形符号,并标出其文字符号。

①刀开关;②熔断器;③热继电器;④时间继电器;⑤断路器;⑥按钮;⑦接触器;⑧行程开关;⑨速度继电器。

第3章 常用电动机应用基础

电机作为一种能量转换装置,可以分为两大类别:第一类为发电机,第二类为电动机。发电机是把机械能转化为电能的装置,而电动机是把电能转化为机械能的装置。根据它们的不同功能来满足人们的不同需要。按照电机的结构和转速分类,可分为变压器和旋转电机。根据电源的不同,旋转电机又可分为直流电机和交流电机两大类。交流电机又可以分为同步电机和异步电机两类。此外,在普通旋转电机的基础上产生了控制电机,在伺服系统中作为执行元件,常见的控制电机包括伺服电机和步进电机。

3.1 直流电动机应用基础

直流电动机在早期的电动机发展中占有着很重要的地位,也是电动机中很重要的类别之一。虽然其性能良好,但是结构复杂,经常需要维护,逐渐被交流电动机或有电力电子技术的直流性质的电动机所代替。由于直流电动机有很好的制动和调速性能,所以还是有一定的研究价值。

3.1.1 直流电动机的工作原理和基本结构

1. 直流电动机的工作原理

直流电动机是利用通有电流的导体在磁场中受电磁力作用而工作,其工作原理如图 3-1 所示。当直流电动机的线圈中有直流电流通过时,根据电磁感应定律,电动机线圈在磁场的作用下受到电磁力,产生了电磁转矩。

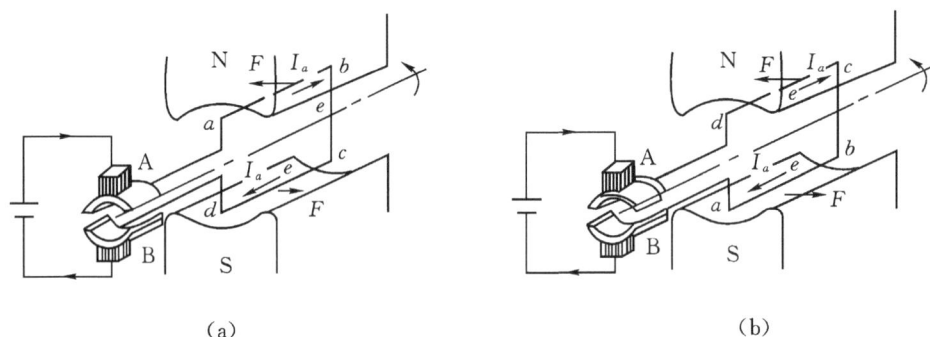

(a)   (b)

图 3-1 直流电动机工作原理

直流电动机的外加电压通过电刷与换向器加到线圈上,当线圈转过 $180°$ 时,在图 3-1(b) 所示位置时,导线 ab 转到 S 极下,导线 cd 转到 N 极下,导线电流方向改变,电磁转矩方向仍为逆时针,使电机一直按逆时针旋转。通过换向器,电刷 A 始终和 N 极下的导线相连,电刷 B 则与 S 极下的导线相连,由于在 N 极与 S 极下的导线电流方向始终保持不变,所以电机的转矩和旋转方向始终保持不变。

2. 直流电动机的结构

图 3-2 为典型直流电动机的外形图和结构图。

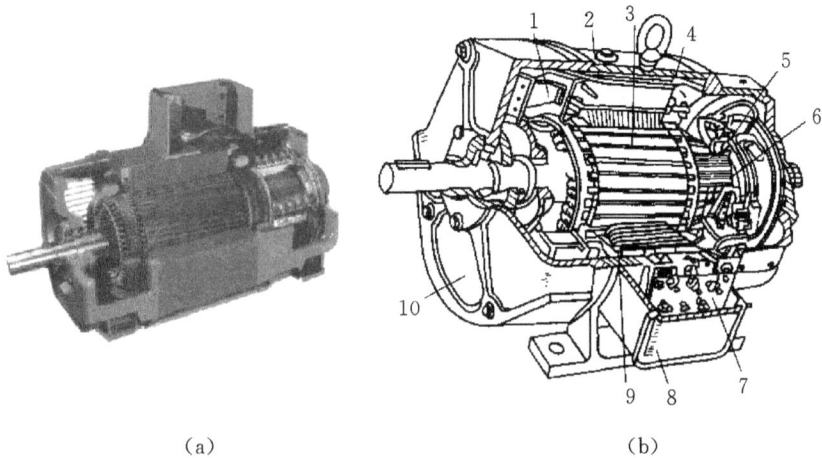

(a)　　　　　　　　　　　　(b)

图 3-2　典型直流电动机的外形图和结构图

1—风扇；2—机座；3—电枢；4—主磁极；5—电刷架；6—换向器；

7—接线板；8—出线盒；9—换向极；10—端盖

直流电动机可以分为定子和转子两部分，二者之间有气隙，起到储存磁能的作用。直流电动机主要由磁极、电枢、换向器、机座、电刷等几部分组成，下面对其主要结构进行简要说明。

(1)主磁极　磁极是电动机中产生磁场的装置，如图 3-3 所示。它分成极心 1 与极掌 2 两部分。极心上放置励磁绕组 3，极掌的作用是使电动机的空气隙中磁感应强度的分布最为合适，并用来挡住励磁绕组；磁极是用钢片叠成的，固定在机座 4 上。

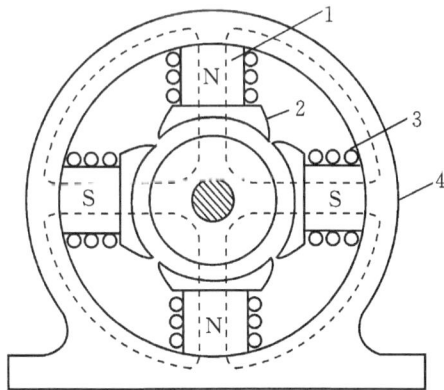

图 3-3　直流电动机的磁极及磁路

1—极心；2—极掌；3—励磁绕组；4—机座

(2)机座　机座一般是用厚钢板焊成的，或用铸钢件制成。作为主磁路的一部分，也可以作为电机的结构框架。

(3)电枢　又称为转子，其结构如图 3-4 所示。它的作用是在电动机中产生感应电动势。电枢可以分为电枢铁心和电枢绕组两部分。电枢铁心是磁路的主要部分，呈圆柱状，由硅钢片叠成，在其槽中放有电枢绕组，电枢绕组由按照一定规律连接的电枢线圈组成，产生感应电动势。

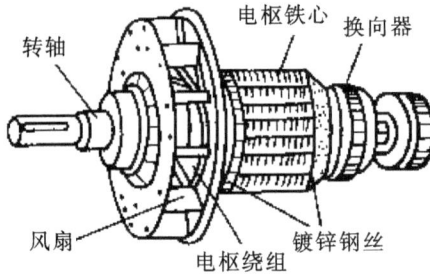

图 3-4　电枢结构图

（4）换向器　换向器的作用是逆变，是直流电动机的一种特殊装置，也是很关键的一个部分。主要由许多换向片组成，每两个相邻的换向片中间是绝缘片。在换向器的表面用弹簧压着固定的电刷，使转动的电枢绕组得以同外电路联接。

除了以上的主要部分，还有电刷装置等部分，组成了整个直流电动机。

3. 直流电机的励磁方式

在主磁极的励磁绕组内通以直流电，产生直流电机主磁通，这个电流称为励磁电流。励磁电流如果由独立的直流电源供给，称为他励直流电机；若由电机自身供给，则称为自励直流电机。自励电动机按其励磁绕组连接方式的不同，又分为并励电动机、串励电动机和复励电动机。

3.1.2　直流电动机的机械特性

直流电动机的定子通常有励磁绕组，当励磁绕组通以直流电流时便产生磁场。转子又称为电枢，它的作用是产生电磁转矩和电势，实现机电能量转换。

直流电动机的机械特性方程式为：

$$n = \frac{U}{C_E\Phi} - \frac{R_a}{C_E C_T \Phi^2}T = \frac{1}{C_E\Phi}(U - I_a R_a) \qquad (3-1)$$

（3-1）式中 n 为电动机的转速，C_E 为电动机的电动势系数，Φ 为电动机的磁通，C_T 为电动机的转矩系数，T 为电动机的转矩。改变电动机的电压、磁通和电枢电阻均可改变电动机的转速。

直流电动机的机械特性为下垂的直线，即当电机的负载增加时，电机的转速将比空载转速有所下降，如图 3-5 所示。

直流电机机械特点有以下几点：

①$T=0$ 时，$n=n_0$，为理想空载转速。

②$T=T_N$ 时，$n=n_N$ 为额定转速。

③直流电机的固有机械特性较硬，运转稳定性好，负载的变动大时，电动机的转速变化较小。

④当电动机启动时，启动电流 I_{st} 和启动转矩 T_{st} 比额定值大很多，会损坏换向器。

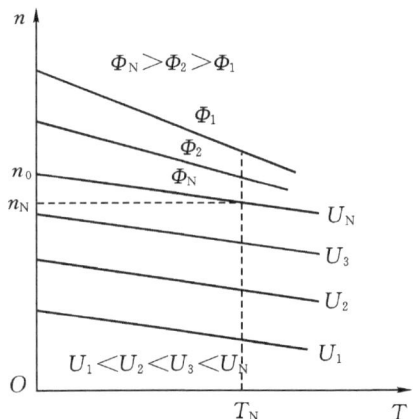

图 3-5　直流电动机的机械特性

3.1.3 其他特性

1. 制动

使电力拖动系统停车,可采用自由停车,即断开电源,使转速逐渐减慢,最后停车。为使系统加速停车,可用两种方法:一是用机械、电磁制动器,俗称"抱闸"停车;二是用电气制动,使电机产生制动转矩,加快减速。

电气制动运行的特点是:电机转矩 T 与转速 n 方向相反,电机吸收机械能并转化为电能。常用的电气制动方法有:能耗、反接和回馈制动。

(1)能耗制动 电机原来处于电动状态下运行,若突然将其电枢从电源上拉下而投到制动电阻上,电流方向与电动状态时相反,转矩与转速 n 方向相反,起制动作用,使系统的动能变为电能,消耗在电枢回路电阻上。能耗制动在零速时,没有转矩,可准确停车。

(2)反接制动 把运转中的电动机电枢反接到电源上,由于机械惯性,转速 n 不能立即改变,则电动势不变,电流方向与电动状态时相反,T 与转速 n 方向相反,起制动作用,使电动机迅速停车。由于反接制动时电枢电压与反电势方向相同,所以制动电流很大。为了限制电枢电流,电枢电路必须串接很大的制动电阻,以保证电枢电流在 1.5~2.5 倍的额定电流。如果电动机不需要反转,则制动结束($n=0$)后,必须切断电源,否则电动机将反转。

(3)回馈制动 也称发电反馈制动,再生制动。在处于电动状态下运行的电机轴上加一外力矩,且与原转矩方向相同,两者共同作用后起制动作用,相当于电机向电网输送电流,即回馈电能。

2. 启动

直流电机的启动电流和启动转矩很大,会损坏换向器。因此,一般的中、大功率直流电动机不能在额定电压和额定输出功率下直接启动。他励直流电动机有三种启动方法:直接启动、降压启动、电枢串电阻启动。

3. 调速

由机械特性方程式可知,改变电枢回路电阻、磁通及电压,可达到调速的目的。

3.2 交流电动机应用基础

三相异步电动机是把三相交流电能转换为机械能的一种交流电动机。与其他类型的电动机相比,具有结构简便、制造工艺不复杂、效率较高、运行可靠、坚固耐用等优点,从而被广泛地应用。三相电动机一般可以分成同步电动机和异步电动机两大类。

3.2.1 三相异步电动机的工作原理

异步电动机的定子绕组通入三相交流电流,产生旋转磁场,以同步转速 n_1 顺时针方向旋转,如图 3-6 所示。三相异步电动机的转子之所以会旋转,就是因为转子气隙内有一个旋转磁场。根据右手定则,可以判定转子导体中的电动势方向如图所示。流过电流的转子导体在磁场中要受到电磁力的作用,根据左手定则可判定转子导体所受到的电磁力的方向如图 3-6 中 F 所示,这一对电磁力形成一个顺时针方向的电磁转矩。转子在电磁转矩的作用下顺时针方向旋转。

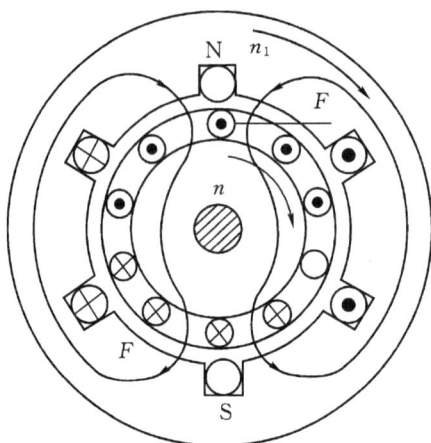

图 3-6 三相异步电动机的工作原理图

异步电动机的转子转向与旋转磁场转向一致,异步电动机的转子转速 n 总是小于旋转磁场的同步转速 n_1,故这种电动机称为异步电动机。

如果能设法使电动机转子上也产生相应的磁极,那么当定子产生的旋转磁场旋转时,就会吸引转子相应的磁极,并拖动其一起旋转,这类电动机的转子转速与旋转磁场转速一致(同步),这就是所谓的同步电动机。

由上述异步电动机工作原理可知 $n \neq n_1$。$n - n_1$ 称为异步电动机的转差。转差与同步转速 n_1 的比值称为转差率,用 S 表示。

$$S = \frac{n_1 - n}{n_1} \tag{3-2}$$

3.2.2 三相异步电动机的基本结构

与直流电动机一样,三相异步电动机也是以固定不动的定子和旋转的转子组成的。定子与转子之间有一个很小的气隙。此外,还有端盖、轴承、接线盒和通风装置等其他部分。

1. 异步电动机的定子

异步电动机的定子由定子铁心、定子绕组和机座三部分组成。

(1)定子铁心 定子铁心是异步电动机主磁通磁路的一部分。由于旋转磁场相对于定子铁心以同步转速旋转,所以铁心中的磁通是交变的。为减少由旋转磁场在定子铁心中引起的涡流损耗和磁滞损耗,定子铁心由导磁性能较好的 0.5mm 厚、表面涂有绝缘漆且冲有一定槽形的硅钢片叠装而成。

(2)定子绕组 定子绕组是异步电动机定子部分的电路。它共有三相对称绕组,每相绕组由若干个线圈组按一定规律连接而成,每相绕组之间在相位上互差 120 度的电角度。

(3)机座 机座的作用主要是固定和支承定子铁心。转子也通过轴承和端盖固定在机座上,所以要求机座具有足够的机械强度和刚度,承受运行和传输过程中的各种作用力。

2. 异步电动机的转子

异步电动机的转子由转子铁心、转子绕组和气隙组成。

(1)转子铁心 转子铁心是电动机磁路主磁通的一部分,通常也是由 0.5mm 厚的冲槽硅钢片叠成。铁心固定在转轴或转子支架上,整个转子铁心的外表面呈圆柱形。

(2)转子绕组　转子绕组可分为笼型和绕线型两种结构。笼型转子的铁心外圆也有均匀分布的槽,每个槽内安放一根导条伸出铁心以外,然后用两个端环把所有导条的两端分别连接起来。

(3)气隙　与其他电机一样,异步电动机定子、转子之间也必须有气隙。气隙是异步电动机磁路的一部分,对电动机运行性能影响很大。为了减小励磁电流,通常中、小型异步电动机的气隙为 0.2~1.5mm。

3. 型号

Y 系列三相异步电动机的型号由三部分组成,即产品符号、规格符号及特殊环境符号。

Y200L4 - 4 符号表示的意义如下:

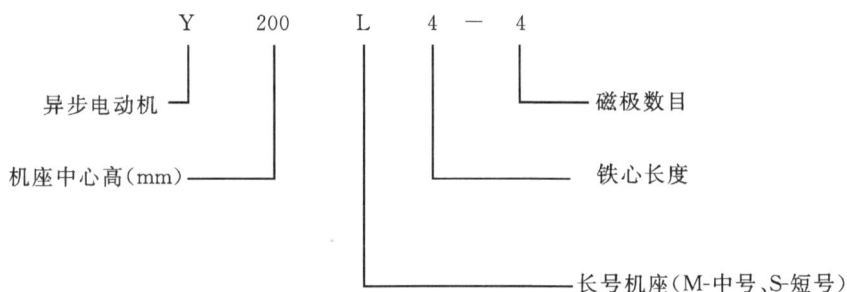

```
        Y    200    L    4 — 4
        │     │     │    │   └── 磁极数目
 异步电动机 │     │    │
        │     │    └──────── 铁心长度
  机座中心高(mm) │
        │
        └────────── 长号机座(M-中号、S-短号)
```

3.2.3　其他特性

1. 启动

异步电动机的启动力矩必须大于电动机静止时的负载转矩,即 $T_{st} > T_N$,否则电动机无法正常运转。

异步电动机的启动电流一般为额定电流的 4~7 倍,直接启动时,过大的启动电流会使电源电压在启动时下降过大,影响电网其他设备的正常运行。另外一方面还会造成线路及电动机中产生损耗引起发热。

普通异步电动机在启动过程中为了限制启动电流,常用的启动方法有三种,即串联电抗器启动、自耦变压器降压启动、星形—三角形转接启动。目前,采用电子器件构成的"异步电动机软启动系统"以其良好的性能和平稳的启动过程而获得了迅速的发展和应用。

2. 制动

具有良好制动性能的异步电动机可使电动机迅速停止,准确停车,提高控制性能。异步电动机的制动方式和直流电机相似,一是用机械、电磁制动器的"抱闸"停车;二是用电气制动,使电机产生制动转矩,加快减速。

电气制动无机械磨损问题,减小维修工作量,因此获得广泛的应用。它可分为反接制动、能耗制动和回馈制动三类。

(1)反接制动　将三相异步电动机的三相交流电任意调换两个接线(改变相序,即换相),即可使电动机反转。这是因为,换相后产生了反向旋转磁场,也就是说,将正在旋转中的电动机输入电源线任意调换两个接线后,即可产生与旋转方向相反的制动力矩,这就是所谓的反接制动。

（2）能耗制动　能耗制动是把异步电动机的定子绕组从交流电源上切断后,接到直流电源上。根据左、右手定则,不难确定这时转子电流与静止磁场相互作用产生了制动转矩,使电动机迅速停转。因为这种方法是将转子动能转化为电能,并消耗在转子电路的电阻上,所以称为能耗制动。

（3）回馈制动　使电动机的转速 $n > n_1$ 时,电动机处于发电机工作状态。此时电动机不消耗电能,而将能量反馈到供电系统中来。因此称为回馈制动,又称再生发电制动。

3. 交流调速原理

异步电动机的转速公式如下：

$$n = \frac{60 f_1}{p}(1-S) \tag{3-3}$$

式中,f_1—电源频率；

$\qquad p$—磁极对数；

$\qquad S$—转差率。

通过以上的公式可以看出,如果对异步电动机进行调速,可以通过改变磁极对数、转差率、电源频率这三种方法来改变电动机的转速。

实际应用的调速方式有多种,常见的有变极调速、转子串电阻调速、串极调速、变频调速等。变频调速是采用半导体器件构成的静止变频器电源,改变供电频率,可使异步电动机获得不同的同步转速。目前这类调速方式已成为交流调速发展的主流。

3.3　步进电动机应用基础

步进电动机是将电脉冲信号转换成相应的机械角位移。当系统给定子绕组输入一个电脉冲,转子也转过相应的角度时,转角与输入的电脉冲个数成正比,转速与电脉冲频率成正比；转动方向则取决于步进电动机的通电相序。

3.3.1　步进电动机的工作原理

步进电动机的工作原理实际上是电磁铁的作用原理,图 3-7 是反应式步进电动机的原理图,下面以它为例来说明步进电动机的工作原理。

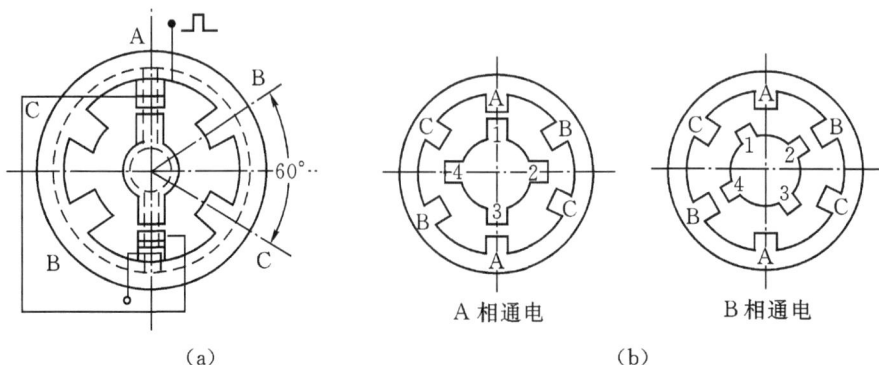

（a）　　　　　　　　　　（b）

图 3-7　三相反应式步进电动机工作原理图

图 3-7(a)中,当 A 相绕组通以直流电流时,根据电磁学原理,便会在 A—A 方向产生一磁场,在磁场电磁力的作用下,吸引转子,使转子的齿与定子 A—A 磁极上的齿对齐。若 A 相断电,B 相通电,这时新的磁场其电磁力又吸引转子的两极与 B—B 磁极对齐,转子沿顺时针方向转过 60°。如果控制线路不停地按 A—B—C—A 的顺序控制步进电动机绕组的通断电,步进电动机的转子将不停地顺时针转动。如果通电顺序改为 A—C—B—A,同理,步进电动机的转子将逆时针不停的转动。

通常,步进电动机绕组的通断电状态每改变一次(加一个脉冲),其转子转过的角度称为步距角,即步进电动机的转子每走一步转过的角度。因此,图示步进电动机的步距角等于 60°。

上面所述的这种通电方式称为三相单三拍方式。步进电动机的工作方式还有三相六拍和三相双三拍两种工作方式。

由于每种状态只有一相绕组通电,转子容易在平衡位置附近产生振荡,并且在绕组通电切换瞬间,电动机失去自锁转矩,易产生丢步。通常采用三相双三拍控制方式,即 AB—BC—CA—AB 或 AC—CB—BA—AC 的顺序通电。定位精度增高且不易失步。如果步进电动机按照 A—AB—B—BC—C—CA—A 或 A—AC—C—CB—B—BA—A 的顺序通电,根据其原理图分析可知,其步距角比三相三拍工作方式减小一半,称这种方式为三相六拍工作方式。

步距角的公式如下:

$$\theta_S = \frac{360^\circ}{mzk} \tag{3-4}$$

式中,θ_s—步距角;

$\quad$ m—电动机相数;

$\quad$ z—转子齿数;

$\quad$ k—通电方式系数,$k=$ 拍数/相数。

3.3.2　步进电动机的结构

图 3-8 为三相步进电动机的结构图。它是由转子、定子及定子绕组所组成。定子上有六个均匀分布的磁极,直径方向相对的两个极上的线圈串联,构成电动机的一相控制绕组。

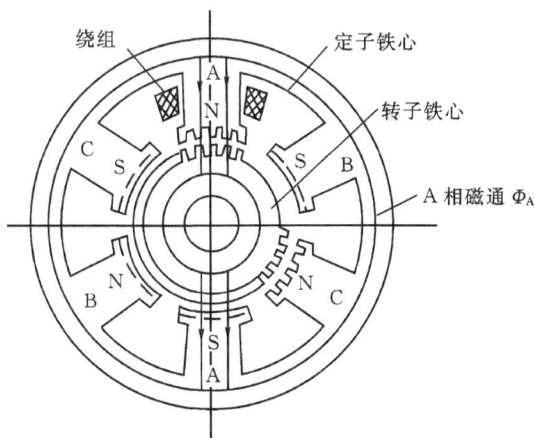

图 3-8　三相步进电动机的结构图

35

从式(3-4)可知,电动机相数受结构限制,减小步距角的主要方法是增加转子齿数 Z。如果将转子齿数变为 40 个,转子齿间夹角为 9°。那么当电动机以三相三拍方式工作时,步距角则为 3°;以三相六拍方式工作时,步距角则为 1.5°。通过改变定子绕组的通电相序,就可改变电动机的旋转方向,实现机床运动部件进给方向的改变。

步进电动机转子角位移的大小取决于来自数控系统发出的电脉冲个数,其转速 n 取决于电脉冲频率 f,即步进电动机的角位移大小与脉冲个数成正比;转速与脉冲频率成正比;转动方向取决于定子绕组的通电顺序。

3.3.3 步进电动机的主要特性

1. 最高起动频率 f_q

步进电动机在空载运行时,由静止状态到突然起动状态,并且不失步地进入稳速运行,所允许的起动频率的最高值称为最高起动频率 f_q。

步进电动机在起动时,既要克服负载转矩,又要克服惯性转矩,即电动机和负载的总惯量,所以起动频率不能过高。并且,随着负载加大起动频率会进一步降低。

2. 最高运行工作频率 f_{max}

步进电动机在连续运行的情况下,且不发生丢步,那么电动机所能接受的最高频率称为最高工作频率 f_{max}。最高工作频率远大于起动频率,它表明步进电动机所能达到的最高速度。

3. 步距角 θ_s 与步距误差 $\Delta\theta_s$

步进电动机的步距角 θ_s 是定子绕组在通电状态每改变一次,其转子转过的一个确定的角度。步距角越小,机床运动部件的位置精度越高。步距误差 $\Delta\theta_s$ 是指理论的步距角 θ_s 与实际的步距角 θ_s' 之差,即 $\Delta\theta_s = \theta_s - \theta_s'$。它直接影响执行部件的定位精度。步距误差主要由步进电动机齿距制造误差、定子和转子气隙不均匀、各相电磁转矩不均匀等因素造成。由于步进电动机每转一转又恢复到原来位置,所以误差不会无限累积。

4. 静态转矩与矩角特性

当步进电动机定子绕组处于某种通电状态时,如果在电动机轴上外加一个负载转矩,使转子按一定方向转过一个角度 θ,此时转子所受的电磁转矩 M 称为静态转矩,角度 θ 称为失调角。当外加转矩取消时,转子在电磁转矩作用下又回到稳定的平衡点位置,即 $\theta = 0$ 的时候。

5. 步进运行和低频振荡特性

当控制脉冲的时间间隔大于步进电机的过渡过程,电机呈步进运行状态。即输入脉冲频率较低时,第二步走之前第一步已经走完,电机振荡不前。

步进电机在运行中存在着振荡,他有一个固有频率 f_1,当输入频率 $f = f_1$ 时就要产生共振,使步进电机振荡不前。

3.4 其他常用的电动机

3.4.1 感应电机

感应电机是定、转子间靠电磁感应作用,在转子内感应电流以实现机电能量转换的电机。感应电机一般情况下用于电动机使用,有时也可以作为发电机使用。

感应电机的结构简单,制造方便,价格便宜,运行可靠。但缺点是在较宽的范围内不容易实现平滑的调速,电网的功率因素不好等。感应电机分为单相电机和三相电机两种。

3.4.2　同步电机

同步电机也是常用的交流电机,特点是这类电动机的转子转速与旋转磁场转速一致(同步),这就是所谓的同步电动机。同步电机可以作为发电机,也可作为电动机使用。

同步电动机的转子结构有隐极式和凸极式之分,按励磁方式分有直流励磁、永久磁铁、反应式等形式。同步电动机的优点是运行功率因数可调,在电动机稳态运行时速度恒定。随着电力半导体变流技术的发展,同步电动机的应用日益广泛,尤其是在小容量的伺服系统和大容量的场合,控制性能明显优于异步电动机。

同步电动机的定子为对称的多相绕组,转子上有直流励磁绕组。亦可以采用反装式,即励磁绕组安装在定子上,转子上安装三相电枢绕组,三相绕组通过滑环和外部电路连接。当励磁是由永久磁铁提供,即为永磁同步电动机。反应式同步电动机也是一种无刷电动机,利用电动机的气隙磁阻不对称产生转矩。

3.4.3　直线电机

普通的旋转电动机将电能转换成旋转运动的机械能,直线电机将电能转换成直线运动的机械能。直线电机应用于要求直线运动的某些场合时,相当于将定子和转子圆柱面展开成平面,成为定尺和滑尺,不用通过滚珠丝杠转换运动,简化了中间传动机构,使运动系统的相应速度、稳定性、精度得以提高。直线电机的工作原理如图 3-9 所示。

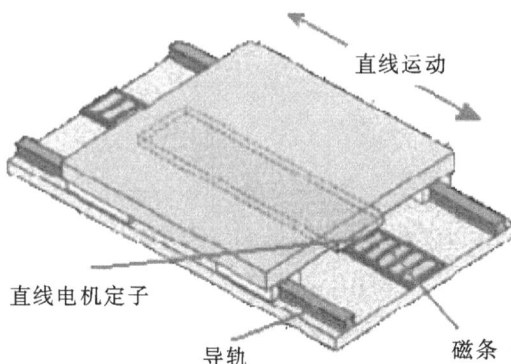

图 3-9　直线电机工作原理图

直线电机可以由直流、同步、异步、步进等旋转电机演变而成,由异步电机演变而成的直线异步电动机使用的最多。直线电动机可以用在机床工业和机器人技术上,目前的磁悬浮列车就是采用直线电机技术。

3.4.4　伺服电机

控制电机是在普通旋转电机基础上产生的特殊功能的小型旋转电机。控制电机在控制系统中作为执行元件、检测元件和运算元件。从工作原理上看,控制电机和普通电机没有本质的差异,但普通电机功率大,侧重于电机的启动、运行和制动等方面的性能指标,而控制电机输出的功率较小,侧重于电机控制精度和响应速度。

控制电机按其功能和用途可以分为信号检测类控制电机及动作执行类电机。执行电机包括伺服电机、步进电机和直线电机;信号检测和传递电机包括测速发电机、旋转变压器和自整角机等。

伺服电机的作用是将输入的电压信号(控制电压)转换成轴上的角位移或角速度输出,在自动控制系统中常作为执行元件,所以伺服电动机又称为执行电动机,其最大特点是:有控制电压时转子立即旋转,无控制电压时转子立即停转。

伺服电机主要应用在机床伺服系统中,它分为直流电动机和交流电动机两种驱动方式。近年来,交流调速有了飞速的发展,交流电动机的调速驱动系统已发展为数字化,使得交流伺服系统在数控机床上得到了广泛的应用。

交流伺服电动机分为同步型伺服电动机和异步型伺服电动机两大类。

同步型交流伺服电动机由变频电源供电时,可方便地获得与电源频率成正比的可变转速,可得到非常硬的机械特性及宽的调速范围。目前在数控机床的伺服系统中多采用永磁式同步型交流伺服电动机。永磁式同步型交流伺服电动机的主要优点有:可靠性高,易维护保养,有宽的调速范围,结构紧凑,散热性能好等。

异步型交流伺服电动机为感应式电动机,具有转子结构简单坚固、价格便宜、过载能力强等特点。但感应式异步交流伺服电动机与相同转矩的永磁式同步交流伺服电动机相比,效率低,体积大,损耗和发热量大。

此外伺服电机与步进电机都属于控制类电机,需要驱动系统,但是在中高档伺服系统中要应用伺服电机。这是因为伺服电机比步进电机好在控制精度高、低频特性好、过载能力强、运行性能好、不丢步等。

3.5 电动机的保护

在电气控制系统的设计与运行中,为了提高电气控制系统运行的可靠性与安全性,必须考虑到系统有时候可能发生意外情况或者不能进行正常的工作,引发电气系统故障,比如造成电器设备系统的损坏和老化,烧坏电机,甚至使设备不能进行正常工作,发生火灾等,产生一些不必要的严重后果。所以必须在电气控制系统中加入保护环节,利用它来保护电动机或者电气设备,使其能够可靠运行。

电气控制线路不仅要能保证工作人员或者生产机械、电气设备的安全,还要能有效地防止事故扩大。电器保护环节包括短路、过电流、过电压、过载等环节,下面就来介绍这几种典型的电动机保护的方法。

1. 短路保护

当电气控制线路产生短路现象时,如发生电源短路、接线连接错误或设备陈旧、老化等故障时,就有可能使电动机损坏,所以要有短路保护。短路时电流可在瞬间上升到额定电流的几倍,甚至几十倍。那么就要求在很短时间内断电,常用方法是采用熔断器。电路中有时候也可采用空气自动开关来作为短路保护。

2. 过电流保护

当电动机或电气元件中通过的电流大于额定电流时,会因为设备过热而导致绝缘系统损坏,这就要有过电流保护。一般采用过电流继电器。过电流继电器动作的特点是电流值比短路保护时的电流值小。如果电流值超过某一额定值,保护电器立即切断电源。这种方法,既可以保护设备,也可以通过它来控制电动机。

3. 欠电流保护

当电动机或电气元件中通过的电流低于某一额定值时,产生欠电流保护。欠电流保护通常是用欠电流继电器来实现的。欠电流继电器线圈串联在被保护电路中,正常工作时吸合,一旦发生欠电流时释放以切断电源,来完成欠电流保护。

4. 失压保护

当电动机正常工作时,如果电源电压突然消失或拉闸断电,因为没有电流而使电动机停转,那么在电源电压恢复时就有可能使电动机自行启动而造成人身伤害或机械设备的损坏。为了防止电压恢复时产生的电动机自行启动而设置的保护,即为失压保护。接触器可以起到失压保护的作用。

5. 欠电压保护

电动机或电气元件在正常运行的情况下,如果电网电压值降低到额定电压值的一定比例时,控制线路中的一些交流接触器、继电器等不能正常工作,线圈电流增大,可能烧坏电气元件和电动机。这就要求线路可以自动切断电源而停止工作,这种保护称为欠电压保护。

6. 过电压保护

如果由于某些原因使电源电压升高或某些电气设备产生了比较大的电压,很容易使线圈等设备烧坏。因此,就有必要采用过电压保护的方法。通常过电压保护可以采用专门的电磁式过电压继电器与接触器配合来进行,其线圈和触点的接法与欠电压继电器相同。

7. 过载保护

过载现象是指电动机运行电流大于其额定电流,但比过电流时超过额定电流的倍数还要小一些。过载保护是采用热继电器与接触器配合动作的方法来完成。如果电气设备长期处于过载时会引起电动机的过热,温度超过额定值时,也会损坏绝缘系统。有很多原因可以引起过载的现象,比如负载的突然增加,缺相运行或电网电压降低等。

3.6　电动机的选择

在电动机应用中,选择电动机也十分重要,下面从几个方面来介绍一下。

1. 电动机种类的选择

选择电动机的原则:首先是要看所选用的电动机是否能满足使用的生产机械的功率、转矩、运行等要求;其次,如果电动机的性能可以满足生产机械的要求,那么就要优先选择结构简单、价格便宜、工作可靠和维护方便的电动机。

同时交流电动机使用的性能比直流电动机的性能好,交流异步电动机的性能优于交流同步电动机,而鼠笼式的异步电动机优于绕线式的异步电动机。

2. 电动机形式的选择

电动机形式的选择包括两方面,选择安装形式和防护形式。电动机的安装形式分为卧式和立式两种。卧式电动机的价格便宜、应用广泛，而当为了简化传动装置、必须垂直运转时，应选立式电动机。防护形式是为了防止当电动机因周围环境改变而不能正常运行，或电动机因本身产生故障时，必须使用的防护形式。普通电动机的防护形式有开启式、防护式、封闭式和防爆式 4 种。

而对于高海拔地区或特殊环境下，就必须选用有特殊防护措施的电动机。

3. 额定电压的选择

直流电动机的额定电压要与电源电压相配合，一般为 110V，220V 和 440V。交流电动机电压等级的选择主要根据供电电压等级而定，一般额定电压为 380V、220/380V 和 380/660V 三种。

4. 额定转速的选择

如何选择电动机的额定转速，应综合考虑以上的各个因素。相同额定功率的电动机，额定转速越高，电动机的质量越轻，体积越小，价格也就越低。

习　题

1. 他励直流电动机为何通常不采用直接启动？若直接启动，将有何后果？

2. 直流电动机有哪些调速方法？其机械特性有什么特点？

3. 他励直流电动机有几种电气制动的方法？各种制动方法有何特点？

4. 如何使三相异步电动机反转？

5. 三相异步电动机如果断掉一根电源线能否启动，为什么？如果在运行中断掉一根电源线能否继续运转？

6. 异步电动机如何调速？各调速方法有何特点？

7. 异步电动机有哪些电气制动方法？

8. 什么是三相步进电动机的单三拍、六拍和双三拍工作方式？

9. 步进电动机有 80 个齿，采用三相六拍工作方式，求步进电动机的步距角。

第4章 电气控制基本环节

电气控制线路能够实现对电动机或其他执行电器的启停、正反转、调速和制动等运行方式的控制,以实现生产过程自动化,满足生产工艺的要求。要使电动机能正常运转,就必须设计正确、合理的控制线路。当电动机在连续不断的运行时,有可能产生短路、过载等各种电气事故,所以对控制线路来说,除了承担电动机的供电和断电的重要任务外,还担负着保护电动机的作用。当电动机发生故障时,控制线路应该发出信号或自动切除其电源,以避免事故扩大。

异步电动机的控制线路,一般可以分为主电路和辅助电路两部分,而在高压异步电动机的控制线路中,主电路通常称为一次回路,辅助电路则称为二次回路。

凡是流过电气设备负荷电流的电路,称主电路;凡是控制主电路通断或监视和保护主电路正常工作的电路,称辅助电路。主电路上流过的电流一般都比较大,而辅助电路上流过的电流则都比较小。

4.1 三相异步电动机的启动控制

三相异步电动机具有结构简单,运行可靠,坚固耐用,价格便宜,维修方便等一系列优点。因此,在工矿企业中异步电动机得到广泛的应用,三相异步电动机的控制线路大多由接触器、继电器、闸刀开关、按钮等有触点电器组合而成。通常对于三相异步电动机的启动有全压直接启动方式和降压启动方式。

4.1.1 三相鼠笼式异步电动机全压启动控制

图 4-1 所示为三相笼型异步电动机单向全压启动控制线路。主电路由刀开关 QS、熔断器 FU1、接触器 KM 的主触点、热继电器 FR 的热元件和电动机 M 构成。控制线路由热继电器 FR 的常闭触点、停止按钮 SB1、启动按钮 SB2、接触器 KM 常开触点以及它的线圈组成。这是最基本的电动机控制线路。

启动时,合上刀开关 QS,主电路引入三相电源。按下启动按钮 SB2,接触器 KM 线圈通电,其常开主触点闭合,电动机接通电源开始全压启动,同时接触器 KM 的辅助常开触点闭合,使接触器 KM 线圈有两条通电路径。这样当松开启动按钮 SB2 后,接触器 KM 线圈仍能通过其辅助触点通电并保持吸合状态。这种依靠接触器本身辅助触点使其线圈保持通电的现象称为自锁。起自锁作用的触点称为自锁触点。

要使电动机停止运转,按停止按钮 SB1,接触器 KM 线圈失电,则其主触点断开。切断电动机三相电源,电动机 M 自动停车,同时接触器 KM 自锁触点也断开,控制回路解除自锁。松开停止按钮 SB1,控制电路又回到启动前的状态。

接触器直接启动控制线路的自锁电路不但能使电动机连续运转,而且具有欠压和失压(零压)保护作用。

欠压保护是指当线路电压下降到某一数值时,接触器线圈两端的电压同样下降,接触器电磁吸力将小于复位弹簧的反作用力,动铁心被释放,带动主触头、辅助触头同时断开,自动切断主电路和控制电路,电动机失电停止,避免了电动机欠压运行而损坏。

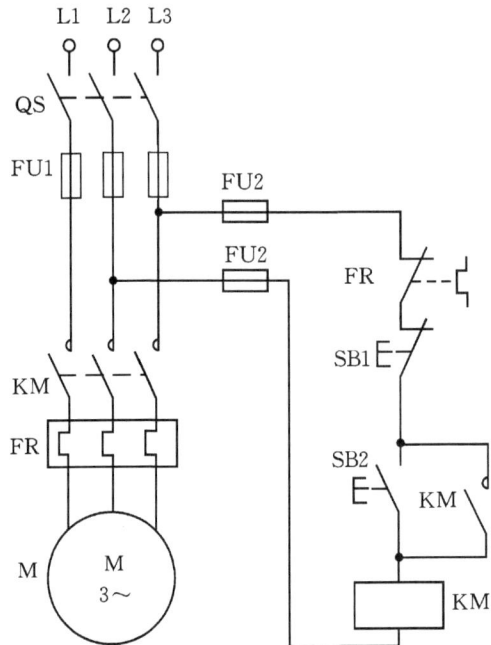

图 4-1 单向全压启动控制线路

失压(零压)保护是指电动机在正常运行中,由于外界某种原因引起突然断电时,能自动切断电动机电源;当重新供电时,电动机不能自行启动。避免突然停电后,操作人员忘记切断电源,来电后电动机自行启动,而造成设备及人身伤亡事故。

4.1.2 三相鼠笼式异步电动机降压启动

鼠笼式异步电动机采用全压直接启动时,控制线路简单,但是异步电动机的全压启动电流一般可达额定电流的 4～7 倍,过大的启动电流会降低电动机的使用寿命,使变压器二次电压大幅度下降,减小电动机本身的启动转矩,甚至使电动机无法启动,过大的电流还会引起电源电压波动,影响同一供电网路中其他设备的正常工作。

1. 定子串电阻降压启动方法

此方法是电动机启动时在三相定子电路中串接电阻,使电动机定子绕组电压降低,启动结束后再将电阻短接。三相鼠笼式异步电动机采用电阻降压的启动方法,适用于要求启动平稳的小容量电动机以及启动不频繁的场合。定子串电阻降压启动控制线路如图 4-2 所示。

工作原理:将 R 短接采用时间继电器来完成,因为时间继电器的延时可以较为准确的整定,这种使用时间继电器来控制线路中各电器的动作顺序,称为时间原则控制线路。

线路的工作过程如下:

①合上 Q,按下 SB2,KM1 线圈得电自保,其常开主触点闭合,M 串 R 启动,且使 KT 线圈得电;

②经过一定时间延时,到达 KT 的整定时间,其常开延时触点闭合,KM2 线圈得电自保,

KM2 的常闭辅助触点先打开,使 KM1 线圈失电,进而使 KT 失电,由于常开主触点 KM2 闭合,将 R 短接,M 全压运转。

③按下停止按钮 SB1,切断控制线路电源,电动机 M 停止运转。

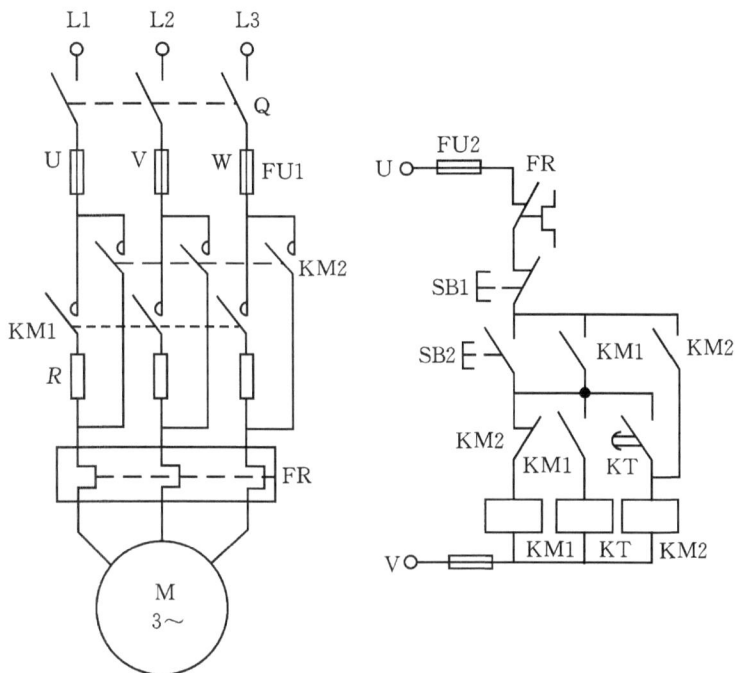

图 4-2　定子串电阻降压启动控制线路

此电路的优点是 M 全压运转时,只有 KM2 接触器的线圈通电。

降压启动电阻一般采用 ZX1、ZX2 系列铸铁电阻,其阻值小、功率大,可允许通过较大的电流。

2. Y—△ 降压启动控制线路

Y—△ 降压启动是在启动时将电动机定子绕组接成 Y 形,每相绕组承受的电压为电源的相电压(220V),在启动结束时换接成三角形接法,每相绕组承受的电压为电源线电压(380V),电动机进入正常运行。凡是正常运行时定子绕组接成三角形的鼠笼式异步电动机,均可采用这种线路。Y—△ 降压启动的自动控制线路如图 4-3 所示。

线路的工作过程如下:

①按下启动按钮 SB2 后,接触器 KM1 线圈得电,电动机 M 接入电源;

②接触器 KM3 线圈得电,其常开主触点闭合,Y 形启动,辅助触点断开,保证了接触器 KM2 不得电;

③时间继电器 KT 线圈得电,经过一定时间延时,常闭触点断开,切断 KM3 线圈电源;

④KM3 主触点断开,KM3 常闭辅助触点闭合,KT 常开触点闭合,接触器 KM2 线圈得电,KM2 主触点闭合,使电动机 M 由 Y 形启动切换为 △ 形运行。

⑤按下停止按钮 SB1,切断控制线路电源,电动机 M 停止运转。

图中 KM2、KM3 辅助常闭触头,是为了防止 KM2、KM3 同时得电造成电源短路。即当 KM3 动作后,其常闭触头将 KM2 的线圈断开,可防止 KM2 再动作;同样当 KM2 动作后,其常闭触头将 KM3 的线圈断开,可防止 KM3 再动作。这种一个接触器得电动作时,其常闭辅助触头使另一个接触器不能得电动作的控制线路,称为互锁线路。常闭触头 KM2、KM3 成为互锁触点。

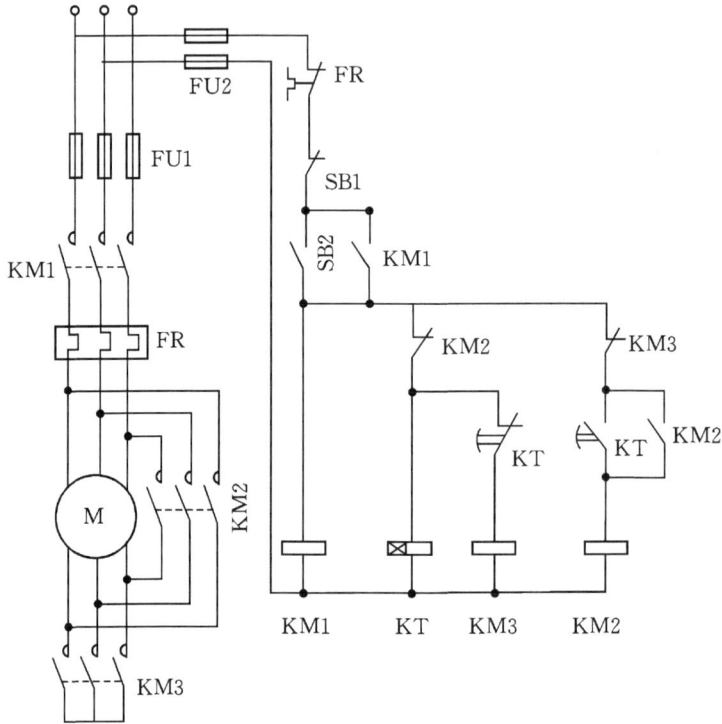

图 4 - 3 Y—△ 降压启动控制线路

三相鼠笼式异步电动机采用 Y—△ 降压启动的优点是定子绕组 Y 形接法时,启动电压为直接采用 △ 形接法时的 $1/\sqrt{3}$,启动电流为三角形接法时的 1/3,因而启动电流特性好,线路较简单,投资少。其缺点是启动转矩也相应下降为三角形接法的 1/3,转矩特性差。本线路适用于轻载或空载启动的场合,应当强调指出,Y—△ 连接时要注意其旋转方向的一致性。

3. 自耦变压器降压启动控制线路

自耦变压器又称为启动补偿器。电动机启动时,定子绕组得到的电压是自耦变压器的二次电压,一旦启动完毕,自耦变压器便被切除,电动机进入全电压运行。自耦变压器的次级一般有 3 个抽头,可得到 3 种数值不等的电压,使用时可根据启动电流和启动转矩的要求灵活选择。

自耦变压器降压启动控制线路如图 4 - 4 所示。

线路的工作过程如下:

①合上刀闸开关 QS,按下启动按钮 SB2,接触器 KM1 得电,KM1 常开主触点闭合,电动机经 Y 形连接的自耦变压器接至电源降压启动。

②同时,KM1 常开辅助触点闭合,时间继电器 KT 得电,时间继电器 KT 经一定时间到达延时值,其常开延时触点闭合,中间继电器 KA 得电并自锁;KA 的常闭触点断开,使接触器 KM1 线圈失电,KM1 主触点断开,将自耦变压器从电网切除。

　　③KM1 常开辅助触点断开,KT 线圈失电,KA 另一常开触点闭合,在 KM1 失电后,使接触器 KM2 线圈得电,KM2 主触点闭合将电动机直接接入电源,使之在安全电压下正常运行。

　　④按下停止按钮 SB1,KM2 线圈失电,电动机停止转动。

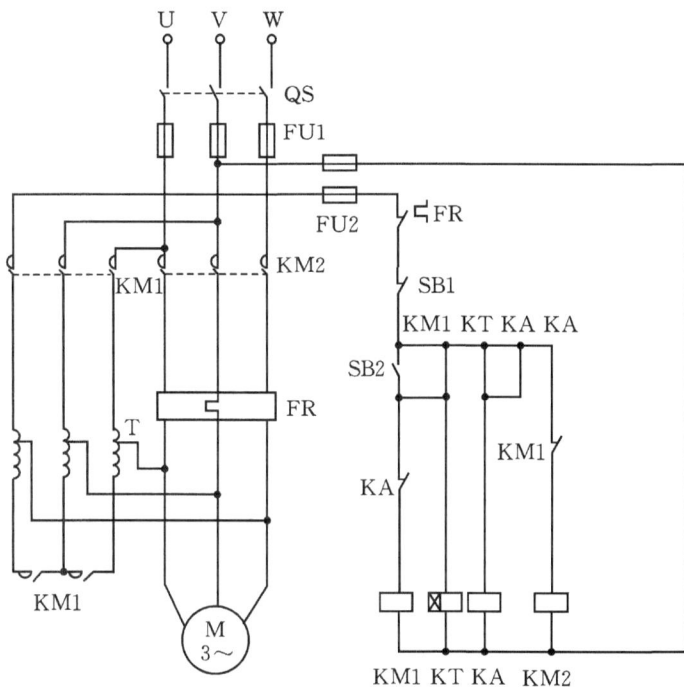

图 4-4　自耦变压器降压启动控制线路

　　采用自耦变压器降压启动比采用电阻降压启动产生较大的启动转矩,这种启动方法常用于容量较大、正常运行为 Y 形连接法的电动机。其缺点是自耦变压器价格较贵,结构相对复杂,体积庞大,不允许频繁操作。

4.2　三相异步电动机的可逆运行

　　电动机的可逆运行就是正反转控制。在生产实际中,往往要求控制线路能对电动机进行正、反转的控制。例如,机床主轴的正反转,工作台的前进与后退,以及电梯的升降等。

　　由三相异步电动机转动原理可知,若要电动机逆向运行,只需将接于电动机定子的三相电源线中的任意两相对调一下即可,与反接制动的原理相同。

4.2.1　电动机可逆运行的手动控制

　　根据电动机可逆运行操作顺序的不同,有"正—停—反"控制线路与"正—反—停"控制线路。

1."正—停—反"控制线路

　　"正—停—反"控制线路是指电动机正向运转后要反向运转,必须先停下来再反向。图 4-5为电动机"正—停—反"控制线路。KM2 为正转接触器,KM3 为反转接触器。要电动机反转,必须先按停止按钮,再按反向按钮,因为直接反转的话,反转电流相当于全电压直接启动时的两倍。

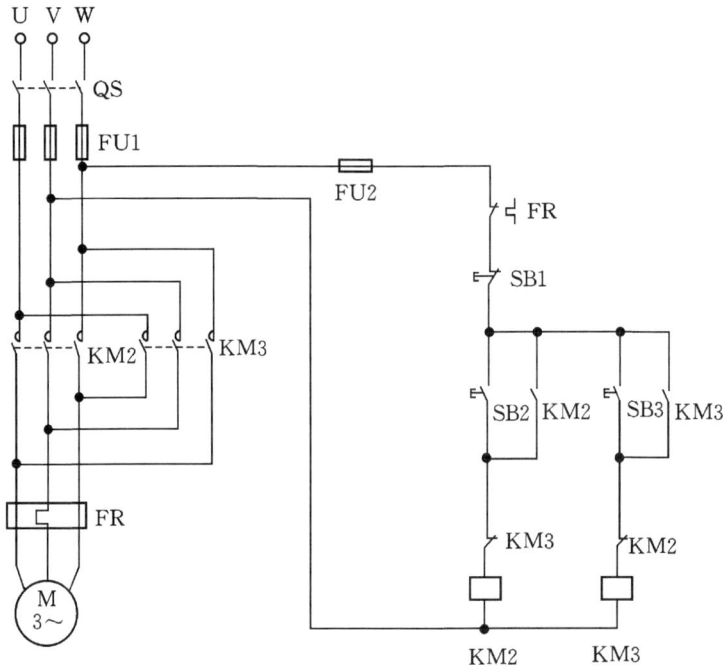

图 4-5 "正—停—反"控制线路

线路工作过程如下:

①按下正向启动按钮 SB2 时,接触器 KM2 得电吸合,其常开主触点将电动机定子绕组接通电源,相序为 U、V、W,电动机正向启动运行。

②按停止按钮 SB1 时,KM2 失电释放,电动机停转。

③按反向启动按钮 SB3 时,KM3 线圈得电,主触点吸合,其常开触点将相序为 W、V 、U 的电路接至电动机,电动机反向启动运行。

④再按停止按钮 SB1 时,电动机停转。

由于采用了 KM2、KM3 的常闭辅助触点串入对方的接触器线圈电路中,形成互锁。因此,当电动机正转时。即使误按反转按钮 SB3,反向接触器 KM3 也不会得电。

2. "正—反—停"控制线路

在实际生产过程中,为了提高劳动生产率,常要求电动机能够直接实现正、反向转换。利用复合按钮可构成"正—反—停"控制线路,如图 4-6 所示。

线路工作原理是若需电动机反转,不必按停止按钮 SB1,直接按下反转按钮 SB3,使 KM2 线圈失电触点释放、KM3 线圈得电触点吸合,电动机先脱离电源,停止正转,然后又反向启动运行。反之亦然。

但是这种方法却是极不安全的。首先是电动机在没有停止即反向运转,电动机必然要经过全压反接制动过程,制动电流可能损坏电动机和控制线路;其次是当接触器主触头被"焊死"或卡住,正转时按下反转按钮将发生严重的电源断路事故。

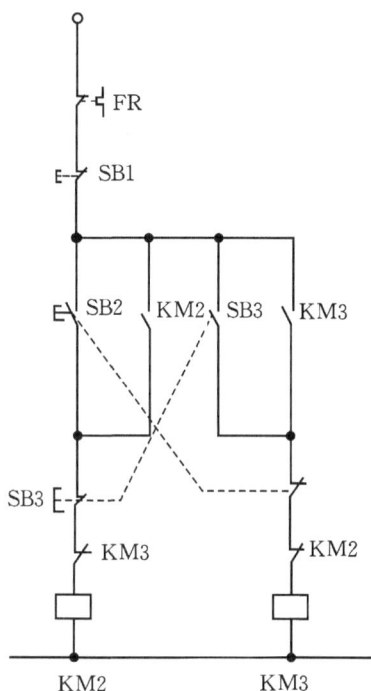

图 4-6　"正—反—停"控制线路

4.2.2　电动机可逆运行的自动控制

自动控制的电动机可逆运行电路,可按行程控制原则来设计。按行程控制原则又称为位置控制,就是利用行程开关来检测往返运动位置,发出控制信号来控制电动机的正反转,使机件往复运动。

4.3　三相异步电动机制动控制

三相异步电动机从切断电源到安全停止转动,由于惯性的关系总要经过一段时间,影响了劳动生产率。在实际生产中,为了实现快速、准确停车,缩短时间,提高生产效率,对要求停转的电动机强迫其迅速停车,必须采取制动措施。

三相异步电动机的制动方法分为两类:机械制动和电气制动。机械制动是利用电磁铁或液压操纵机械抱闸机构,使电动机快速停转,有电磁抱闸制动、电磁离合器制动等;电气制动是使电动机产生一个与原转子的转动方向相反的制动转矩,有反接制动、能耗制动、回馈制动等。

4.3.1　电磁抱闸制动和电磁离合器制动

机械制动的设计思想是利用外加的机械作用力,使电动机迅速停止转动。机械制动有电磁抱闸制动、电磁离合器制动等。

1. 电磁抱闸制动

电磁抱闸制动是靠电磁制动闸紧紧抱住与电动机同轴的制动轮来制动的。电磁抱闸制动方式的制动力矩大,制动迅速,停车准确,缺点是制动越快冲击振动越大。电磁抱闸制动有断电电磁抱闸制动和通电电磁抱闸制动。

断电电磁抱闸制动在电磁铁线圈一旦断电或未接通时电动机都处于抱闸制动状态,例如电梯、吊车、卷扬机等设备。断电电磁抱闸制动线路如图 4-7 所示。

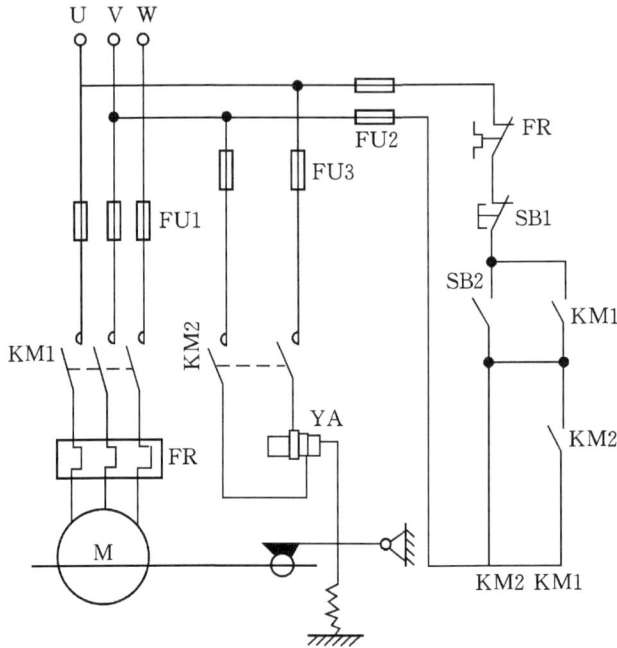

图 4-7　断电电磁抱闸制动线路

线路工作过程如下:

①按下启动按钮 SB2,接触器 KM2 线圈得电,主触点吸合,电磁铁线圈 YA 接入电源,电磁铁芯向上移动,抬起制动闸,松开制动轮。

②KM2 线圈得电触点闭合后,KM1 线圈得电,触点吸合,电动机启动运转。按下停止按钮 SB1,KM1、KM2 线圈失电,触点释放,电动机和电磁铁绕组均断电,制动闸在弹簧作用下紧压在制动轮上,依靠摩擦力使电动机快速停车。

为了避免电动机在启动前瞬时出现转子被掣住不转的短路运行状态,在电路设计时使接触器 KM2 先得电,使电磁铁线圈 YA 先通电待制动闸松开后,电动机才接通电源。通电电磁抱闸制动控制则是在平时制动闸总是在松开的状态,通电后才抱闸。例如机床等需要经常调整加工件位置的设备时,往往采用这种方法。

2. 电磁离合器制动

电磁离合器制动是采用电磁离合器来实现制动的,电磁离合器体积小,传递转矩大,制动方式比较平稳且迅速,并可以安装在机床等的机械设备内部。

4.3.2　能耗制动控制

能耗制动是指电动机断开三相交流电源后,迅速给定子绕组加入直流电源,以产生静止磁场,起阻止旋转的作用,待转子转速接近零时再切除直流电源,达到制动的目的。

能耗制动控制线路如图 4 - 8 所示。

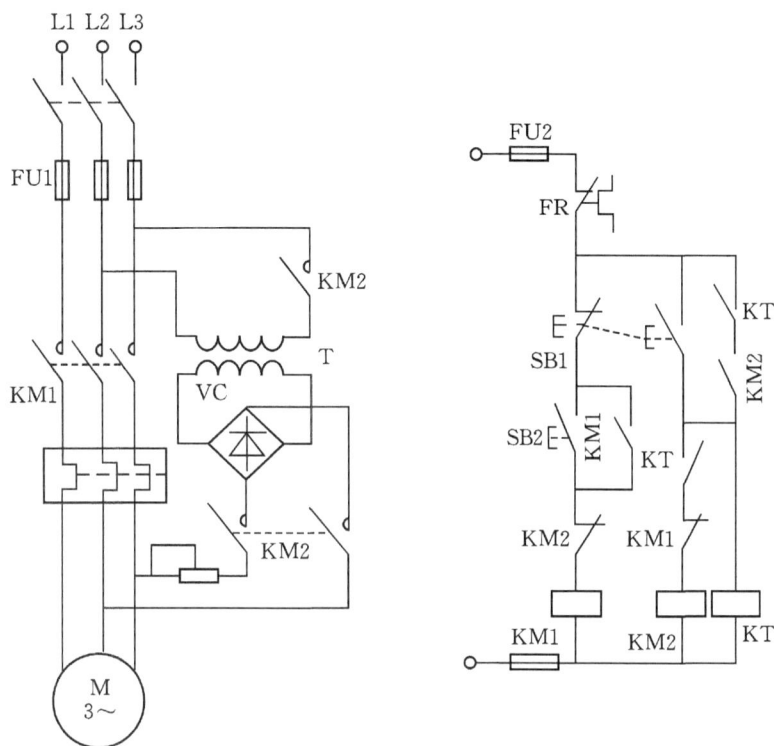

图 4 - 8　能耗制动控制线路

其工作过程是：

①合上电源开关 Q，按下起动按钮 SB2，KM1 线圈通电并自锁，电动机 M 起动运行；

②当需要停车时，按下停止按钮 SB1，KM1 线圈断电，切断电动机电源；同时 KM2、KT 线圈同时通电并自锁，将两相定子接入直流电源进行能耗制动；

③转速迅速下降，当接近零时，KT 延时到其延时触点动作，使 KM2、KT 先后断电，制动结束。

能耗制动的效果与通入直流电流的大小和电动机转速有关，在同样的转速下，电流越大，其制动时间越短。一般取直流电流为电动机空载电流的 3～4 倍，过大电流会使定子过热。直流电源中串接的电阻用于调节制动电流的大小。

能耗制动具有制动准确、平稳、能量消耗小等优点，但制动转矩小，故适用于要求制动准确、平稳的设备，如磨床、组合机床的主轴制动。

4.3.3　反接制动控制

反接制动是通过改变电动机三相电源的相序，使电动机定子绕组产生的旋转磁场与转子旋转方向相反，产生制动，使电动机转速迅速下降。当电动机转速接近零时应迅速切断三相电源，否则电动机将反向起动。为此采用速度继电器来检测电动机的转速变化，并将速度继电器调整在 $n>120$ r/min 时速度继电器触点动作，而当 $n<100$r/min 时触点复位。图 4 - 9 所示为电动机单向旋转反接制动控制线路。图中，KM1 为单向旋转接触器，KM2 为反接制动接触

器、KS 为速度继电器,R 为反接制动电阻。

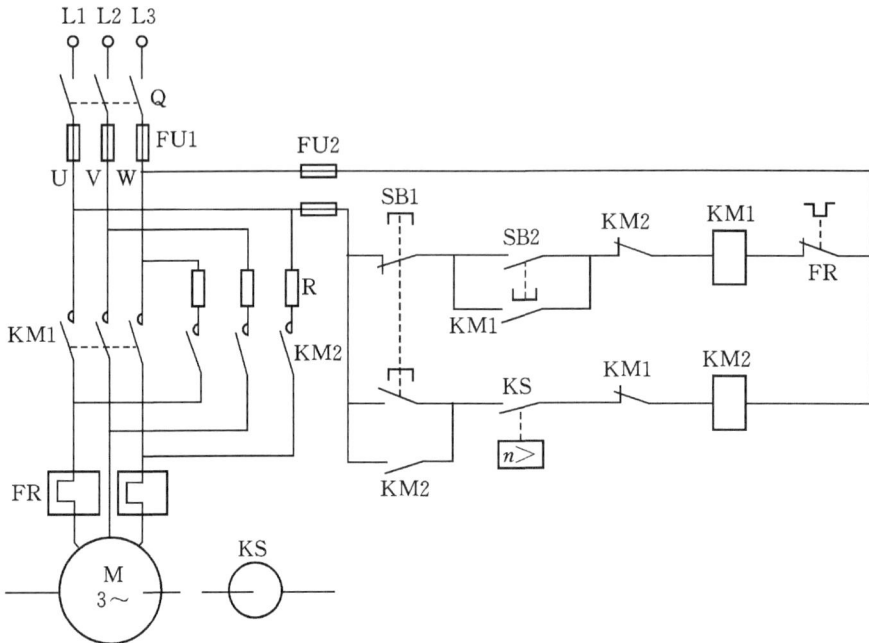

图 4-9　反接制动控制线路

其工作过程是:

①合上电源开关 Q,按下起动按钮 SB2,KM1 线圈通电并自锁,电动机 M 起动运转,当转速升高后,这时继电器的动合触点 KS 闭合,为反接制动做准备;

②停车时,按下停止复合按钮 SB1,KM1 线圈断电,同时 KM2 线圈通电并自锁,电动机反接制动,当电动机转速迅速降低到接近零时,速度继电器 KS 的触点断开,KM2 线圈断电,制动结束。

反接制动时,由于制动电流很大,因此制动效果显著,但在制动过程中有机械冲击,故适用于不频繁制动、电动机容量不大的设备,如铣床、镗床和中型车床的主轴制动。

4.3.4　电容制动

电容制动是在切断三相异步电动机的交流电源后,在定子绕组上接入电容器,转子内剩磁切割定子绕组产生感应电流,向电容器充电,充电电流在定子绕组中形成磁场,磁场与转子感应电流相互作用,产生与转向相反的制动力矩,使电动机迅速停转。电容控制线路如图 4-10 所示。

其工作过程是:

①合上电源开关 Q,按下起动按钮 SB2,接触器 KM1 通电并自锁,KM1 主触点闭合,电动机起动运行。时间继电器 KT 线圈通电,其延时打开的动合触点闭合,为 KM2 通电做准备。

②停车时,按下停止按钮 SB1,KM1 线圈断电,触点复位,KM2 线圈通电,主触点闭合电容器接入定子电路,进行制动;同时时间继电器线圈断电进行延时,KT 延时时间到,KT 延时打开的动合触点断开,KM2 断电,电容器断开,制动结束。

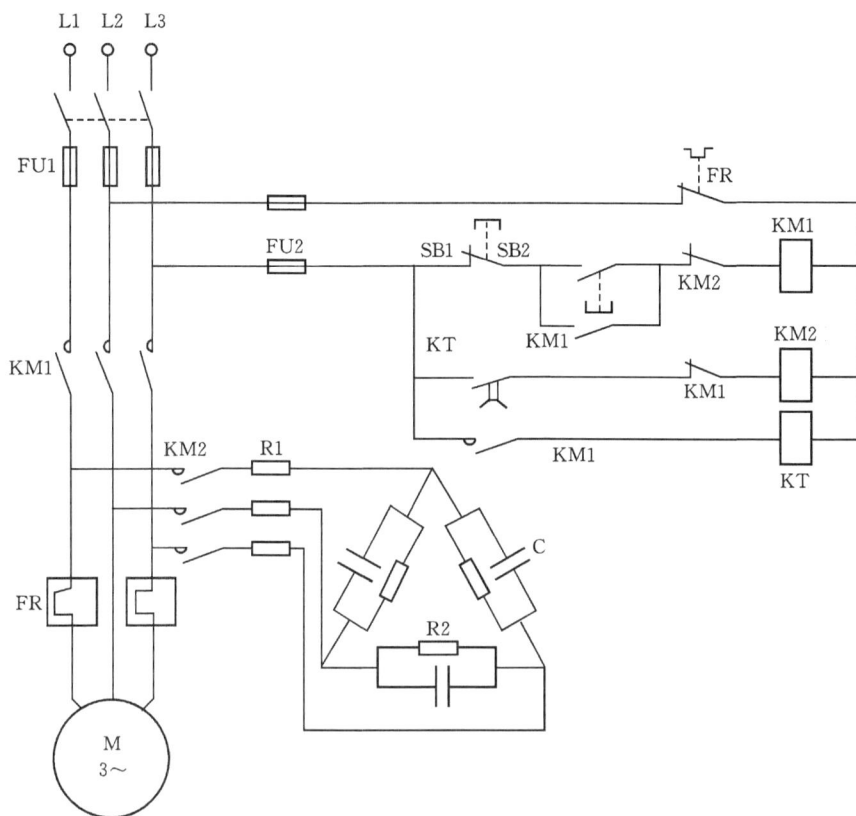

图 4-10　电容制动控制线路

4.4　其他功能控制电路

4.4.1　点动与长动控制电路

按下起动按钮,电动机起动,松开按钮,电动机能保持原有的工作状态持续工作,这称为长动。所谓点动,即按下起动按钮时,电动机转动,松开按钮时,电动机立即停止工作。长动与点动的区别在于控制电路中起动按钮两端是否有自锁环节,有的即为长动,没有的即为点动。在实际生产中,有些机械设备常要求既有长动控制,又有用于调整、试车或控制移动部件快速移动的点动控制。具有点动与长动控制功能的线路如图 4-11 所示。

图 4-11(a)是用复合按钮 SB3 实现点动控制,SB2 实现长动控制,可实现点动与长动的直接切换。图 4-11(b)是用选择开关 SA 选择点动或长动控制,当需要点动时,将开关 SA 打开,按下起动按钮 SB2,即可实现点动控制;当需长动时,将开关 SA 闭合,按下 SB2 即可实现长动控制。一般选择开关 SA 在停机后选择。图 4-11(c)采用中间继电器来实现点动或长动控制。按下按钮 SB2 实现点动控制,按下按钮 SB3 实现长动控制。

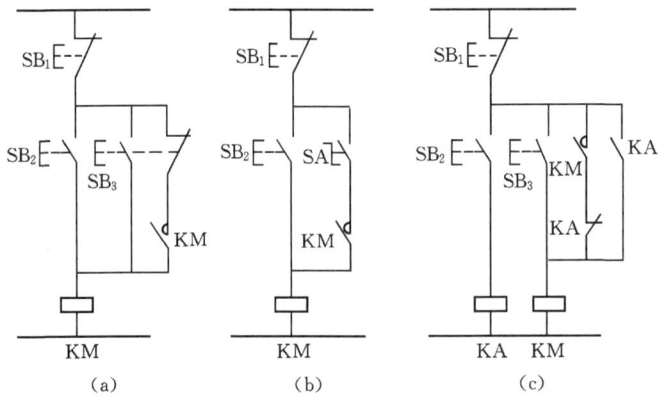

图 4-11 具有点动与长动控制功能的线路

4.4.2 联锁控制和顺序启动

联锁控制是指生产机械或自动生产线不同的运动部件之间需要顺序启停而相互制约的控制环节,又称为顺序联锁控制。其控制原则如下:

要求甲接触器动作后乙接触器方能动作,则需将甲接触器的常开触点串联在乙接触器的线圈电路中。图 4-12 为顺序启动控制线路,是将 M1 接触器 KM1 的常开触点串入 M2 接触器 KM2 的线圈电路中来实现的,只有当 KM1 先启动,KM2 才能启动,这就是"与"的关系,联锁起到顺序控制的作用。

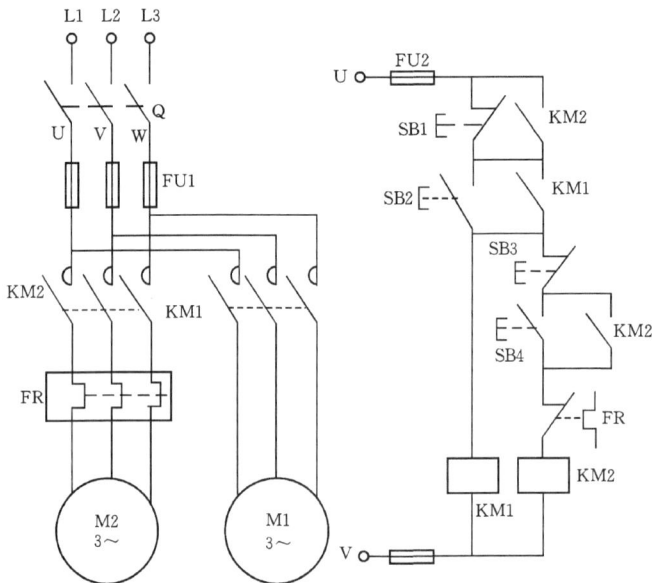

图 4-12 顺序启动控制线路

4.4.3 多地点控制线路

有些生产设备为了操作方便,常需要在两个以上的地点进行控制。例如,电梯的升降控制可以在梯厢里面控制也可以在每个楼层控制;有些生产设备可以由中央控制台集中管理,也可以在每台设备调试检修时就地进行控制。

图 4－13(a)所示的多地操作是将常开启动按钮并联,常闭停止按钮串联。实现在不同的操作地都可以对设备进行启停控制。

图 4－13(b)所示的多地操作是将常开启动按钮串联。要求不同的操作地同时发出动作信号后,设备才能启动。

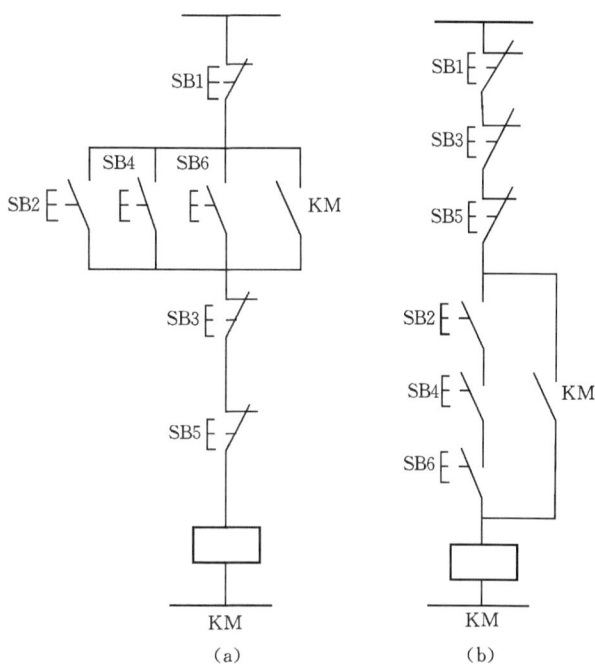

图 4－13　多地控制线路

4.4.4　步进控制线路

在一些简易的顺序控制装置中,加工顺序按照一定的程序依次转换,依靠步进控制线路完成。图 4－14 为采用中间继电器组成的顺序控制 3 个程序的步进控制线路。其中 Q1、Q2、Q3 的"得电"和"失电"表征某一程序的开始和结束,分别代表第一至第三程序的加工执行电路。每个加工过程的顺序分别由信号 SQ1、SQ2、SQ3 来进行控制。保证只有一个程序在工作,不致引起混乱。

线路工作过程如下:

①按下启动按钮 SB2,中间继电器 KA1 线圈得电并自锁,Q1 也将持续得电,执行第一个程序;同时 KA1 的常开触点闭合,为 KA2 线圈得电做好准备。

②当信号 SQ1 闭合,第一程序执行结束,使 KA2 线圈得电并自锁,KA2 常闭触点断开,切断 KA1 和 Q1,即切断第一程序。Q2 也持续得电,执行第二程序,而 KA2 的常开触点闭合,为 KA3 线圈得电做好准备。

③当信号 SQ3 闭合,第三程序执行结束时,使 KA4 线圈得电并自锁,KA4 释放切断第三程序,此刻,全部程序执行完毕。

④按 SB1 停止按钮,加工结束并为下一次启动做好准备。

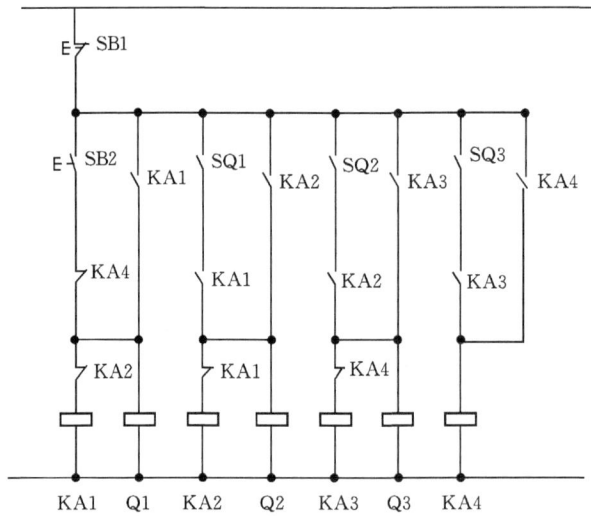

图 4 - 14　顺序控制 3 个程序的步进控制线路

习　题

1. 根据图 4 - 15 所示控制线路情况,判断其分别有哪种控制功能或错误。①长动,②点动,③启动后无法关断,④按下按钮电源短路,⑤线圈不能接通。

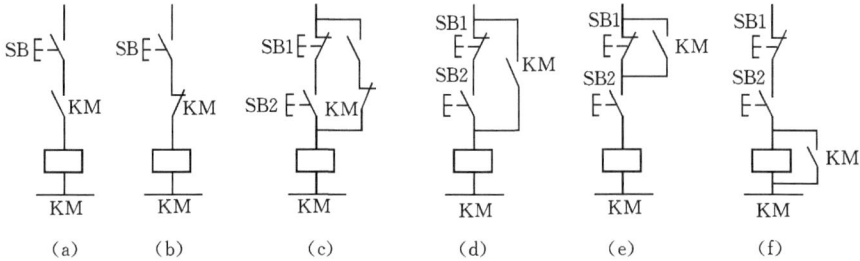

图 4 - 15

2. 什么是自锁、互锁、联锁? 试举例说明各自的作用?

3. 机床继电器接触器控制线路中一般应设哪些保护,各起什么作用? 短路保护和过载保护有什么区别,零压保护的目的是什么?

4. 试设计可以两处操作的,对一台电动机实现长动和点动的控制线路。

5. 试设计两台笼型电动机 M1、M2 的顺序启动、停止的控制线路。

(1)M1、M2 能顺序启动,并能同时或分别停止。

(2)M1 启动后 M2 启动,M1 可点动,M2 可单独停止。

6. 某机床主轴和润滑油泵各由一台电动机带动,今要求主轴必须在油泵开动后才能开动,主轴能正反转并能单独停车,有短路、失压及过载保护等。试绘出电气控制原理图。

第5章 典型机床电气控制

本章在常用控制电器及电动机自动控制的基础上,讨论常用典型机床的电气控制。学习本章,应熟悉典型机床的基本结构、加工工艺;然后由此出发拿捏各机床电气控制特点;最后归纳总结出机床电气控制规律性的东西,以便在学习这些典型机床电气控制后能举一反三,进一步学习其他各种机床的电气控制,并逐步掌握设计一般简单机床电气控制的方法。

下面从电气识图开始,逐一对普通车床、钻床、铣床及镗床等机床设备进行分析。

5.1 电气识图与制图基础知识

为了表达生产机械电气控制系统工作原理,便于使用、安装、调试和检修控制系统,需要将电气控制系统中各电气元件及其连接,用一定的图形表达出来,这样绘制出来的图就是电气控制系统图。

常见的电气控制系统图有电气原理图、电器布置图与电气安装接线图。

5.1.1 电气控制系统图的基本表达方法

1. 图幅的分区

为了易于查找和确定图纸上某元件或设备的位置,方便阅读,往往需要将图幅分区。图幅分区的方法是:根据图纸表达的内容,将图的纵向和横向都分成若干块,在图的边框处,从标题栏相对的左上角开始,竖边方向用大写拉丁字母,横边方向用阿拉伯数字,依次编号,这样就将图幅分成了若干个图区。图幅分区示例见图 5-1。

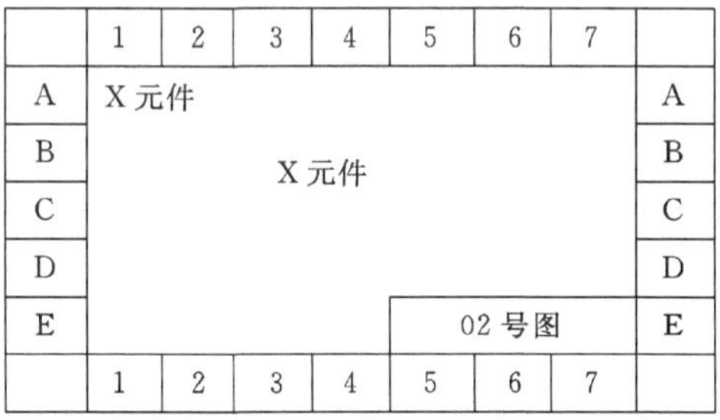

	1	2	3	4	5	6	7	
A	X 元件							A
B			X 元件					B
C								C
D								D
E					02 号图			E
	1	2	3	4	5	6	7	

图 5-1　图幅分区示例

图幅分区后,相当于在图纸上建立了一个直角坐标。电气图上项目和连接线的位置则由此"坐标"唯一确定,用"图号/行、列或区号"标注。

如图 5-1 中 X 元件位于 A1 区,可标记为 02/A1,Y 元件位于 C3 区,标记为 02/C3。

在较简单的机床电气原理图中,图幅竖边方向可以不用分区,只在图幅下方横边方向的边框进行图区编号。而将图幅上方横边方向的边框设置为用途栏,用文字注明该栏下方对应的电路元件或元件的功能或用途,以帮助理解电气原理图各部分的功能及全电路的工作原理。如图 5-2 所示。

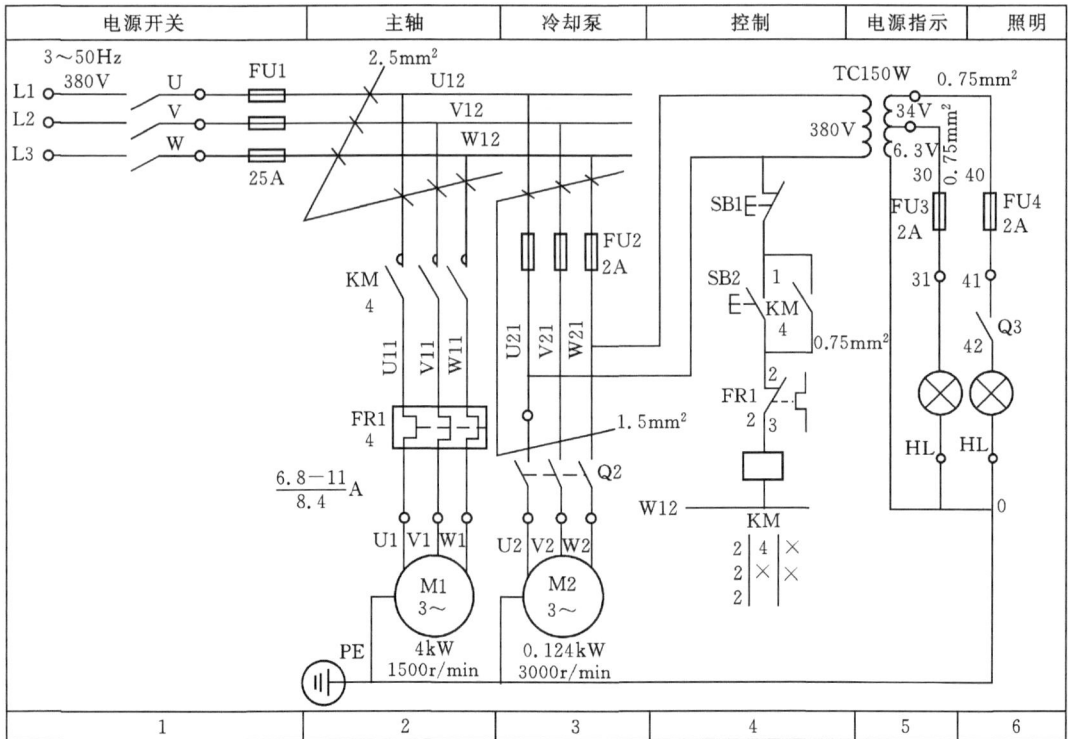

图 5-2　CW6132 车床电气原理图

2. 符号和标号的表达方法

(1)电气控制电路的图形符号　图形符号是构成电气图的基本单元,是用来表示一个电气元件或电气设备的图形、标记或字符。所有图形符号均按无电压、无外力作用的正常状态表示。如继电器、接触器的线圈未通电,开关未合闸,按钮未按下,行程开关未到位等。

(2)电气控制电路的文字符号　当图纸上或技术说明中元器件、部件、组件较多时,为了加以区分,除了图形符号外,有时还必须在图形符号旁边标注相应的文字符号。当使用相同类型电器时,可在文字符号后加注阿拉伯数字序号来区分。电气图纸中的文字符号分为基本文字符号和辅助文字符号,这些符号均有指定的意义,而且必须按国家标准规定要求标注。

其中基本文字符号表示电气设备(如电动机、发电机、变压器等)和电器元件(如电阻、电容、继电器等);辅助文字符号则是表示电气设备、电器元件的功能、状态、特征,如用"WH"表示白色(white),"ST"表示启动(start)。

(3)技术数据的标注　电气元件的技术数据,除在电气元件明细表中标明外,有时也可用小号字体注在其图形符号的旁边,如图 5-2 图区 2 电动机 M1 的额定功率为 4KW,额定转速为 1500r/min。

电气控制系统图中,电气元件的图形符号、文字符号、接线端子标记等,必须采用国家最新标准,其他方面应符合电气制图的国家标准。

国家标准局参照国际电工委员会的有关标准,制定了我国电气设备的有关国家标准,如GB4728-85《电气图常用图形符导》、GB6988-86《电气制图》、GB5094-85《电气技术中的项目代号》、GB5226-85《机床电气设备通用技术条件》、GB7259-87《电气技术中的文字符号制定通则》、GB4026－83《电器接线端子的识别和用字母数字符导标志接线端子的通则》等。

5.1.2　电气原理图

用规定的图形符号、文字符号表示电路和各个电气元件连接关系和电气工作原理的图称为电气原理图。电气原理图为了便于阅读与分析控制电路,采用元器件展开的形式绘制。由于原理图结构简单,层次分明,便于研究、分析电路的工作原理,因此无论在设计部门或现场及教学上都得到了广泛的应用。

电气原理图依据通过电流的大小分为主电路和辅助电路。参见图 5－2。

主电路——用来完成主要功能的电气线路。主电路一般由负荷开关、空气自动开关、刀开关、熔断器、磁力起动器或接触器的主触点、减压起动电阻、电抗器、热继电器发热部件、电流表、频敏变阻器、电磁铁、电动机等电气元件、设备和连接它们的导线组成。

辅助电路——用来完成辅助功能的电气线路。辅助电路一般由转换开关、熔断器、按钮、接触器线圈及其辅助触点、各种继电器线圈及其触点、信号灯、电铃、电流互感器二次侧线圈以及串联在电流互感器二次侧线圈电路中的热继电器发热部件、电流表等电气元件和导线组成。

1. 电气原理图绘制的一般原则

为了便于阅读和分析控制线路,电气原理图要以简单清晰为原则。

现以图 5－2 所示 CW6132 车床电气原理图来说明原理线路图绘制的一般原则:

①电气原理图一般分主电路和辅助电路两部分。从电源到电动机大电流通过的主电路一般都画在辅助电路的左侧或上面,复杂的系统则分图绘制。主电路用粗线绘出,辅助电路用细线画。

②在原理图中,无论是主电路还是辅助电路,各电气元件一般应按动作顺序从上到下、从左到右依次排列,可水平布置或者垂直布置,并尽可能减少线条和避免线条交叉。有直接电联系的十字交叉导线连接点,必须用黑圆点表示,否则不画黑圆点。

③各电气元件都要用规定的图形符号表示,即按 GB4728－85 规定的图形符号表示。在图形符号附近用文字符号标注属于哪个电器,例如接触器的吸引线圈及触点皆用文字符号KM 标注。

④同一电器的各个部件(如接触器的线圈和触点)在图中的位置,根据便于阅读和研究的原则来安排,可以不画在一起,为了表明属于同一电器的部件均编以相同的文字符号。

⑤图中所有电器触点,均按没有通电和没有外力作用时或生产机械原始位置时的开闭状态画出。对于接触器、继电器的触点按吸引线圈不通电状态画出,控制器手柄按处于零位时的状态画出,按钮、行程开关触点按不受外力作用时的状态画出等。

⑥在原理图上方或右方将图分成若干图区,并标明该区电路的用途与作用,在继电器、接触器线圈下方列有触点表以说明线圈和触点的从属关系。

⑦电气元件的技术数据和型号,一般用小号字体标注在电气元件代号下面。

2. 符号位置的索引

在较复杂的电气原理图中,由于接触器、继电器的线圈和触点在电气原理图中不是画在一起,其触点更分布在图中所需的各个图区,为便于阅读,在接触器、继电器线圈的文字符号下方可标注其触点位置的索引,而在触点文字符号下方也可标注其线圈位置的索引。

符号位置的索引,可采用"图号/页次·图区号"的组合索引法。

当某一元件相关的各符号元素出现在不同图号的图样上,而当每个图号仅有一页图样时,索引代号可省去页次;当与某一元件相关的各符号元素只出现在同一图号的图样上,而该图号有几张图样时,索引代号可省去图号;当与某一元件相关的各符号元素只出现在一张图样的不同图区时,索引代号只用图区表示。

对于只出现在一张图样中的接触器线圈,索引中各栏含义如下:

左栏	中栏	右栏
主触点所在图区号	辅助常开主触点所在图区号	辅助常闭主触点所在图区号

对于只出现在一张图样中的继电器,索引中各栏含义如下:

左栏	右栏
辅助常开主触点所在图区号	辅助常闭主触点所在图区号

例如在图 5-2 中,图区 4 接触器 KM 线圈下索引标注表明:KM 有三对主触点在图区 2,一个常开辅助触点在图区 4,两个常闭辅助触点没有使用。

又如图 5-2 中,图区 4 中热继电器触点文字符号 FR1 下面的"2",为最简单的索引代号,它指出热继电器 FR1 的线圈位置在图区 2。

3. 控制电路的电源选择及主电路设计

在电气控制线路比较简单,电器元件不多的情况下,应尽可能用主电路电源作为控制回路电源,即可直接用交流 380V 或 220V,简化供电设备。对于比较复杂的控制线路,控制电路应采用控制电源变压器,将控制电压由 380V 或 220V 降至 110V 或 48V、24V。这是从安全角度考虑的。一般机床照明电路为 36V 以下电源,信号指示电路一般采用 6V 交流电压。一般这些不同的电压等级,都是由一个控制变压器的多个二次侧绕组实现的。直流控制线路多用 220V 或 110V。对于直流电磁铁、电磁离合器,常用 24V 直流电源供电。

设计机床控制线路的主电路,要根据机床要实现的功能分析主电路对电动机和电磁阀等执行电器的控制要求,分析对它们的控制内容,这些控制内容包括启动、方向控制、调速和制动等。比如要设计机床用几台电动机来拖动,搞清楚每台电动机的作用,搞清楚这些电动机用什么样的接触器或开关控制,是否需要正反转或减压起动,是否需要电气制动以及各电动机如何进行短路保护、过载保护、过电流保护、零电压与欠电压保护,某些控制线路如何实现联锁等。

5.1.3 电器布置图

电器布置图用来表明电气设备上所有电动机和各电器元件的实际位置,为生产机械上电气控制设备的安装和维修提供必备的资料。

图 5-3 为 CW6132 车床电器布置图,下面依此阐述电器布置原则和方法。

1. 电器布置原则

电器布置图主要由机床电气设备布置图、控制柜及控制板电气设备布置图、操纵台及悬挂操纵箱电气设备布置图等组成。各项目的安装位置是由机械的结构和工作要求决定的,一般电动机要和被拖动的机械部件在一起、行程开关应布置在要取得信号的地方、操作元件布置在操作方便的地方、一般电气元件应布置在控制柜内。在图中各个电器的代号应和相关电路图及其清单上的代号保持一致,在电器元件之间还应留有导线槽的位置。

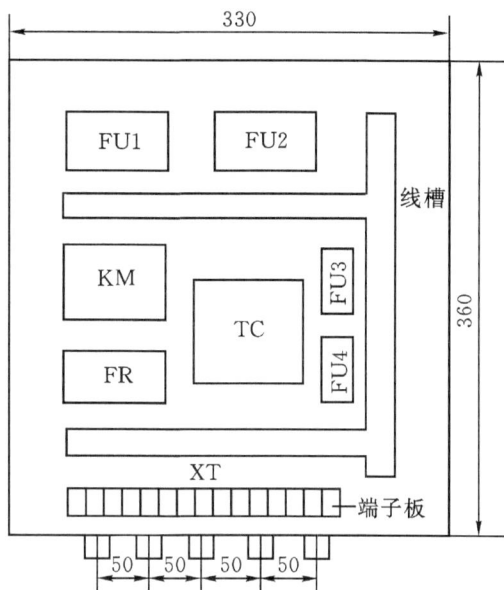

图 5 - 3　CW6132 车床电器布置图

2. 电器布置图的绘制

电器布置图根据设备的复杂程度,可以集中绘制在一张图上,或者将控制柜、操作台的电器元件布置图分开绘出。绘制布置时机械设备轮廓用双点划线画出。所有可见的和需要表达清楚的电器元件及设备,用粗实线绘出其简单的外形轮廓。

5.1.4　电气安装接线图

电气安装接线图主要是用来表示电气控制系统中各种电气设备之间的实际接线关系,它是根据电器元件的布置合理、经济等原则来安排的,如图 5 - 4 所示。它可以清楚地表明各电器元件之间的电气连接,是实际安装接线的重要依据。

绘制时应把各电器元件的各个部分(如接触器的线圈和触点)画在一起,文字符号、元件连接顺序、线路号码都必须与电气原埋图一致。不在同一控制箱和同一配电屏上的各电气元件都必须经接线端子板连接。电气安装接线图中的电气连接关系用线束来表示,连接导线应注明导线规范(数量、截面积等),一般不表明实际走线途径,施工时根据实际情况选择最佳走线方式。

对于控制装置的外部连接线应在图上或用接线表示清楚,并标明电源的引入点。

电气控制系统电路设计、安装接线之后,应进行试车、调整。电气控制系统试车之前,应按电气原理图、电器布置图、安装接线图等进行全面核对检查。确认无误后,再通电试车。电气控制装置的安装,应安装好一部分,试验一部分,避免在接线中出差错。

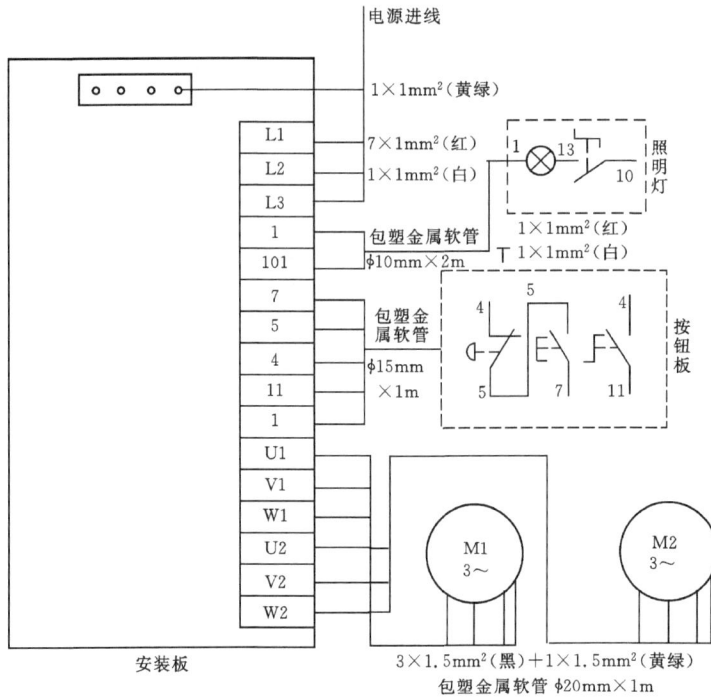

图 5－4　某机床电气控制系统安装接线图

5.2　CA6140 车床电气控制系统

车床在机械加工中用得最为广泛,约占机床总数的 $25\%\sim50\%$ 左右。在各种车床中,应用得最多的是普通车床。

普通车床可以用来车削工件的外圆、内圆、端面和螺纹等,并可以装上钻头或铰刀等进行钻孔和铰孔等项加工。下面以 CA6140 普通车床为例来对其电气控制系统进行分析。

5.2.1　卧式车床主要结构

卧式车床结构如图 5－5 所示,主要由床身、进给箱、挂轮箱、主轴变速箱、卡盘、溜板与刀架、溜板箱、尾座、光杠和丝杠等部分组成。

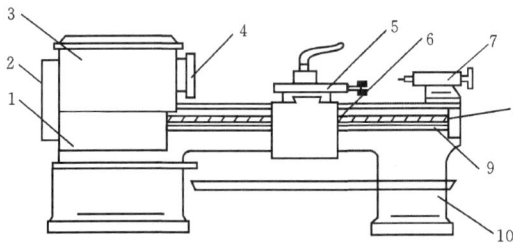

图 5－5　卧式车床结构示意图

1—进给箱;2—挂轮箱;3—主轴变速箱;4—卡盘;5—溜板箱;

6—溜板箱;7—尾座;8—丝杠;9—光杠;10—床身

5.2.2　CA6140 卧式车床的运动形式和控制要求

1. 主运动和进给运动

CA6140 车床加工时,主运动是主轴通过卡盘或顶尖带动工件的旋转运动;进给运动是溜板带动刀架的直线移动,它使刀具移动,以切削金属。主轴电动机的动力由三角皮带通过主轴变速箱传递到主轴,实现主轴的旋转,通过挂轮箱传递给进给箱来实现刀具的纵向和横向进给。

主轴一般只要求做单向旋转,所以主轴电动机不需要换向。主轴的转速由主轴变速箱外的手柄调节,故主轴电动机不需要调速。另外主轴电动机的容量不大,可以采用直接起动,也不需要电气制动。

主运动消耗车削时的主要切削功率,进给运动消耗的功率很小,所以进给运动也由主轴电动机拖动,不再另加单独的电动机拖动。

2. 辅助运动

CA6140 车床的辅助运动是指进给刀架的快速移动、尾座的移动、工件的装卸、加工、冷却等。刀架的快速移动由一台电动机拖动,此快移电动机可直接起动,不需要正反转、调速和制动。

冷却泵由一台电动机单方向旋转带动,实现刀具切削时的冷却。冷却泵电动机可直接起动,也不需要正反转、调速和制动。尾座的移动和工件的装卸都是人工操作。

5.2.3　CA6140 卧式车床电气原理图分析

CA6140 卧式车床电气原理图如图 5-6 所示。

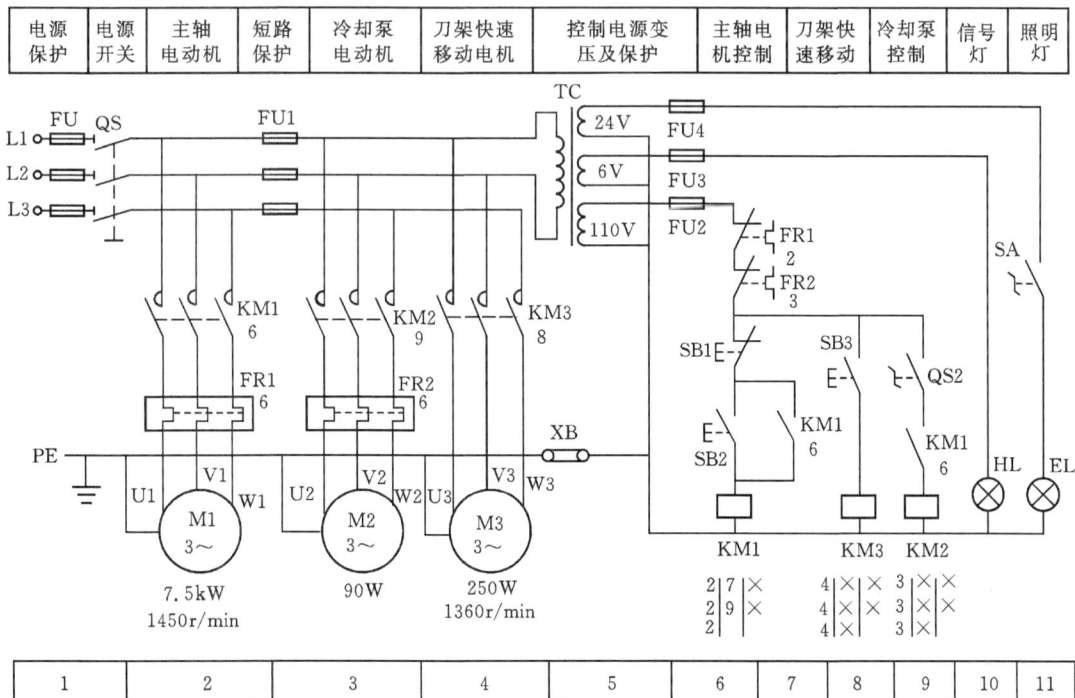

图 5-6　CA6140 车床电气原理图

1. 主电路分析

三相交流电源经熔断器 FU 由转换开关 QS 引入。

整机的电气系统由 3 台电动机组成,分别为主轴电动机 M1、冷却泵电动机 M2、快移电动机 M3,均采取直接起动,分别由接触器 KM1、KM2、KM3 的常开主触点来控制其起动和停止。

主轴电动机 M1 采用热继电器 FR1 作过载保护,采用熔断器 FU 作总的短路保护。冷却泵电动机 M2 采用热继电器 FR2 作过载保护,采用熔断器 FU1 作短路保护。快移电动机 M3 因为是间歇短时运行,故不需要过载保护,采用熔断器 FU1 作短路保护。

另外,为防止电动机外壳漏电伤人,电动机外壳均接地。

2. 控制电路分析

(1)控制电路电源 通过控制变压器 TC 二次侧输出的 110V 交流电压给控制电路供电,采用熔断器 FU2 作短路保护。

(2)主轴电动机 M1 的控制 按下按钮 SB2,接触器 KM1 线圈通电吸合,主电路上 KM1 的三个常开主触点闭合,主轴电动机 M1 转动;同时 KM1 的一个常开辅助触点闭合,进行自锁,保证松开按钮 SB2 后主轴电动机 M1 仍能连续运转。

按下停止按钮 SB1,接触器 KM1 线圈断电释放,主轴电动机 M1 停止。

(3)冷却泵电动机 M2 的控制 主轴电动机 M1 起动后,KM1 常开辅助触点吸合,如果转换开关 QS2 是闭合的,接触器 KM2 线圈通电吸合,冷却泵电动机 M2 带动冷却泵旋转。

转换开关 QS2 断开,接触器 KM2 线圈断电释放,冷却泵电动机 M2 和冷却泵均停止旋转。当主电动机 M1 停止时,KM1 常开辅助触点断开,接触器 KM2 断电释放,冷却泵电动机 M2 和冷却泵也均停止旋转。

(4)快移电动机 M3 的控制 按下按钮 SB3,接触器 KM3 线圈通电吸合,KM3 三个常开主触点闭合,快移电动机 M3 旋转,由溜板箱的十字手柄控制方向,实现刀架的快速移动。

松开按钮 SB3,接触器 KM3 断电释放,快移电动机 M3 停止,刀架停止移动。所以,快移电动机 M3 为点动控制。

3. 其他电路分析

控制变压器 TC 直接输出 6V 交流安全电压给指示灯 HL 供电,采用熔断器 FU3 作短路保护。控制变压器 TC 输出 24V 交流安全电压给照明灯 EL 供电,由开关 SA 控制其接通与断开,采用熔断器 FU4 作短路保护。

5.3 Z3040 钻床电气控制系统

钻床是一种孔加工机床,可用来对工件进行钻孔、扩孔、铰孔、镗孔和攻螺纹等。钻床的种类很多,有台式钻床、立式钻床、卧式钻床、摇臂钻床、深孔钻床、多轴钻床及专用钻床等。在各类钻床中,摇臂钻床具有操作方便、灵活、适用范围广等特点,特别适用于多孔大型零件的孔加工,是机械加工中的常用机床设备。本节以 Z3040 型摇臂钻床为例,分析其电气控制。

5.3.1 钻床的主要结构和运动情况

摇臂钻床 Z3040 的主要结构如图 5-7 所示。

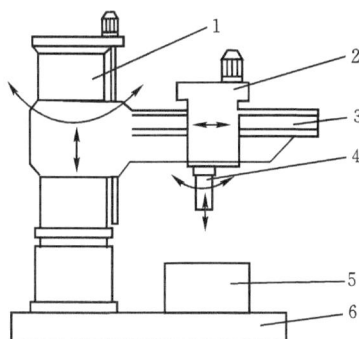

图 5－7　Z3040 摇臂钻床结构示意图

1—内外立柱；2—主轴箱；3—摇臂；4—主轴；5—工作台；6—底座

在底座上固定有内立柱，内立柱的外面套有空心的外立柱。摇臂可以连同外立柱绕内立柱回转 360°。摇臂和外立柱绕内立柱的回转运动是依靠人力推动的，但在推动前必须先将外立柱松开。摇臂与外立柱之间不能作相对转动，摇臂借助丝杠的正反转可沿外立柱作上、下移动。主轴箱可以在摇臂上沿导轨作水平移动。摇臂沿外立柱升降时的松开与夹紧是依靠液压推动松紧机构进行的。主轴箱沿摇臂上的导轨手动水平移动，但在移动前也必须将主轴箱松开。外立柱的松开与夹紧和主轴箱的松开与夹紧是依靠液压推动松紧机构同时进行的。

摇臂钻床上的运动有：

①主运动——主轴的旋转运动。

②进给运动——主轴的上、下移动。

③辅助运动——摇臂连同外立柱绕内立柱的回转运动；摇臂沿外立柱上下移动；主轴箱沿摇臂导轨水平移动。

摇臂钻床常采用多台电动机拖动。主轴的旋转及主轴上、下进给由主轴电动机拖动，只要求主轴单方向旋转，在加工螺纹时要求主轴可正反转。主轴的正反转由机械方法获得。用变速机构分别调节主轴转速和上、下进给量，主轴变速和进给变速的机构都在主轴箱内。还设有摇臂升降电动机、液压泵电动机和冷却泵电动机，均采用三相笼型异步电动机。

5.3.2　Z3040 摇臂钻床电气原理图分析

图 5－8 为 Z3040 摇臂钻床电气控制原理图。

1. 主电路分析

主电路电源由开关 QS 引入，熔断器 FU1 为电源总的短路保护。

M1 为主轴电动机，M2 为摇臂升降电动机，M3 为液压泵电动机，M4 为冷却泵电动机。

M1 由接触器 KM1 控制其单方向起停，由热继电器 FR1 作过载保护。

M2 由接触器 KM2 和 KM3 控制其正反转，因 M2 是短时运行，所以不设过载保护，M3 由接触器 KM4 和 KM5 控制其正反转，由热继电器 FR2 作过载保护。

M4 由于容量小，所以用转换开关 SA1 直接控制。

为了防止漏电伤人，所有电动机外壳均采取接地保护。

2. 控制电路分析

控制电路由变压器 TC 将 380V 交流电压降为 110V，作为控制电源。

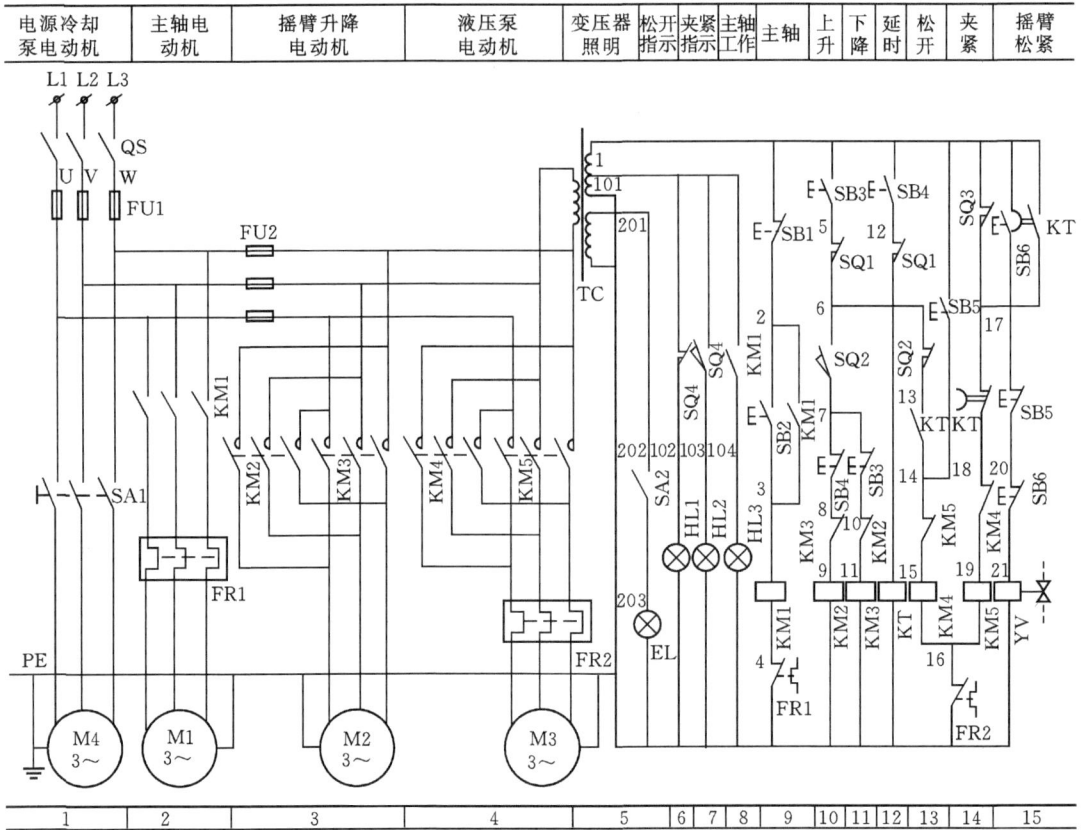

图 5-8 Z3040 摇臂钻床电气原理图

1）主轴电动机的控制

按下起动按钮 SB2，接触器 KM1 吸合并自锁，主轴电动机 M1 起动并运转。HL3 指示灯亮，表示主轴电动机已运转。按下停止按钮 SB1，接触器 KM1 释放，主轴电动机 M1 停转。指示灯 HL3 灭，表示主轴电动机停转。过载时，热继电器 FR1 的常闭触点断开，接触器 KM1 释放，M1 停转。

2）摇臂升降控制

控制电路要保证在摇臂升降时，首先使液压泵电动机起动运转，供出压力油，经液压系统将摇臂松开；然后才使摇臂升降电动机 M2 起动，拖动摇臂上升或下降。当移动到位后，控制电路又要保证 M2 先停下，再通过液压系统将摇臂夹紧，最后液压泵电动机 M3 停转。

（1）松开摇臂　按住上升按钮 SB3（或下降按钮 SB4），时间继电器 KT 线圈通电，其常开触点（13～14）闭合，常闭延时闭合触点（17～18）断开，接触器 KM4 线圈通电，使 M3 正转，液压泵供出正向压力油。同时，KT 常开延时打开触点（1～17）闭合，接通电磁阀 YV 线圈，使压力油进入摇臂松开油腔，推动松开机构。

（2）摇臂上升（或下降）　摇臂松开机构动作完成时碰压行程开关 SQ2，其常闭触点（6～13）断开，接触器 KM4 线圈断电，M3 停转，摇臂维持放松状态。同时，SQ2 常开触点（6～7）闭合，使接触器 KM2（下降为 KM3）线圈通电，摇臂升降电动机 M2 正转（下降为反转），拖动摇臂上升（或下降）。

(3)摇臂夹紧 当摇臂上升(或下降)到所需位置时,松开按钮 SB3(或 SB4),接触器 KM2(下降为 KM3)和时间继电器 KT 均断电,摇臂升降电动机 M2 停转,摇臂停止升降。KT 释放后,延时 1～3s,其常闭延时闭合触点(17～18)闭合,KM5 线圈通电,油泵电动机 M3 反转,反向供给压力油。因 SQ3 的常闭触点(1～17)是闭合的,YV 线圈仍通电,结果使压力油进入摇臂夹紧油腔,推动夹紧机构使摇臂夹紧。夹紧后,夹紧机构压下 SQ3,其常闭触点(1～17)断开,KM5 和电磁阀 YV 因线圈断电而使液压泵电动机 M3 停转,摇臂重新夹紧,完成了摇臂整个升降过程。

如果点动按钮 SB3 或 SB4 通电时间过短,可能会造成摇臂处于半放松状态,使行程开关 SQ3 常闭触点(1～17)复位。这时,电磁阀 YV 线圈通电,时间继电器 KT 的延时闭合常闭触点(17～18)断开,切断接触器 KM5 和电磁阀 YV,这样就保证摇臂在加工工件前总是处于夹紧状态。

3)主轴箱和立柱松开与夹紧的控制

主轴箱和立柱的松开或夹紧是同时进行的。按松开按钮 SB5,接触器 KM4 通电,液压泵电动机 M3 正转。与摇臂松开不同,这时电磁阀 YV 并不通电,压力油进入主轴箱松开油缸和立柱松开油缸,推动松紧机构使主轴箱和立柱松开。行程开关 SQ4 不受压,其常闭触点(101～102)闭合,指示灯 HL1 亮,表示主轴箱和立柱松开。

若要使主轴箱和立柱夹紧,可按夹紧按钮 SB6,接触器 KM5 通电,液压泵电动机 M3 反转。这时,电磁阀 YV 仍不通电,压力油进入主轴箱和立柱夹紧油缸,推动松紧机构使主轴箱和立柱夹紧。同时行程开关 SQ4 被压。其常闭触点(101～102)断开,指示灯 HL1 灭,其常开触点(101～103)闭合,指示灯 HL2 亮,表示主轴箱和立柱已夹紧,可以进行工作。

3. 信号及照明电路分析

变压器 TC 的一组二次绕组提供 36V 交流照明电压,由主令控制开关 SA2 控制。照明灯 EL 由装在灯头上的开关 SA2 控制。照明电路由熔断器 FU3 作短路保护。为了安全,变压器二次绕组一端接地,为接地保护。

控制变压器 TC 另一组二次绕组输出 6V 交流电压,供给指示灯用。指示灯 HL1 亮表示主轴箱和立柱同时处于放松状态,指示灯 HL2 灯亮表示主轴箱和立柱同时处于夹紧状态,这两只指示灯分别由行程开关 SQ4 的常闭、常开触点控制。指示灯 HL3 灯亮表示主轴电动机带动主轴旋转工作,由接触器 KM1 的常开辅助触点控制。

5.4 X62W 铣床电气控制系统

铣削是一种高效率的加工方式,可用来加工各种表面,如平面、阶台面、各种沟槽、成形面等。在一般机械加工厂中铣床的数量仅次于车床,在金属切削机床中占第二位。铣床按结构形式和加工性能分为立式铣床、卧式铣床、龙门铣床、仿形铣床及各种专用铣床。

下面以 X62W 型卧式万能铣床为例对铣床电气控制进行分析。

5.4.1 X62W 铣床基本运动形式及控制要求

X62W 万能铣床是卧式铣床,主要由床身、悬梁、刀杆支架、工作台、溜板和升降台等组成。其外形结构如图 5-9 所示,床身固定在底座上,内装主轴传动机构和变速机构,床身顶部有水平导轨,悬梁可沿导轨水平移动。刀杆支架装在悬梁上,可在悬梁上水平移动。升降台可沿床身前面的垂直导轨上下移动。溜板在升降的水平导轨上可作平行于主轴轴线方向的横向移动。工作台安装在溜板的水平导轨上,可沿导轨作垂直于主轴轴线的纵向移动。此外,溜板可绕垂直轴线左右旋转 45°,因而工作台还能在倾斜方向进给,以加工螺旋槽。X62W 铣床还配有立铣头和圆工作台以扩大铣床的加工范围。

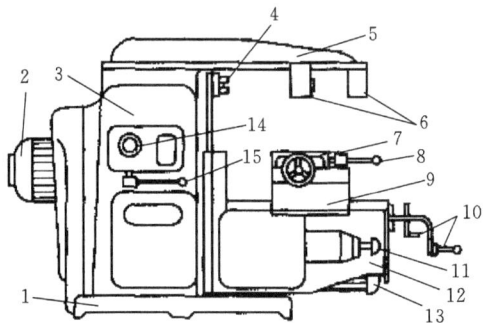

图 5-9 X62W 卧式万能铣床外形结构示意图

1—底座;2—主轴电动机;3—床身;4—主轴;5—悬梁;6—刀杆支架;7—工作台;
8—工作台左右进给操纵手柄;9—溜板;10—工作台前后、上下操纵手柄;11—进给变
速手柄及变速盘;12—升降台;13—进给电动机;14—主轴变速箱;15—主轴变速手柄

1. 主运动

主运动是指主轴电动机带动铣刀的旋转运动。

主轴电动机 M1 空载时可直接起动。铣削加工有顺铣和逆铣两种加工形式,因此要求主轴电动机能正、反向旋转。

铣刀的切削是一种不连续的加工,为避免机械传动系统产生振动,主轴上装有惯性轮,转动惯量大,故主轴电动机有制动要求,以提高工作效率,同时可用于更换铣刀。此两处采用电磁制动器进行停车制动。

2. 进给运动

进给运动是指工件随圆形工作台的旋转运动,或在左、右、上、下、前、后六个方向中,工件随工作台作其中一个方向的直线进给运动。在使用圆形工作台加工时,工作台不能移动。

工作台在六个方向的进给运动,是由进给电动机 M2 分别拖动三根丝杠来实现的,每根丝杠都有正、反向旋转,所以要求进给电动机能正、反转。

为了保证机床、刀具的安全,在铣削加工时,同一时刻只允许工件作某一个方向的进给运动。因此,工作台各方向的进给运动之间有机械和电气的联锁保护。为防止刀具和机床损坏,进给运动要在铣刀旋转之后才能进行,即主轴旋转与工作台应有先后顺序控制的联锁关系;铣刀停止旋转,进给运动就应该同时停止或提前停止,否则容易造成工件和铣刀相碰事故。

3. 辅助运动

辅助运动有工作台快速移动、主轴和进给变速冲动及工件冷却等。

(1)工作台快速移动 工作台快速移动是指工作台在左、右、上、下、前、后(纵向、垂直、横向往返)六个方向之一的快速移动。它是通过快速电磁离合器的吸合,改变传动链的传动比来实现的。

(2)主轴和进给变速冲动 主轴与工作台的变速由机械变速系统完成。变速过程中,当选定啮合的齿轮没能进入正常啮合时,要求电动机能点动至合适的位置,即变速冲动,保证齿轮能正常啮合。

（3）工件冷却　电动机 M3 拖动冷却泵，在铣削加工时提供切削液，采用主令开关控制其单方向旋转。

5.4.2　电气原理图分析

X62W 型万能升降台铣床控制电路如图 5 - 10 所示。图中电路可划分为主电路、控制电路和信号照明电路三部分。

1. 主电路分析

转换开关 QS1 是铣床的电源总开关。熔断器 FU1 为总电源的短路保护。

铣床是逆铣方式加工，还是顺铣方式加工，开始工作前即已选定，在加工过程中是不改变的，主轴电动机 M1 正转或反转是通过主令开关 SA3 预先设置的，由控制接触器 KM1 的主触点控制电动机 M1 的起动与停止。

进给电动机 M2 在工作过程中，频繁变换转动方向，因而采用接触器 KM3、KM4 实现其正、反转，由热继电器 FR3 实现过载保护。

冷却泵驱动电动机 M3 根据加工需要提供切削液，在主电动机 M1 起动后才能起动，电路中采用转换开关 QS2 控制冷却泵电动机的直接起动、停止，其过载保护采用热继电器 FR2。

2. 控制电路分析

1）主轴电动机 M1 的控制

（1）主轴电动机起动控制　主轴电动机空载直接起动，起动前，由主令开关 SA3 选定电动机的转向。合上电源总开关 QS1，按下起动按钮 SB1 或 SB2 接通主轴电动机起动控制接触器 KM1 的线圈电路，其主触点闭合并自锁，主轴电动机按给定方向起动旋转。SB1 与 SB2 分别位于两个操作板上，从而实现主轴电动机的两地起动控制。

（2）主轴电动机制动及换刀制动　为使主轴能迅速停车，控制电路采用电磁离合器进行主轴的停车制动。按下停车按钮 SB5 或 SB6，其动断触点使接触器 KM1 的线圈失电，电动机定子绕组脱离电源，同时其动合触点闭合接通电磁制动器 YC1 的线圈电路，对主轴电动机进行停车制动。当主轴停车时可松开按钮。

当进行换刀和上刀操作时，为了防止主轴意外转动造成事故以及为了上刀方便，主轴也需处在断电停车和制动的状态。在带动合触点的停止按钮 SB5 - 2、SB6 - 2 两端并联了一个转换开关 SA1 - 1 触点，换刀时使它处于接通状态，电磁离合器 YC1 线圈通电，SA1 - 2 断开，切断接触器 KM1 的线圈电路，主轴处于制动状态。换刀结束后，将 SA1 置于断开时，SA1 - 1 触点断开，SA1 - 2 触点闭合，为主轴起动做好准备。

（3）主轴的变速冲动　变速时，变速手柄向下压并被拉出，然后转动变速手轮选择转速，转速选定后将变速手柄复位。因为变速是通过机械变速机构实现的，变速手轮选定应进入啮合的齿轮后，齿轮啮合到位即可输出选定转速，但是当齿轮没有进入正常啮合状态时，则需要主轴有变速冲动（瞬时点动）的功能，以调整齿轮位置，使齿轮进入正常啮合状态。实现变速冲动是由复位手柄与冲动开关 SQ1 组合构成点动控制电路。变速手柄在复位的过程中压动冲动行程开关 SQ1，SQ1 动合触点闭合，使接触器 KM1 的线圈短时得电，主轴电动机 M1 转动，SQ1 的动断触点切断 KM1 线圈电路的自锁使电路随时可被切断。选好转速后，使变速手柄复位，行程开关 SQ1 恢复，KM1 失电，电动机 M1 停转，完成一次变速冲动。

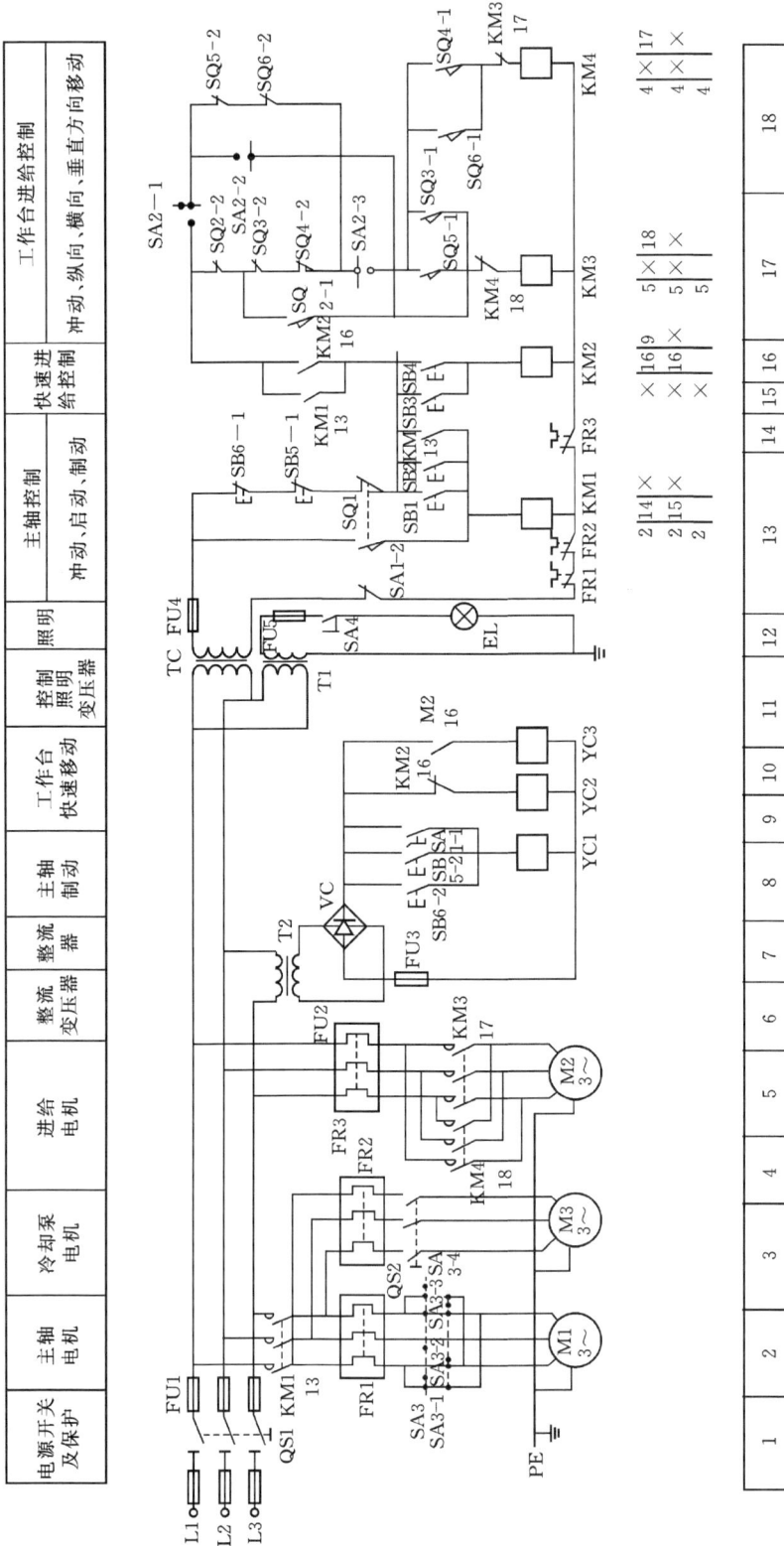

图 5-10　X62W 型万能升降台铣床控制电路

手柄复位时要求迅速、连续,一次不到位应立即拉出,以免行程开关 SQ1 没能及时松开,电动机转速上升,在齿轮末啮合好的情况下打坏齿轮。一次变速冲动不能实现齿轮良好的啮合时,应立即拉出复位于柄,重新进行复位瞬时点动的操作,直至完全到位,齿轮正常啮合为止。

2)进给电动机 M2 的控制

进给电动机 M2 的控制电路分为三部分:第一部分为顺序控制部分,当主轴电动机起动后,接触器 KM1 辅助动合触点闭合,进给电动机控制接触器 KM3 与 KM4 的线圈电路方能通电工作;第二部分为工作台各进给运动之间的联锁控制部分,可实现水平工作台各运动之间的联锁,也可实现水平工作台工作与圆工作台工作之间的联锁,转换开关 SA2 为圆工作台工作状态选择开关;第三部分为进给电动机正反转接触器线圈电路部分。

(1)水平工作台纵向(左、右)进给运动的控制　水平工作台纵向进给运动由操作手柄与行程开关 SQ5、SQ6 组合控制。纵向操作手柄有左右两个工作位和一个中间不工作位。将纵向操作手柄扳向右侧,联动机构接通纵向进给机械离合器,同时压下向右进给的行程开关 SQ5,SQ5 的常开触点 SQ5-1 闭合,常闭触点 SQ5-2 断开,由于 SQ6、SQ3、SQ4 不动作,则 KM3 线圈得电,KM3 的主触点闭合,进给电动机 M2 正转,工作台向右运动。

将纵向操作手柄向左扳动,联动机构将纵向进给机械离合器挂上,同时压下向左进给行程开关 SQ6,使 SQ6 的常开触点 SQ6-1 闭合,常闭触点 SQ6-2 断开,接触器 KM4 得电吸合,其主触点 KM4 闭合,进给电动机 M2 反转,工作台向左运动。

若将手柄扳到中间位置,纵向传动的离合器脱开,行程开关 SQ5 与 SQ6 复位,电动机 M2 停转,工作台运动停止。

(2)水平工作台横向(前、后)和垂直(上、下)进给运动控制　水平工作台横向和垂直进给运动的选择和联锁是通过十字复式手柄和行程开关 SQ3、SQ4 组合控制的,操作手柄有上、下、前、后 4 个工作位置和 1 个中间不工作位置。扳动手柄到选定运动方向的工作位,即可接通该运动方向的机械进给离合器,同时压动行程开关 SQ3 或 SQ4,行程开关的动合触点闭合使接触器 KM3 或 KM4 的线圈得电,电动机 M2 转动,工作台在相应的方向上移动。手柄在中间位置时,各向机械进给离合器均不接通,各行程开关复位,接触器 KM3 和 KM4 失电释放,电动机 M2 停止,工作台停止移动。行程开关的动断触点如纵向行程开关一样,在联锁电路中,构成运动的联锁控制。

当手柄扳到向下或向前位置时,手柄通过机械联动机械使行程开关 SQ3 动作,KM3 得电,进给电动机正转,拖动工作台移动。当手柄扳到向上或向后位置时,行程开关 SQ4 动作,KM4 得电,进给电动机反转。其控制过程与纵向(左、右)进给运动的控制过程相似,在此不再重复。

(3)水平工作台进给运动的联锁控制　由于操作手柄在工作时,只存在一种运动选择,因此铣床直线进给运动之间的联锁满足两操作手柄之间的联锁即可实现。联锁控制电路由两条电路并联组成,纵向手柄控制的行程开关 SQ5、SQ6 的动断触点串联在一条支路上,十字复式手柄控制的行程开关 SQ3、SQ4 动断触点串联在另一条支路上,扳动任一操作手柄,只能切断其中一条支路,另一条支路仍能正常通电,使接触器 KM3 或 KM4 的线圈不失电,若同时扳动两个操作手柄,则两条支路均被切断,接触器 KM3 或 KM4 断电,工作台立即停止移动,从而防止机床运动干涉造成设备事故。

（4）水平工作台的快速移动　水平工作台选定进给方向后,可通过电磁离合器接通快速机械传动链,实现工作台空行程的快速移动。快速移动为手动控制,按下起动按钮 SB3 或 SB4,接触器 KM2 的线圈得电,其动断触点断开,使正常进给电磁离合器 YC2 线圈失电,断开工作进给传动链,KM2 的动合触点闭合,使快速电磁离合器 YC3 线圈得电工作,接通快速移动传动链,水平工作台沿给定的进给方向快速移动。松开按钮 SB3 或 SB4,KM2 线圈失电,恢复水平工作台的工作进给。

（5）水平工作台的变速冲动　水平工作台变速冲动控制原理与主轴变速冲动相同。变速手柄拉出后选择转速,再将手柄复位,变速手柄在复位的过程中压动点动行程开关 SQ2,SQ2 的动合触点 SQ2 - 1 闭合接通接触器 KM3 的线圈电路,使进给电动机 M2 转动,动断触点 SQ2 - 2 切断 KM3 线圈电路的自锁。变速手柄复位后,松开行程开关 SQ2。与主轴变速冲动操作相同,也要求手柄复位时迅速、连续,一次不到位,要立即拉出变速手柄,再重复变速冲动的操作,直到齿轮处于良好啮合状态,进入正常工作。

（6）圆工作台运动控制　圆工作台是安装在工作台上的机床附件,用于铣削圆弧、凸轮曲线,由进给电动机 M2 通过传动机构驱动圆工作台进行工作。

当使用圆工作台加工时,圆工作台工作状态选择转换开关 SA2 处于接通位置,它的触点 SA2 - 2 闭合,SA2 - 1、SA2 - 3 断开。此时按下主轴起动按钮 SB1 或 SB2,接触器 KM1 吸合并自锁,同时 KM1 常开触点闭合,使电流通过 SQ2 - 2→SQ3 - 2→SQ4 - 2→SQ6 - 2→SQ5 - 2→SA2 - 2,使接触器 KM3 得电吸合,进给电动机 M2 正转,并通过联动机构使圆工作台按照需要的方向转动。

圆工作台只能单方向旋转。圆工作台的控制电路串联了水平工作台工作行程开关 SQ3 ～SQ6 的动断触点,因此水平工作台任一操作手柄扳到工作位置,都会压动行程开关,切断圆工作台的控制电路,使其立即停止转动,从而起到水平工作台进给运动和圆工作台转动之间的联锁保护控制。

3. 其他电路分析

（1）电磁离合器的直流电源　电磁离合器的直流电源由变压器 T2 降压,经桥式整流电路 VC 供给;在变压器 T2 二次侧和桥式整流电路 VC 输出端,分别采用 FU2 和 FU3 进行短路保护。

（2）照明控制　变压器 T1 供给 24V 安全照明电压,照明灯由转换开关 SA4 控制,采用 FU5 作短路保护。

（3）多地控制　为了使操作者能在铣床的正面、侧面方便地操作,设置了多地控制,如主轴电动机的起动（SB1、SB2）、主轴电动机的停止（SB5、SB6）、工作台的进给运动和快速移动（SB3、SB4）。

5.5　数控铣床电气控制系统

现代数控机床是以计算机作为控制装置的,但要完成整个机床的控制,总是要与继电接器控制相配合。数控机床的种类繁多,如数控车床、数控铣床、加工中心等,各种类型又分为若干不同品种,其电气控制电路根据不同的功能也是各不相同的。本节将以一台数控立式铣床为例,就其共性,分析继电接触器如何与计算机配合实现机床的运动和控制。同时也可与前一节所讨论的普通立式铣床的电气控制进行对照。

5.5.1　数控立铣的控制要求

数控立铣要求能实现以下运动及控制：

(1)主运动　实现对主轴(S 轴)电机的调速控制；

(2)进给运动　X、Y、Z 轴各一台伺服电机驱动,要求对各轴实现速度及转角控制；

(3)辅助运动　实现对液压泵电机、导轨润滑电机、铣头润滑电机、冷却泵电机及各种风扇电机的运转控制；

(4)系统紧急停止及工作台限位保护；

(5)各种信号指示。

以上控制由 CNC 数控装置、PLC 继电器模块及部分继电器控制电路协调配合,共同实现。由于辅助运动及信号显示均较简单,因而只重点讨论主轴控制、进给运动控制及系统保护。

5.5.2　供电电源

数控机床要求有高可靠性的控制系统,除辅助运动的几台电机供电直接接入三相动力线以外,CNC、PLC 主轴电机(S 轴)、X、Y、Z 进给伺服电机和各控制电路均采用变压器降压、隔离供电。

图 5-11 为某数控立式铣床部分电气原理图。由图 5-11(a)可见,伺服系统电源经三相变压器 TC1 由 380V 降压至 230V,通过 U20、V20、W20 对(b)图中的 AC200 驱动电源供电,AC200 是 S、X、Y、Z 轴三相交流伺服电机的驱动器电源。

变压器 TC2 提供的 110V 电压给数控系统 CNC 和 PLC 供电。

变压器 TC3 降压后再经整流稳压模块 U 输出直流 24V 给(b)图所示的继电器电路提供电源。采用直流继电器一方面是工作可靠.同时便于与计算机接口。

5.5.3　主轴及 X、Y、Z 轴伺服驱动工作原理

由于数控系统可通过编程完成这几个电机的调速及 X、Y、Z 电机的转角控制(相当于位置控制),所以可以认为就这几个执行部件而言,继电器控制部分只需解决电机"使能"起动信号及保护。

由图 5-11(b)可知 X、Y、Z 及 S 轴电机与主回路连接,变压器 TC1 副边 U20、V20、W20与驱动电源 AC200 相连,由它提供各驱动器电源。X、Y、S 轴驱动器电源再经过其相应的动态制动器接到电机 M10、M11、M13 的三相。由于 Z 轴电机有机械抱闸制动器,因而 Z 轴驱动器与 Z 轴电机 M12 直连。

S 轴驱动器一旦由数控系统 CNC 获得"CNC 使能"信号后(图中专画出),S 轴电机即作好起动准备,只要从 CNC 键盘输入主轴手动或自动的转动命令,主电机即可运转。

对 X、Y、Z 轴电机的控制稍复杂些。对应于每一个电机的驱动器亦须从 CNC 获得一个"CNC 使能"信号,若获得"CNC 使能"信号以后驱动器无问题,即会立即返回一个伺服准备好的回答信号给 CNC,同时,驱动器还应从机床操作面板上获得"正负使能"信号,只有满足了这些条件后,X、Y、Z 轴电机才作好转动准备。直到 CNC 发出手动或自动循环命令,电机即正常运转。若运转中产生意外,CNC 将发出急停命令或者由操作人员在操作面板上给出急停命令,这时所有的电机停转。

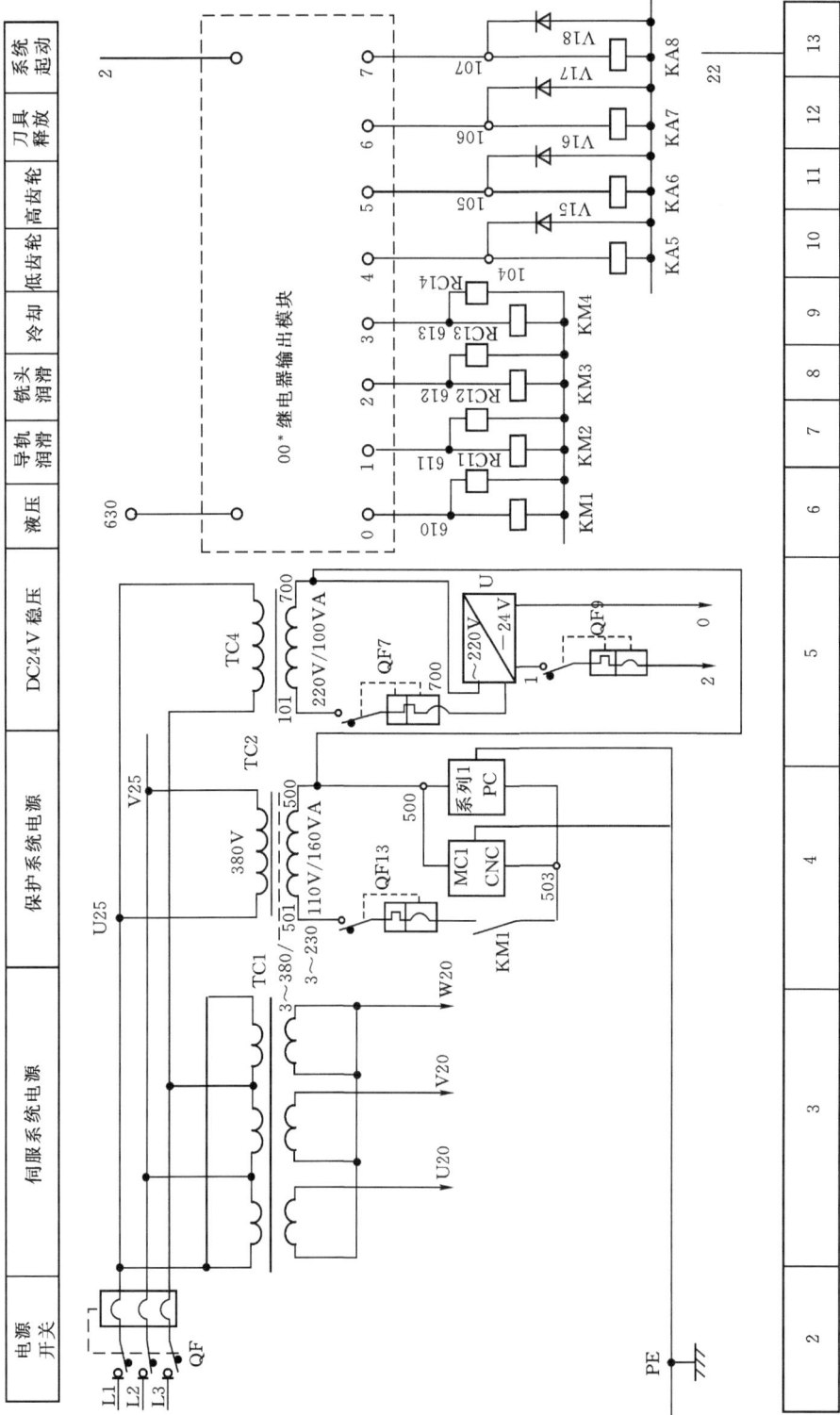

(a)

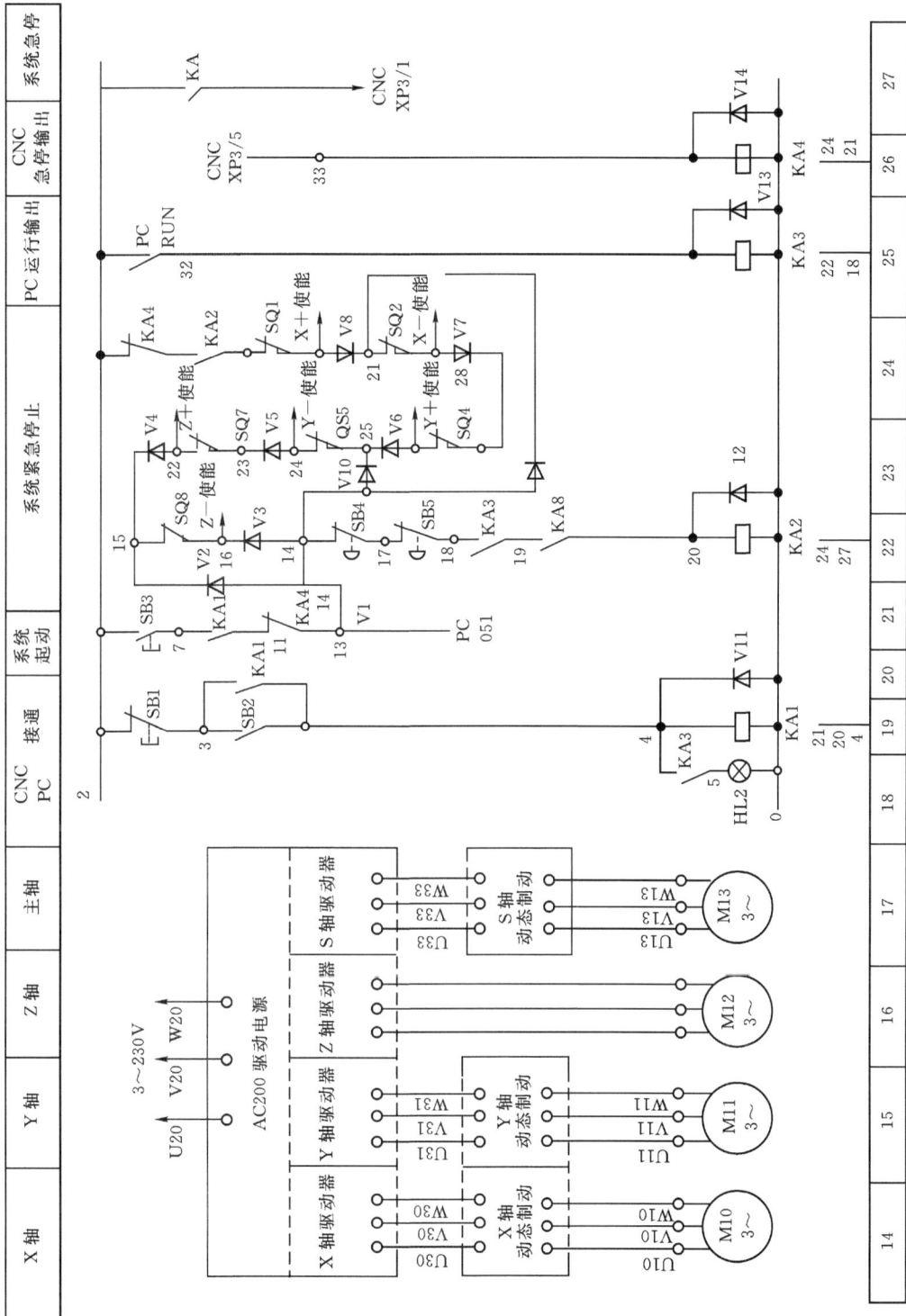

图 5-11　数控铣床电气原理图

5.5.4　X、Y、Z 电机控制电路分析

1. 电机的运转准备控制

由于 S 轴控制简单,不再单独说明。这里仅就 X、Y、Z 电机的运转准备控制进行分析说明。

图 5 - 11(b)中,按下 CNC、PLC 接通按钮 SB2,KA1 通电并自锁,KA1 所有的触头均动作。(a)中 4 图区的 KA1 常开触头闭合,CNC 与 PC 电源接通,当按下系统起动按钮 SB3,PC051 有效,即 PLC 运行输出 PCRUN 闭合使系统起动并使 KA3 通电,22 图区 KA3 闭合。在系统起动同时通过 00# 继电器输出模块,KA8 得电,22 图区的 KA8 闭合,此时 KA2 通电,所有 KA2 常开触头闭合,CNC XP3/1 输出高电平"1"(给出 CNC 允许信号),CNC XP3/5 输出低电平"0"。同时,通过以下通路获得各轴电机的"正、负使能"信号,即

Z-使能:2→7→11→13→15→16

Z+使能:2→7→11→13→14→25→24→23→22

Y-使能:2→7→11→13→14→25→24

Y+使能:2→7→11→13→14→21→28→27→26

X-使能:2→7→11→13→14→21→28

X+使能:2→31→30→29

到此为止电机已作好运转准备。一旦 CNC 给出手动或自动旋转命令,电机即可正常运转。由于有"正、负允许"信号,电机可正向亦可反向运转。

2. 进给运动的限位保护

图 5 - 11(b)中 SQ1、SQ2、SQ4、SQ5、SQ7、SQ8 分别为设置在 X、Y、Z 各正负方向上相应位置的限位行程开关,一旦某行程开关被压动,则相应方向的使能信号被撤消,运动被截断,但其反方向仍能进行。如行程开关 SQ8 被压动,则"Y-使能"失效,Z 电机则不再能向负方向运动,起到限位保护作用,但可向+Z 方向运动。向+Z 方向运动使工作台离开 SQ8,电机即又可向-Z 方向运动。CNC 内部还可通过参数设置,实现软限位保护。

3. 系统紧急停止

在机床运行过程中,如果发生意外需要紧急停止,可按下图 5 - 11(b)中 SB4 或 SB5,KA2 失电,由于 KA2 的常开触头打开使 CNC XP3/1="0",CNC XP3/5="1",KA4 得电,其常闭触头打开,使 PC051 失效,从而整个系统起动失效,并且所有进给电机的"正、负使能"信号为"0",电机停转。故障排除以后,可按照以上操作重新起动。

习　题

1. 简述电气原理图绘制的一般原则。

2. 控制电路的电源如何选择?

3. CA6140 普通车床控制电路中 M1、M2、M3 三台电动机各起什么作用?它们由哪些控制环节组成?

4. 简述 CA6140 普通车床的主轴电动机制动时的电路工作过程。

5. 分析 Z3040 摇臂钻床电路中,行程开关 SQ1、SQ2、SQ3 及 SQ4 的作用。

6. 试简述 Z3040 钻床操作中摇臂下降时电路的工作情况。

7. Z3040 钻床电路中有哪些联锁与保护？为什么要有这几种保护环节？

8. 在 Z3040 摇臂钻床中，时间继电器 KT 与电磁阀 YV 在什么时候动作？YV 动作时间比 KT 长还是短？YV 什么时候不动作？

9. 数控铣床电气控制电路由哪些基本环节组成？

10. 数控铣床是如何控制 X、Y、Z 电机的？

第6章　可编程序控制器概论

6.1　PLC 的产生与发展

20 世纪 20 年代起,人们把各种继电器、定时器、接触器及其触点按一定的逻辑关系连接起来组成控制系统,控制各种生产机械,这就是我们前面章节所介绍的传统继电接触器控制系统。由于它结构简单、容易掌握、价格便宜,曾经在工业控制领域发挥了巨大的作用。但是,由于继电器控制逻辑采用硬连线结构,接线复杂,需要使用大量的机械触点,体积庞大,元件数量多,故障率高,而且现场修改困难,灵活性和可扩展性差,难以实现较复杂的控制,当生产流程改变时,需要改变大量的硬件接线,甚至重新设计系统,所以通用性较差。因此在生产中迫切需要一种使用灵活、性能完善、工作可靠的新一代生产过程自动控制系统。

6.1.1　PLC 的产生

随着微电子技术和计算机技术发展,计算机被逐步应用于工业控制领域,通过编写、修改程序来实现各种控制逻辑,使问题变得灵活。但是,由于计算机本身体积大、对环境要求苛刻,难以应用在恶劣的工业环境中。因此,如何将继电器控制逻辑的简学易懂、操作方便等优点与计算机的可编程序、灵活通用等优点结合起来,做成一种能够适应工业环境的通用控制装置,就显得十分必要和迫切。1968 年美国通用汽车(GM)公司提出取代继电器控制装置的要求,第二年,美国数字设备公司(DEC)把计算机中的程序存储技术引入逻辑控制,率先开发出这种新型控制装置。它满足了 GM 公司装配线的要求,能更多地发挥计算机的功能,不仅用逻辑编程取代硬连线逻辑,还增加了运算、数据传送和处理等功能,使其真正成为一种电子计算机工业控制设备,取名为可编程序逻辑控制器(Programmable Logic Controller,简称 PLC)。美国电气制造协会于 1980 年正式命名其为可编程序控制器(Programmable Controller,简称 PC),PC 这一名称在国外工业界已经使用多年,但由于它和个人计算机(Personal Computer)的简称容易混淆,所以现在仍把可编程序控制器简称为 PLC。

6.1.2　PLC 的定义

国际电工委员会(IEC)曾于 1987 年 2 月颁布了 PLC 标准草案第三稿,该草案中对 PLC 的定义是:"PLC 是一种数字运算操作的电子系统,专为工业环境而设计。它采用了可编程序的存储器,用来在其内部存储执行逻辑运算、顺序控制、定时、计数和算术运算等操作的指令,并通过数字式和模拟式的输入和输出,控制各种类型机械的生产过程。而有关的外围设备、部件按易于与工业系统联成一个整体、易于扩充其功能的原则设计"。从定义可以看出 PLC 适用于工业环境,它具有很强的抗干扰能力,广泛的适应能力和应用范围,这是其他控制系统所无法媲美的特征。

6.1.3　PLC 在国外的发展状况

20 世纪 70 年代中末期,PLC 进入了实用化发展阶段,已全面引入计算机技术,使其功能发生了飞跃。更高的运算速度、超小型的体积、更可靠的工业抗干扰设计、模拟量运算、PID 功能以及极高的性价比奠定了它在现代工业中的地位。这个时期 PLC 发展的特点是大规模、高速度、高性能、产品系列化。这标志着 PLC 已步入成熟阶段。这个阶段的另一个特点是世界上生产 PLC 的国家日益增多,产量日益上升。许多 PLC 的生产厂家已闻名于全世界。如美国 AB 公司和 GE 公司、日本的三菱公司和立石公司、德国的西门子公司等。

20 世纪末期,PLC 的发展特点是更加适应现代工业控制的需要。从控制规模上来说,这个时期发展了大型机及超小型机;从控制能力上来说,诞生了各种各样的特殊功能单元,用于温度、转速、位移等各种控制场合;从产品的配套能力来说,生产了各种人机界面单元、通讯单元,使应用 PLC 的工业控制设备的配套更加容易。目前,PLC 在机械制造、石油化工、冶金钢铁、汽车、轻工业等领域的应用都得到了长足的发展。

6.1.4　PLC 在国内的发展状况

我国是 20 世纪 80 年代初开始引进、应用、研制、生产 PLC 的。最初是在引进设备中大量使用了 PLC。目前,我国自己已可以生产中小型 PLC。上海东屋电气有限公司生产的 CF 系列、杭州机床电器厂生产的 DKK 及 D 系列、大连组合机床研究所生产的 S 系列、苏州电子计算机厂生产的 YZ 系列等多种产品已具备了一定的规模并在工业产品中获得了应用。此外,无锡华光公司、上海乡岛公司等中外合资企业也是我国比较著名的 PLC 生产厂家。可以预期,随着我国现代化进程的深入,PLC 在我国将有更广阔的应用天地。

虽然国内 PLC 生产厂约有 30 家,但没有形成颇具规模的生产能力和名牌产品,还有一部分是以仿制、来件组装或"贴牌"方式生产,因此可以说 PLC 在我国未形成制造产业。在 PLC 应用方面,我国是很活跃的,近年来每年约新投入 10 万套 PLC 产品,年销售额 30 亿元人民币,应用的行业也很广。但是国内 PLC 市场仍以国外产品为主,国内产品市场占有率不超过 10%,大部分都是依靠国外进口的,我国市场上流行的有如下几家 PLC 产品。

①施耐德公司,包括早期天津仪表厂引进莫迪康公司的产品,目前有 Quantum、Premium、Momentum 等产品;

②罗克韦尔公司(包括 AB 公司)PLC 产品,目前有 SLC、Micro Logix、Control Logix 等产品;

③西门子公司的产品,目前有 SIMATIC S7 - 400/300/200 系列产品;

④GE 公司的产品;

⑤日本欧姆龙、三菱、富士、松下等公司产品。

6.1.5　PLC 的发展趋势

微型化、网络化、PC 化和开放性是 PLC 未来发展的主要方向。在基于 PLC 自动化的早期,PLC 体积大而且价格昂贵。但在最近几年,微型 PLC(小于 32 I/O)已经出现,价格只有几百欧元。而且随着软 PLC(Soft PLC)控制组态软件的进一步完善和发展,软 PLC 组态软件和PC - based 控制的市场份额逐渐增大。PLC 的发展趋势具体体现在以下几个方面。

①从技术上看,计算机技术的新成果会更多地应用于 PLC 的设计及制造上,会有运算速度更快、存储容量更大、智能水平更高的品种出现。

②从产品规模上看,会进一步向超小型方向发展。PLC 的功能不断增加,将原来大、中型 PLC 才有的功能部分地移植到小型 PLC 上,如模拟量处理、数据通信和复杂的功能指令等,且价格不断下降。

③从产品的配套性能上看,产品的品种会更丰富、规格会更齐备。完美的人机界面、完备的通讯设备会更好地适应各种工业控制场合的需求。

④从市场上看,各国生产多品种产品的情况会随着国际竞争的加剧而打破,会出现少数几个品牌垄断国际市场的局面,会出现国际通用的编程语言,这将有利于 PLC 技术的发展及 PLC 产品的普及。

⑤从网络的发展状况来看,PLC 和其他工业控制计算机组网构成大型的控制系统是 PLC 技术的发展方向。目前的集散控制系统(DCS)中已应用了大量的 PLC。伴随着计算机网络的发展,PLC 作为自动化控制网络或国际通用网络的重要组成部分,将在众多领域发挥越来越大的作用。

⑥从 PLC 发展的开放性来看,计算机软、硬件技术的迅速发展,推动了自动控制技术取得一系列新的进展。目前许多工业用自动控制产品、机电一体化产品,开始转向以计算机为平台的控制方式。工业界最新推出的以计算机为平台的 Soft PLC 可以说是这方面的优秀代表。Soft PLC 适于工业计算机的柔性可编程逻辑控制技术,能充分利用目前计算机的高速、大容量、丰富功能及各种软件资源。Soft PLC 是开放的 PLC,在实时控制、网络控制和分级控制领域可获得广泛的应用。

6.2 PLC 的特点及主要功能

6.2.1 PLC 的特点

1. 可靠性高,抗干扰能力强

高可靠性是电气控制设备的关键指标之一。由于 PLC 采用现代大规模集成电路技术,严格的生产制造工艺,而且内部电路采取了先进的抗干扰技术,因此 PLC 具有很高的可靠性。从 PLC 的机外电路来说,使用 PLC 构成控制系统,和同等规模的继电接触器系统相比,电气接线及开关接点已减少到数百甚至数千分之一,故障也就大大减少了。此外,PLC 带有硬件故障自我检测功能,出现故障时可及时发出警报信息。在应用软件中,应用者还可以编入外围器件的故障自诊断程序,使系统中除 PLC 以外的电路及设备也获得故障自诊断保护。

2. 配套齐全,功能完善,适用性强

PLC 发展到今天,已经形成了大、中、小各种规模的系列化产品。可以用于各种规模的工业控制场合。除了逻辑处理功能以外,现代 PLC 大多具有完善的数据运算能力,可用于各种数字控制领域。近年来 PLC 的功能单元大量涌现,使 PLC 渗透到了位置控制、温度控制、计算机数字控制等各种工业控制中。加上 PLC 通信能力的增强及人机界面技术的发展,使应用 PLC 组成各种控制系统变得非常容易。

3. 易学易用,深受工程技术人员欢迎

PLC 作为通用工业控制计算机,是面向工矿企业的工控设备。它的编程语言易于被工程技术人员接受,梯形图语言的图形符号与表达方式和继电器电路图相当接近,只用 PLC 的少量开关量逻辑控制指令就可以方便地实现继电器电路的功能。为不熟悉电子电路、不懂计算机原理和汇编语言的人使用计算机从事工业控制打开了方便之门。

4. 系统的设计、建造工作量小,维护方便,容易改造

PLC 用存储逻辑代替接线逻辑,大大减少了控制设备外部的接线,使控制系统设计及建造的周期大为缩短,同时维护也变得容易起来。更重要的是使同一设备经过改变程序来改变生产过程成为可能。这很适合多品种、小批量的生产场合。

5. 体积小,重量轻,能耗低

PLC 体积小,重量轻,便于安装。PLC 的结构紧凑,它与被控制对象的硬件连接方式简单、接线少,便于维护。以超小型 PLC 为例,新近生产的品种底部尺寸小于 100mm,重量小于 150g。由于体积小很容易装入机器内部,是实现机电一体化的理想控制设备。

6.2.2　PLC 的主要功能

随着微电子技术的快速发展,PLC 的制造成本不断下降,而其功能却大大增强。目前在先进工业国家中 PLC 已成为工业控制的标准设备,应用面几乎覆盖了所有工业企业,诸如钢铁、冶金、采矿、水泥、石油、化工、轻工、电力、机械制造、汽车、装卸、造纸、纺织、环保、交通、建筑、食品、娱乐等各行各业。特别是在轻工行业中,因生产门类多、加工方式多变,产品更新换代快,所以 PLC 广泛应用在组合机床自动线、专用机床、塑料机械、包装机械、灌装机械、电镀自动线、电梯等电气设备中。PLC 已跃居现代工业自动化三大支柱(PLC、ROBOT、CAD/CAM)的主导地位。它的应用可大致归纳为如下几类:

1. 开关量的逻辑控制

这是 PLC 最基本、最广泛的应用领域,它取代传统的继电器电路,实现逻辑控制、顺序控制,既可用于单台设备的控制,也可用于多机群控及自动化流水线。如注塑机、印刷机、订书机械、组合机床、磨床、包装生产线、电镀流水线等。

2. 模拟量控制

在工业生产过程当中,有许多连续变化的量,如温度、压力、流量、液位和速度等都是模拟量。为了使 PLC 处理模拟量,必须实现模拟量(Analog)和数字量(Digital)之间的 A/D 转换及 D/A 转换。PLC 厂家都生产配套的 A/D 和 D/A 转换模块,使 PLC 用于模拟量控制。

3. 运动控制

PLC 可以用于圆周运动或直线运动的控制。从控制机构配置来说,早期直接用开关量 I/O 模块连接位置传感器和执行机构,现在一般使用专用的运动控制模块,如可驱动步进电机或伺服电机的单轴或多轴位置控制模块。

4. 过程控制

过程控制是指对温度、压力、流量等模拟量的闭环控制。作为工业控制计算机,PLC 能编制各种各样的控制算法程序,完成闭环控制。PID 调节是一般闭环控制系统中用得较多的调节方法。大中型 PLC 都有 PID 模块,目前许多小型 PLC 也具有此功能模块。其中,PID 处理一般是运行专用的 PID 子程序。过程控制在冶金、化工、热处理、锅炉控制等场合有非常广泛

的应用。

5. 数据处理

现代 PLC 具有数学运算(含矩阵运算、函数运算、逻辑运算)、数据传送、数据转换、排序、查表、位操作等功能,可以完成数据的采集、分析及处理。这些数据可以与存储在存储器中的参考值进行比较,完成一定的控制操作,也可以利用通信功能传送到别的智能装置,或将它们打印制表。数据处理一般用于大型控制系统,如无人控制的柔性制造系统;也可用于过程控制系统,如造纸、冶金、食品工业中的一些大型控制系统。

6. 通信及联网

PLC 通信含 PLC 间的通信及 PLC 与其他智能设备间的通信。随着计算机控制的发展,工厂自动化网络发展得很快,各 PLC 厂商都十分重视 PLC 的通信功能,纷纷推出各自的网络系统。新近生产的 PLC 都具有通信接口,通信非常方便。

6.2.3 PLC 的分类

1. 按 I/O 点数分类

PLC 在 90 年代,按 I/O 点数已经形成微、小、中、大、巨型等多种 PLC,当然,这一分类界限不是固定不变的,它将会随 PLC 的发展而变更,分类如下:

①微型 PLC　32　I/O;

②小型 PLC　256　I/O;

③中型 PLC　1024　I/O;

④大型 PLC　4096　I/O;

⑤巨型 PLC　8195　I/O。

2. 按结构形式分类

按结构形式可分为整体式和模块式两类。

(1)整体式 PLC　整体式 PLC 又称为单元式或箱体式。整体式 PLC 是将电源、CPU、I/O 部件都集中在一个机箱内,其结构紧凑、体积小、价格低。一般小型 PLC 采用这种结构。整体式 PLC 由不同 I/O 点数的基本单元和扩展单元组成。基本单元内有 CPU、I/O 和电源,扩展单元内只有 I/O 和电源,基本单元和扩展单元之间一般用扁平电缆连接。整体式 PLC 一般配备有特殊功能单元,如模拟量单元、位置控制单元等,使 PLC 功能得以扩展。

(2)模块式 PLC　模块式 PLC 是将 PLC 各部分分成若干单独的模块,如 CPU 模块、I/O 模块、电源模块(有的包含在 CPU 模块中)和各种功能模块。模块式 PLC 由框架和各种模块组成。模块插在插座上。有的 PLC 没有框架,各种模块安装在底板上。模块式结构 PLC 配置灵活,装配方便,便于扩展和维修。一般大、中型 PLC 宜采用模块式结构,有的小型 PLC 也采用这种结构。

有时 PLC 根据需要将整体式和模块式结合起来,称为叠装式 PLC。它除基本单元和扩展单元外,还有扩展模块和特殊功能模块,配置比较合理。以西门子 PLC 为例,图 6-1 和图 6-2 分别表示整体式和模块式 PLC。

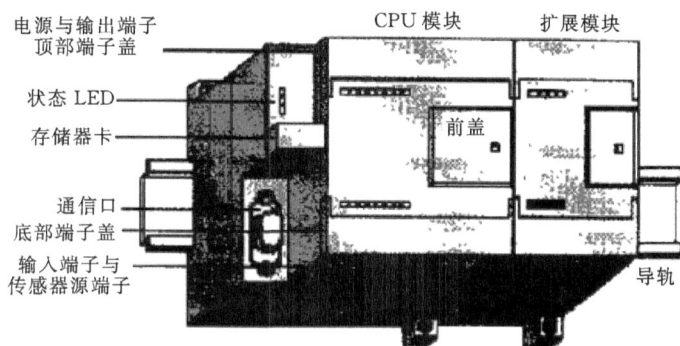

图 6-1　S7-200 整体式 PLC

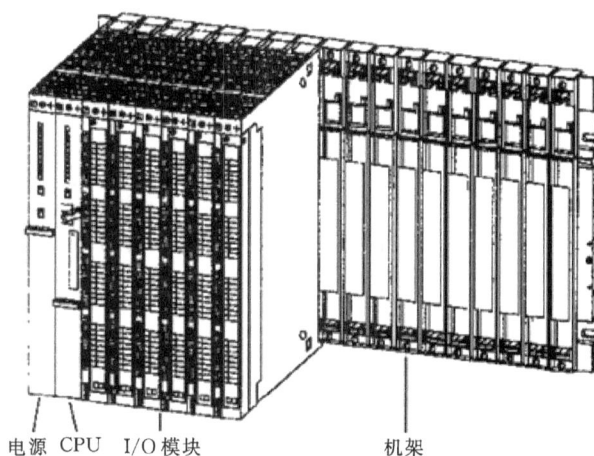

图 6-2　S7-400 模块式 PLC

3. 按功能分类

PLC 按功能不同可分为低档、中档、高档机三类。

低档机具有逻辑运算、定时、计数、移位以及自诊断、监控等基本功能,还可增设少量模拟量输入/输出、算术运算、远程 I/O、通信等功能。

中档机除具有低档机的功能外。还具有较强的模拟量输入/输出、算术运算、数据传送和比较、远程 I/O、通信等功能。

高档机除具有中档机的功能外,还有符号算术运算、位逻辑运算、矩阵运算、平方根运算及其他特殊功能函数运算、表格等功能。高档机具有更强的通信联网功能,可用于大规模过程控制系统。

6.3　PLC 的基本结构

PLC 是专为工业生产过程控制而设计的控制器,实质上也是一种工业控制专用计算机。一个完整的 PLC 也包括硬件和软件两大部分,这一节主要阐述硬件部分,下一节阐述软件部分。

PLC 的基本结构如图 6-3 所示,由图可见 PLC 的硬件包括主机部分、I/O 扩展部分和外部设备部分。主机部分即 PLC 本体,是以中央处理器(CPU)为核心的一台专用计算机,包括中央处理器、存储器、输入/输出接口、电源等。

下面具体介绍 PLC 基本结构的各组成部分及其作用。

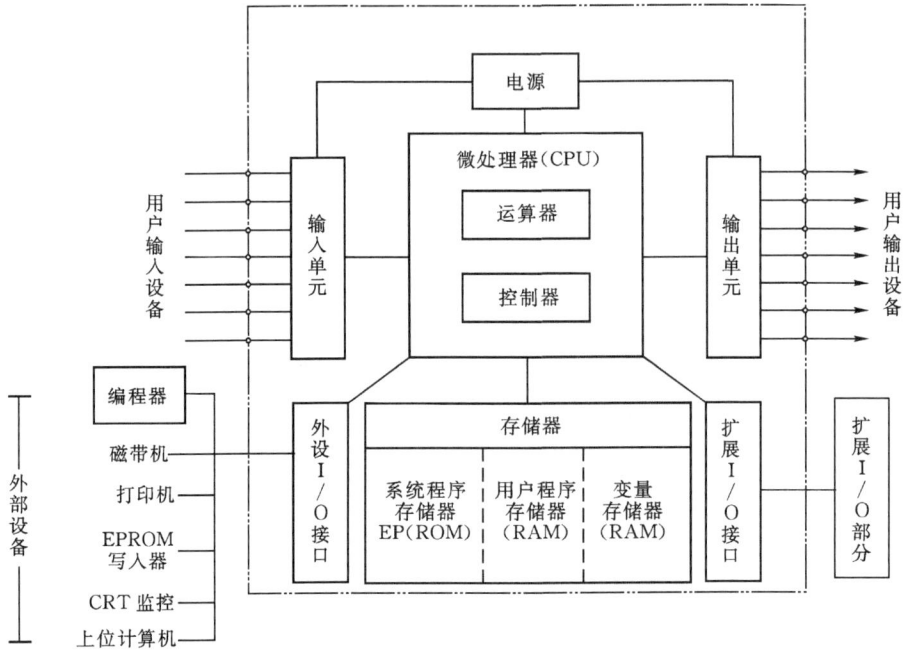

图 6-3 PLC 的硬件组成框图

6.3.1 中央处理器

又称微处理器,包括运算器和控制器两部分,是整个 PLC 系统的核心,完成以下主要功能:

①接收从编程器、上位机或其他外围设备输入的用户程序、数据等信息。

②用扫描方式接收输入设备的状态或数据,并存入到指定输入存储单元或数据寄存器中。

③诊断电源、PLC 内部电路故障和编程过程中存在的语法错误。

④在 PLC 进入运行状态后,从存储器中逐条读取用户程序,经指令解释后执行,最终完成用户程序中规定的逻辑运算或算术运算等任务。

6.3.2 存储器

PLC 内部配有系统存储器和用户存储器两部分,系统存储器用来存放由 PLC 生产厂家编写的系统程序,并固化在只读存储器(ROM)中,用户不能更改。它使 PLC 具有基本的智能,完成 PLC 规定的各项任务。用户存储器包括用户程序存储器(程序区)和功能存储器(数据区)两部分。用户程序存储器用来存放用户针对控制任务编写的程序,其内容可以由用户任意修改。用户功能存储器用来存放用户程序中使用的"软元件"的状态、数值数据等。用户存储器容量的大小是反映 PLC 性能的重要指标之一。

6.3.3　输入/输出模块

输入/输出模块即 I/O 模块,分为开关量和模拟量 I/O 模块,是 PLC 与现场 I/O 设备或其他外部设备之间的连接部件。PLC 通过输入模块把工业设备或生产过程的状态或信息读入主机,通过用户程序的运算与操作,把结果通过输出模块输出给执行机构。输入模块用于调理输入信号,对输入信号进行滤波、隔离、电平转换等,把输入信号的逻辑值安全可靠地传递到 PLC 内部。输出模块用于把用户程序的逻辑运算结果输出到 PLC 外部,输出模块具有隔离PLC 内部电路和外部执行元件的作用,还具有功率放大的作用。PLC 种类很多,每种 PLC 可使用多种型号的输入/输出模块,但各种输入/输出模块的基本原理是相似的。在此,我们仅介绍几种常用的输入/输出模块,说明其工作原理。

常用的开关量输入模块有直流输入模块和交流输入模块。直流开关量输入模块原理图如图 6-4 所示,由 PLC 内部结构可知,直流输入模块的外接直流电源极性任意。交流输入模块内部原理图与直流输入的不同,但用法上是相似的。

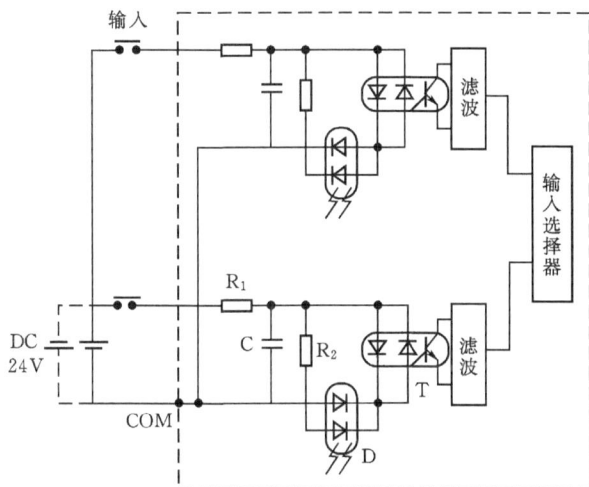

图 6-4　直流开关量输入模块原理图

常用的开关量输出模块可分为晶体管输出模块、晶闸管输出模块和继电器输出模块。图6-5 为直流开关量输出模块原理图,图中虚线框中的电路是 PLC 的内部电路,框外是 PLC 输出点的驱动负载电路。三种输出电路的主要区别是采用的输出器件不同,晶体管输出电路中控制器件为晶体管,晶闸管输出电路中控制器件为晶闸管,而继电器输出电路中控制器件为继电器。

PLC 的输入输出电路有共点式、分组式、隔离式几种。回路只有一个公共点(即图中的COM)的输入模块,称为共点式;各回路分成若干组,每组共用一个公共点,称为分组式;各个回路相互独立的模块,称为隔离式。有的模块不需要外接电源,称为无源式,无源式模块的电源采用的是 PLC 内部电源。

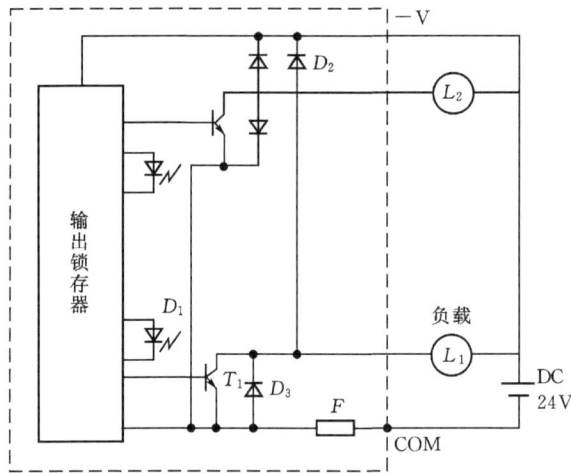

图 6-5　直流开关量输出模块原理图

6.3.4　电源

PLC 内部配有开关式稳压电源,电源的交流输入端一般接有尖峰脉冲吸收电路,以提高抗干扰能力。此电源一方面可为 CPU 板、I/O 板及扩展单元提供工作电源,另一方面可为外部输入元件提供 24V 直流电源。

6.3.5　扩展接口

扩展接口用于将扩展单元与基本单元相连,使 PLC 的配置更加灵活。

6.3.6　通信模块

PLC 配置多种通信接口,通过这些接口可以实现与监视器、打印机以及其他 PLC 或计算机的连接。上位机通讯模块用于构成计算机与 PLC 之间的网络,一台计算机可与多台 PLC 构成网络,组成分布式控制系统。PLC 通讯模块用于在多台 PLC 间构成 PLC 网络。

6.3.7　其他智能模块

除开关量输入/输出外,PLC 的其他输入/输出功能由功能模块来实现。一个功能模块占用多个输入/输出通道,因此在组合式 PLC 中对功能模块的使用数量存在限制,而对开关量输入/输出模块的数量不加限制。一般除编程器以外的外部设备需经功能模块才能与主机总线连接。因此,对应于各种外设以及 PLC 要完成的特殊输入/输出功能,有各种功能模块。较常用的功能模块有:

(1)模拟量输入模块(即 A/D 模块)　该模块用于将模拟量转换为数字量,将数字量输入到 PLC 内部。

(2)模拟量输出模块(即 D/A 模块)　该模块用于将 PLC 内部的数字量转换为模拟量,将模拟量输出到 PLC 外部。

(3)高速计数模块　该模块用于处理高频开关量信号,可接旋转编码器等,广泛应用于速度控制系统。

6.4　PLC 的软件及编程语言

PLC 的软件含系统软件和用户程序。系统软件由 PLC 制造商固化在 PLC 内,用于控制 PLC 本身的运作;用户程序由 PLC 的使用者编制并输入,用于控制外部对象的运行。

6.4.1　系统软件

系统软件包含系统的管理程序,用户指令的解释程序,和一些供系统调用的专用标准程序块等。整个系统软件是一个整体,其质量的好坏在很大程度上影响 PLC 的性能。很多情况下,通过改进系统软件就可以在不增加任何设备的情况下大大改善 PLC 的性能,例如,西门子公司不断地将其系统软件进行改进完善,使其功能越来越强。

1. 系统管理程序

系统管理程序是系统软件中的最重要部分,主管控制 PLC 的运作,使整个 PLC 按部就班地工作。其作用包括运行管理,存储空间管理和系统自检三方面。

2. 用户指令解释程序

用户指令解释程序将 PLC 的编程语言变为机器语言指令,再由 CPU 执行这些指令。因为任何计算机最终都是执行机器语言指令的,但用机器语言编程却是非常复杂的事情,PLC 有自己直观易懂的编程语言,例如梯形图语言。解释程序将 PLC 的编程语言逐条解释,翻译成相应的机器语言指令,再由 CPU 执行这些指令。

3. 标准程序模块

标准程序模块由许多独立的程序块组成,各程序块具有不同的功能,如完成输入、输出及特殊运算等的子程序,这部分程序的多少决定了 PLC 功能的强弱。

6.4.2　用户程序

用户程序也叫应用程序,是用户为达到某种控制目的,采用 PLC 厂家提供的编程语言自主编制的程序。

参与 PLC 应用程序编制的是 PLC 中代表编程器件的存储单元,俗称"软继电器",或称编程"软元件"。PLC 中设有大量的编程"软元件",依据编程功能分别为输入继电器、输出继电器、定时器、计数器等。由于"软继电器"实质为存储单元,取用它们的常开及常闭触点实质上为存取单元的状态。

同一台 PLC 用于不同控制目的时,需要编制不同的应用软件。用户软件存入 PLC 后如需改变控制目的可多次改写。用户程序的编制需使用 PLC 生产厂家提供的编程语言。至今为止还没有一种能适合于各种 PLC 的通用编程语言。但由于各国 PLC 的发展过程有类似之处,PLC 的编程语言及编程工具都大体差不多。常见的编程语言有如下几种:

1. 梯形图编程(LAD)

梯形图在形式上类似于继电器控制电路图,简单、直观、易读、好懂,是 PLC 中普遍采用、应用最多的一种编程方式。梯形图中沿用了继电器线路的一些图形符号,这些图形符号被称为编程元件,每一个编程元件对应地有一个编号。不同厂家的 PLC,其编程元件的多少及编号方法不尽相同,但基本的元件及功能相差不大。PLC 的许多图形符号与继电器控制系统电路图有对应关系,如表 6-1 所示。这两种图相似的原因非常简单,一是梯形图是为熟悉继电器线路图的工程技术人员设计的,所以使用了类似的符号;二是两种图所表达的逻辑含义是一样的。因而,将 PLC 中参与逻辑组合的元件看成和继电器一样的器件,具有常开、常闭触点及线圈;且线圈的得电及失电将导致触点的相应动作。再用母线代替电源线;用能量流概念来代替继电器线路中的电流概念,使用绘制继电器线路图类似的思路绘出梯形图。引入"能流"的概念,仅仅是为了和继电接触器控制系统相比较,来对梯形图有一个深入的认识,其实"能流"在梯形图中是不存在的。例如某一继电器控制电路如图 6-6 所示。如果用 PLC 完成其控制动作,则梯形图程序如图 6-7 所示。

表 6-1　符号对照表

符号名称	继电顺电路图符号	梯形图符号
常开触点		
常闭触点		
线图		

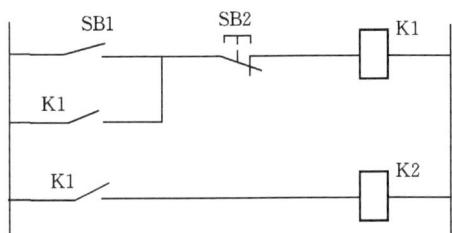

图 6-6　继电器控制电路

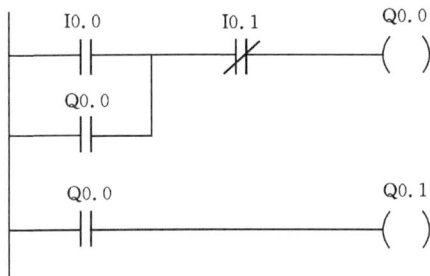

图 6-7　梯形图

梯形图有如下特点:

①梯形图按自上而下、从左到右的顺序编写。每一个继电器线圈为一个逻辑行,称为一个梯形。每一个逻辑行起始于左母线,然后是触点的各种联接,最后是线圈与右母线相连,整个图形呈阶梯形。有的 PLC 梯形图没有右母线。

②梯形图中的继电器不是继电器控制线路中的物理继电器,它实质上是机内存储器中的存储单元,因此称为"软继电器"。它的存储单元置 1,表示该继电器线圈通电,其动合触点闭合、动断触点打开。

梯形图中继电器的线圈是广义的,除输出继电器、内部继电器线圈外还包括定时器、计数器、移位寄存器以及各种比较运算的结果。

③梯形图中,一般情况下(除有跳转指令和步进指令的程序段外),某个编号的继电器线圈只能出现一次,而继电器触点则可无限引用,既可是动合触点又可是动断触点。

④梯形图是 PLC 形象化的编程方式,其左右两侧母线并不接任何电源,因而图中各支路也没有真实的电流流过。但为了方便,常用"有电流"或"得电"等来形象地描述用户程序满足

输出线圈的动作条件。

⑤输入继电器用于接收 PLC 的外部输入信号,而不能由内部其他继电器的触点驱动。因此,梯形图中只出现输入继电器的触点而不出现输入继电器的线圈。输入继电器的触点表示相应的外部输入信号的状态。

⑥输出继电器供 PLC 作输出控制,但它只是输出状态寄存表的相应位,不能直接驱动现场执行部件,而是通过开关量输出模块相应的功率开关去驱动现场执行部件。当梯形图中的输出继电器得电接通时,相应模块上的功率开关闭合。

⑦PLC 的内部继电器不能作输出控制用,它们只是一些逻辑运算用中间存储单元的状态,其触点可供 PLC 内部使用。

⑧PLC 在解算用户逻辑时就是按照梯形图从上到下、从左到右的先后顺序逐行进行处理,即按扫描方式顺序执行程序,因此不存在几条并列支路的同时动作,这在设计梯形图时可以减少许多有约束关系的联锁电路,从而使电路设计大大简化。

2. 指令表编程(STL)

指令表也叫做语句表,是程序的另一种表示方法。它和计算机汇编语言有点类似,由语句指令依一定的顺序排列而成。一条指令一般可分为两部分,一为助记符,二为操作数。也有只有助记符没有操作数的指令,称为无操作数指令。指令表程序和梯形图程序有严格的对应关系。对指令表编程不熟悉的人可先画出梯形图,再转换为语句表。应说明的是程序编制完毕输入机内运行时,对简易的编程设备,不具有直接读取图形的功能,梯形图程序只有改写成指令表才能送入 PLC 运行。图 6 - 7 梯形图对应的语句表为:

> LD I0.0
>
> O　Q0.0
>
> AN　I0.1
>
> ＝　Q0.0
>
> LD Q0.0
>
> ＝　Q0.1

3. 顺序功能流程图编程(FBD)

顺序功能图常用来编制顺序控制类程序。它包含步、动作、转换三个要素。顺序功能编程法可将一个复杂的控制过程分解成一些小的工作状态,对这些小的工作状态的功能分别处理后再依一定的顺序控制要求连接组合成整体的控制程序。顺序功能图体现了一种编程思想,在程序的编制中有很重要的意义。图 6 - 8 是顺序功能图的示意图。

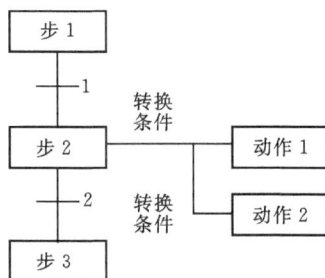

图 6 - 8　顺序功能图

6.4.3 编程工具

1. 编程器

编程器是用来输入和编辑程序的专门装置,也可用来监视 PLC 运行时各编程元件的工作状态。一般由键盘、显示器、工作方式开关以及与 PLC 的通信接口等几部分组成。一般情况下只在程序输入、调试阶段和检修时使用,所以一台编程器可供多台 PLC 使用。编程器可分为简易型和智能型两种。简易型编程器是袖珍型的,显示功能差,只能用指令表方式输入程序;智能型编程器实际是装有全部所需软件的工业现场用便携式计算机,可以用图形方式输入程序,管理功能强大,但是价格高。图 6-9 所示为松下电工 PLC 的一种手持编程器。

2. 编程软件包

编程软件包是在个人计算机上运行的一个工具软件包,它可以实现编程器的全部功能,既可离线编程又可在线编程,可直接使用梯形图进行编程和监控,使用灵活方便。通常情况下,计算机和

图 6-9　FP 编程器 Ⅱ

PLC 通过通信电缆联接,具体编程时要先在计算机上安装该软件包,打开这一软件,就可录入用户程序。图 6-10 所示为西门子 PLC 与计算机的通信。

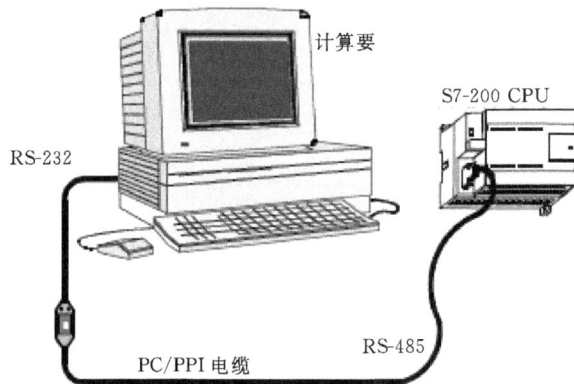

图 6-10　S7-200 与计算机通信

6.5　PLC 的工作原理

6.5.1　PLC 的工作方式

继电器控制系统是一种"硬件逻辑系统",如图 6-11(a)所示,它的三条支路是并行工作的。当按下按钮 SB1,中间继电器 K 得电,K 的触点闭合,接触器 KM1、KM2 同时得电并产生动作。所以继电器控制系统采用的是并行工作方式。

PLC 是一种工业控制计算机,所以它的工作原理建立在计算机工作原理基础之上,即通过执行反映控制要求的用户程序来实现的。如图 6-11(b)所示,图中方框表示 PLC,方框中的梯形图代表装在 PLC 中的用户程序,和图 6-11(a)的功能是一样的。CPU 是以分时操作方式来处理各项任务的,计算机在每一瞬间只能做一件事,所以程序的执行是按程序顺序依次完成相应各电器的动作,所以它属于串行工作方式。由于运算速度高,因此各电器动作在时间上的先后执行,几乎是看不出来的。

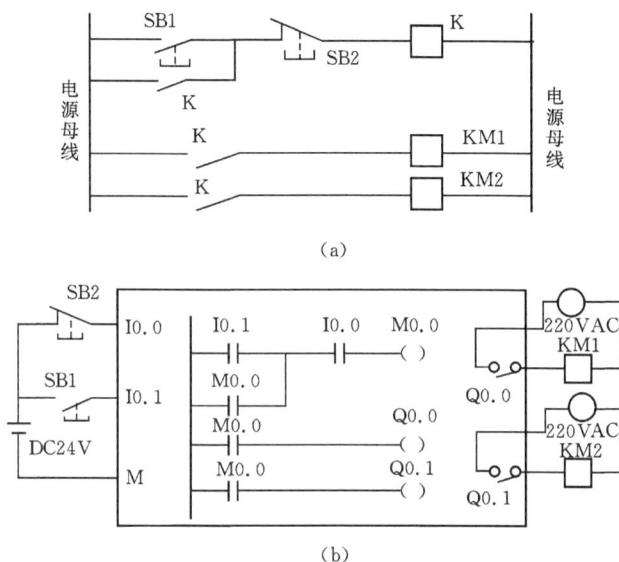

图 6-11　PLC 控制系统与继电器控制系统的比较
(a)继电器控制系统简图;(b)用 PLC 实现控制功能的接线示意图

概括而言,PLC 是按集中输入、集中输出,周期性循环扫描的方式进行工作的。每一次扫描所用的时间称为扫描周期或工作周期。CPU 从第一条指令执行开始,按顺序逐条地执行用户程序直到用户程序结束,然后返回第一条指令开始新的一轮扫描。PLC 就是这样周而复始地重复上述循环扫描的,其整个过程可分为三部分。

第一部分是上电处理。机器上电后对 PLC 系统进行一次初始化,包括硬件初始化、I/O 模块配置检查、停电保持范围设定及其他初始化处理等。

第二部分是扫描过程。PLC 上电处理完成以后进入扫描工作过程。先完成输入处理,其次完成与其他外设的通信处理,再次进行时钟、特殊寄存器更新。当 CPU 处于 STOP 方式时,转入执行自诊断检查。当 CPU 处于 RUN 方式时,还要完成用户程序的执行和输出处理,再转入执行自诊断检查。

第三部分是出错处理。PLC 每扫描一次,执行一次自诊断检查,确定 PLC 自身的动作是否正常,如电池电压、程序存储器、I/O、通信等是否正常。如检查出异常时,CPU 面板上的 LED 及异常继电器会接通,在特殊寄存器中会存入出错代码。当出现致命错误时,CPU 被强制为 STOP 方式,所有的扫描停止。

PLC 运行正常时,扫描周期的长短与 CPU 的运算速度、I/O 点的情况、用户应用程序的长短及编程情况等有关。通常用 PLC 执行 1K 指令所需时间来说明其扫描速度(一般 1~10 ms/K)。值得注意的是,不同指令其执行时间是不同的,从零点几微秒到上百微秒不等。若用于高速系统要缩短扫描周期时,可从软硬件两方面同时考虑。

6.5.2 PLC 的工作过程

PLC 的程序执行过程一般可分为:输入采样、程序执行和输出刷新三个主要阶段,如图 6-12 所示。

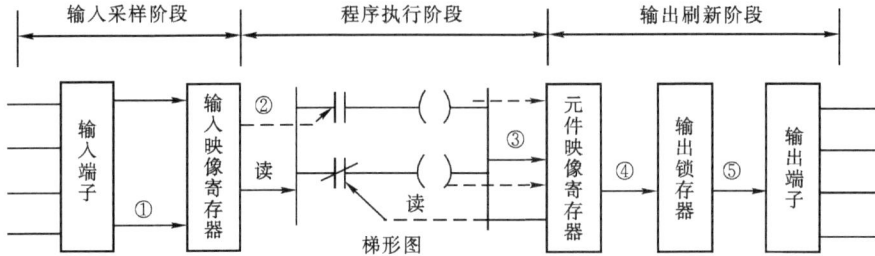

图 6-12 PLC 的程序执行过程图

1. 输入采样阶段

PLC 在输入采样阶段,首先扫描所有输入端子,并将各输入状态存入相对应的输入映像寄存器中。此时,输入映像寄存器被刷新。接着,进入程序执行阶段,在此阶段和输出刷新阶段,输入映像寄存器与外界隔离,无论输入信号如何变化,其内容保持不变,直到下一个扫描周期的输入采样阶段,才重新写入输入端的新内容。所以一般来说,输入信号的宽度要大于一个扫描周期,否则很可能造成信号的丢失。

2. 程序执行阶段

根据 PLC 梯形图程序扫描原则,一般来说,PLC 按从左到右、从上到下的步骤顺序执行程序。当指令涉及输入、输出状态时,PLC 就从输入和输出映像寄存器中读取状态。然后,进行相应的运算,运算结果再存入元件映像寄存器中。即对于每个元件来说,元件映像寄存器的内容会随着程序执行过程而变化。

3. 输出刷新阶段

这个阶段是在执行完用户所有程序后,PLC 将输出映像寄存器中的内容送到输出锁存器中,再通过一定的方式去驱动用户设备的过程。

以上三个阶段是 PLC 的程序执行的过程。对于中、低档 PLC 扫描周期一般为20~40ms。

6.6 PLC 的主要性能指标

PLC 的性能指标较多,现介绍常用的几种。

6.6.1 存储容量

存储容量指的是用户程序存储器的容量,它决定了用户程序的长短,通常以字为单位,用 K 表示。1K 字＝1024 字,中小型 PLC 的存储容量一般在 8K 以下,大型的在 256K~2M。

6.6.2 输入/输出点数

I/O 点数是 PLC 控制面板上连接输入输出信号用的端子的个数,称为"点数"。I/O 点数越多,可接入的输入和输出器件就越多,控制规模就越大。因此,I/O 点数是衡量 PLC 性能的重要指标之一。

6.6.3　扫描速度

扫描速度是指 PLC 执行程序的速度,是衡量 PLC 性能的重要指标。一般以执行 1K 字所用的时间来衡量扫描速度。扫描速度比较慢的是 2.2ms/K 逻辑运算程序,60ms/K 数字运算程序;较快的是 1ms/K 逻辑运算程序,10ms/K 数字运算程序。

6.6.4　编程指令的种类和数量

这是衡量 PLC 能力强弱的主要指标,编程指令种类及条数越多,其功能就越强,即处理能力、控制能力就越强。

6.6.5　编程语言及编程手段

编程语言一般分为梯形图、助记符语句表、控制系统流程图等几类,编程语言类型有所不同,语句也各异。编程手段主要是指用何种编程装置,编程装置分为手持编程器和带有相应编程软件的计算机两种。

6.6.6　高级模块

高级模块也叫智能模块,PLC 除了主模块外还可以配接各种高级模块。主模块实现基本控制功能,高级模块则可实现特殊功能。高级模块的种类及其功能的强弱常用来衡量该 PLC产品的水平如何。目前各厂家开发的高级模块种类很多,主要有以下这些:A/D、D/A、高速计数、高速脉冲输出、PID 控制、模糊控制、位置控制、网络通信以及物理量转换模块等。这些高级模块使 PLC 不但能进行开关量顺序控制,而且能进行模拟量控制,以及精确的速度和定位控制。特别是网络通信模块的迅速发展,使得 PLC 可以充分使用计算机和互联网的资源实现远程监控。近年来出现的网络机床、虚拟制造等就是建立在网络通信技术基础上的。

另外,PLC 的可扩展性、可靠性,易操作性及经济性等性能指标也受用户的关注。

习　题

1. PLC 有什么特点?
2. PLC 与继电接触器式控制系统相比有哪些异同?
3. PLC 可以用在哪些领域?
4. PLC 有哪几种类型?
5. 构成 PLC 的主要部件有哪些? 各部分主要作用是什么?
6. PLC 是按什么样的工作方式进行工作的? 它的中心工作过程分哪几个阶段? 在每个阶段主要完成些什么控制任务?
7. PLC 常用的编程语言有哪些,各有什么特点?
8. PLC 有哪几项主要性能指标?

第7章 S7-200 系列 PLC 程序编制

德国西门子(SIEMENS)公司是欧洲最大的电子与电气设备制造商,生产的 SIMATIC 可编程控制器在欧洲具有领先水平,在许多自动化控制领域得到了广泛应用。其第一代 PLC 产品 SIMATIC S3 系列 PLC 于 1975 年投放市场。此后,SIMATIC 产品迅速发展,SIMATIC S7 系列是西门子公司 1996 年推出的新型 PLC 产品,它包括小型 S7-200、中型 S7-300、大型 S7-400 3 个子系列。其中结构紧凑、价格低廉的 S7-200 适用于小型自动化控制系统;紧凑型、模块化、功能齐全的 S7-300、S7-400 适用于有特别要求的中、大型自动化控制系统。S7 系列 PLC 采用 STEP7 编程语言,S7-200 系列 PLC 配有 WINDOWS 版的 STEP7-Micro/WIN32 编程软件包,使用起来非常方便快捷。此外,西门子公司 1996 年还推出了超小型 PLC 产品 LOGO 系列,可用于小型控制系统,非常简单经济。本书着重介绍 S7-200 系列 PLC 的各项技术指标和应用知识。

7.1 S7-200 系列 PLC 的组成及性能

7.1.1 硬件系统的基本构成

S7-200 系列 PLC 分为主模块和扩展模块。

1. 主模块

主模块又称作基本单元或 CPU 模块,图 7-1 所示是 S7-200 系列 PLC 的外观示意图。它有 CPU221、CPU222、CPU224、CPU226、CPU226XM 等 5 种型号,外观布置大体相同。包括中央处理单元(CPU)、电源以及开关量 I/O 等,集成在一个紧凑、独立的设备中。

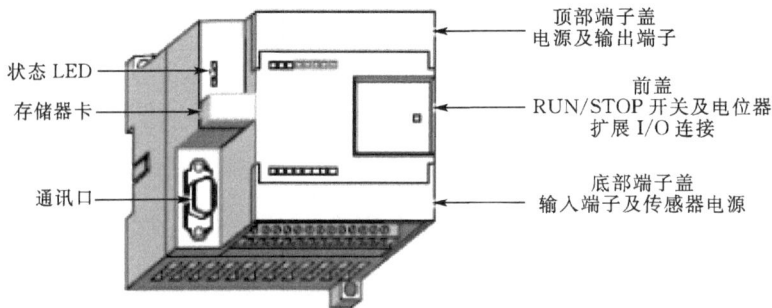

图 7-1 S7-200 系列 PLC 外观示意图

由图可见,接线端子位于机身的上下两侧,这是连接输入、输出器件及电源用的端子。为了方便接线,CPU224、CPU226 和 CPU226XM 机型采用可插拔整体端子。用于通讯的 RS-485 接口在机身的左下部,图中前盖下有用于连接扩展单元的扩展接口。

前盖下还设有模式选择开关,具有 RUN(运行模式)、STOP(停止模式)及 TERM(暂态模式)三种状态,并由 CPU 前面板上 LED 显示当前的工作模式。CPU 在 RUN 状态下执行完整的程序;在 STOP 状态下 CPU 不执行程序,此时可与装载 STEP 7 - WIN 编程软件的计算机通讯,以下载及上载应用程序;TERM 状态是一种暂态,可以用程序将 TERM 转换为 RUN 或 STOP 状态,在调试程序时很有用处。TERM 状态还和机器的特殊标志位 SM0.7 有关,可用于自由口通讯时的控制。可以用硬件或软件的方式选择工作模式。硬件方式是通过手动改变 PLC 主模块上的方式开关切换工作模式,当方式开关设为 TERM 或 STOP 时,若电源掉电再恢复时,CPU 会自动进入 STOP 方式。若掉电前设为 RUN 方式时,则电源恢复时自动进入 RUN 方式。软件方式是使用 STEP7 - Micro/WIN32 编程软件中工具栏中的功能键改变工作方式,但是此时的方式开关必须置于 TERM 或 RUN 位置。

图 7 - 2 所示为一个基本的 S7 - 200 PLC 与计算机通过 PPI 编程电缆连接的示意图,它包括一个 S7 - 200 主模块(可带有扩展模块)、一台装有编程软件包(Micro/WIN32 软件)的计算机,以及一条通信电缆。整个系统的运行由 STEP7 - Micro/WIN32 编程软件支持。图中 PC/PPI 通信电缆提供从 RS - 232 口到 RS - 485 口的转换,当编制好的程序下载到 PLC 中并且调试无误后,可将计算机与编程电缆分开。通过设置 PC/PPI 电缆上的 DIP 开关,可以选择计算机所支持的波特率,如果电缆支持这些选项,也要选择 11 位(常规的 PPI 通讯协议)和 DCE (数据通信设备),设置方法参考图 7 - 2。

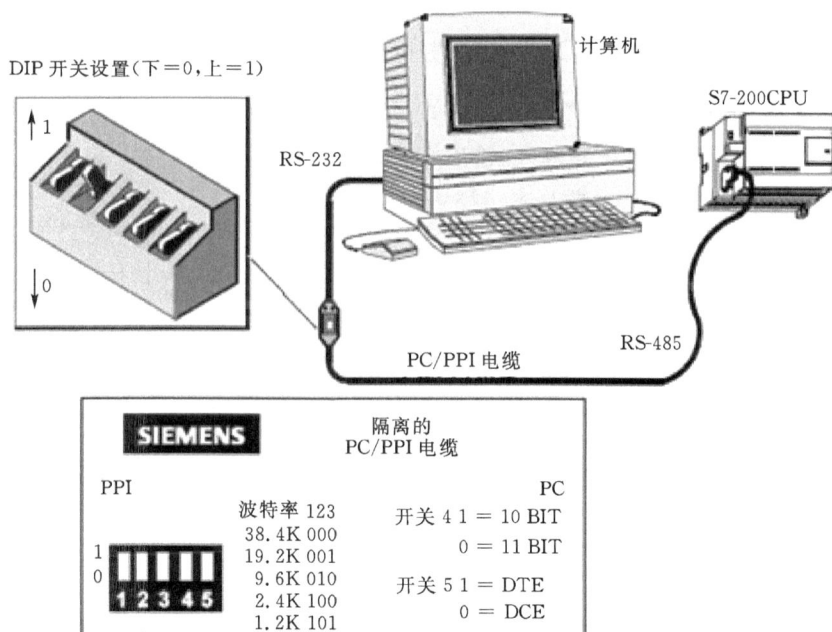

图 7 - 2   计算机与 PLC 的连接

2. 扩展模块

主模块具有一定数量的本机 I/O 点,当本机 I/O 点不够时,可用专用的扩展模块扩展 I/O 点。扩展模块通过一个总线连接器同本机单元连接在一起,带有扩展模块的 S7 - 200 如图 7 - 3 所示。

S7 - 200 系列 CPU 提供一定数量的主机数字量 I/O 点,但在主机 I/O 点数不够的情况下,就必须使用扩展模块的 I/O 点。

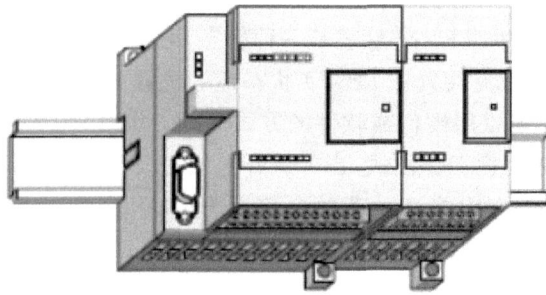

图 7 - 3　带有扩展模块的 S7 - 200

典型的数字量输入/输出扩展模块如下：

①输入扩展模块 EM221 有两种：8 点 DC 输入、8 点 AC 输入。

②输出扩展模块 EM222 有三种：8 点 DC 输出，8 点 AC 输出、8 点继电器输出。

③输入/输出混合扩展模块 EM223 有六种：分别为 4 点(8 点、16 点)DC 输入/4 点(8 点、16 点)DC 输出，4 点(8 点、16 点)DC 输入/4 点(8 点、16 点)继电器输出。

此外还有模拟量扩展模块，高级功能模块等，可参考西门子的使用手册。

7.1.2　S7 - 200 系列 PLC 的主要性能指标

S7 - 200 CPU 模块的主要性能见表 7 - 1，并且为适应不同的应用场合，CPU22X 系列 PLC 可有不同的输入/输出电压和输入、输出方式。

表 7 - 1　22X 系列 CPU 主要性能

特性	CPU221	CPU222	CPU224	CPU226	CPU226XM
外形尺寸(mm)	90×80×62	90×80×62	120.5×80×62	190×80×62	190×80×62
程序存储区	2048 字	2048 字	4096 字	4096 字	8192 字
数据存储区	1024 字	1024 字	2560 字	2560 字	5120 字
掉电保持时间(s)	50	50	190	190	190
本机 I/O	6 入/4 出	8 入/6 出	14 入/10 出	24 入/16 出	24 入/16 出
扩展模块数量	0	2	7	7	7
高速计数器 单向 双向	4 个 30kHz 2 个 20kHz	4 个 30kHz 2 个 20kHz	6 个 30kHz 4 个 20kHz	6 个 30kHz 4 个 20kHz	6 个 30kHz 4 个 20kHz
脉冲输出(DC)	2 个 20kHz	2 个 20kHz	2 个 20kHz	2 个 20kHz	2 个 20kHz
模拟电位器	1	1	2	2	2
实时时钟	配时钟卡	配时钟卡	内置	内置	内置
通讯口	1RS - 485	1RS - 485	1RS - 485	2RS - 485	2RS - 485
浮点运算	有				
I/O 映像区	256(128 入/128 出)				
布尔指令执行速度	0.37μs/指令				

7.1.3　外端子图

外端子为 PLC 输入、输出、外电源的连接点。图 7 - 4 及图 7 - 5 给出了 CPU224 DC/DC/ DC 及 CPU224 AC/DC/Relay 的各类接线点的位置分布图,也称外端子图或 PLC 接线端子图。CPU224 DC/DC/DC 用斜线分割的三部分分别表示 CPU 电源的类型为直流、输入的电源类型为直流及输出器件的类型为晶体管型,其中输出器件类型中,Relay 为继电器,DC 为晶体管。由图中可以看出,PLC 各个接线口都编有号码,且输入、输出口都是分组安排的,有的 PLC 不是分组的。

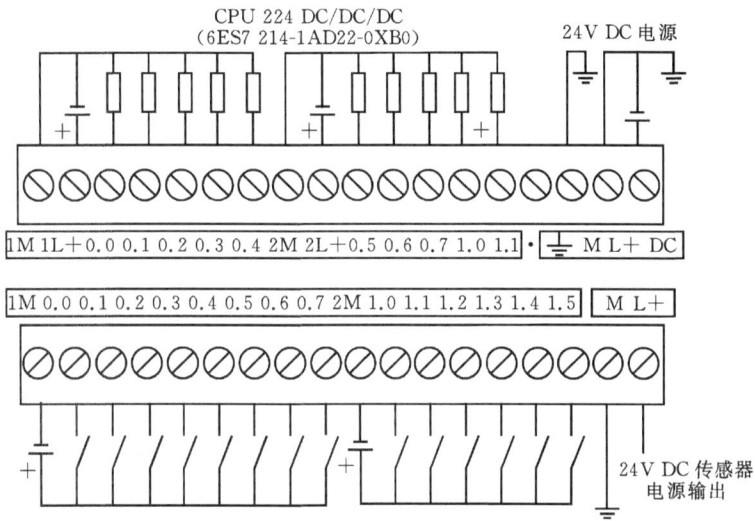

图 7 - 4　CPU224 DC/DC/DC 接线

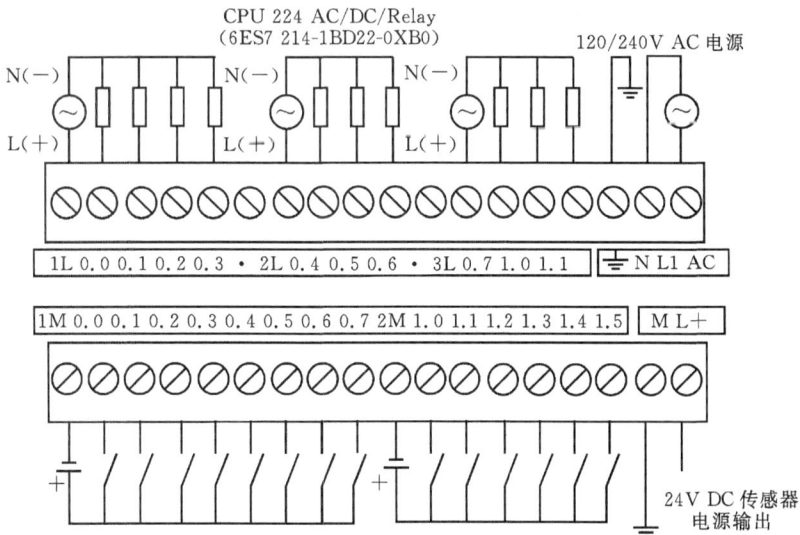

图 7 - 5　CPU224 AC/DC/Relay 接线

7.2　PLC 的内部元件及寻址方式

7.2.1　软元件(软继电器)

用户使用的 PLC 中的每一个输入/输出、内部存储单元、定时器和计数器等都称为软元件。各元件有其不同的功能,有固定的地址。软元件的数量决定了 PLC 的规模和数据处理能力,每一种 PLC 的软元件是有限的。

软元件是 PLC 内部的具有一定功能的器件,这些器件实际上是由电子电路和寄存器及存储器单元等组成。例如,输入继电器由输入电路和输入映像寄存器构成;输出继电器由输出电路和输出映像寄存器构成,定时器和计数器也都由特定功能的寄存器构成。它们都具有继电器特性,但没有机械性的触点。为了把这种元器件与传统电气控制电路中的继电器区别开来,我们把它们称为软元件或软继电器。这些软继电器的最大特点是其触点可以无限次使用。

编程时,用户只需要记住软元件的地址即可。每个软元件都有一个地址与之相对应,软元件的地址编排采用区域号加区域内编号的方式。即 PLC 内部根据软元件的功能不同,分成了许多区域,如输入/输出继电器区、定时器区、计数器区、特殊继电器区等,分别用 I、Q、T、C、SM 等来表示。

7.2.2　软元件类型及功用

在系统软件的安排下,不同的软元件具有不同的功能。以下介绍 S7 - 200 系列 PLC 常用编程软元件的功能及使用方法(软元件名称后括号中的字母为软元件分区的区域号)。

1. 输入继电器(I)

输入继电器与 PLC 的输入端子相连,它用于接收外部的开关信号。当外部的开关信号闭合时,则输入继电器的线圈得电,在程序中其常开触点闭合,常闭触点断开。输入继电器一般采取八进制编号,一个端子占用一个点。例如 I0.0、I0.7。但是输入继电器不能由程序驱动,其触点也不能直接输出带动负载。

2. 输出继电器(Q)

输出继电器与 PLC 的输出端子相连。当程序使得输出继电器线圈得电时,PLC 上的输出端开关闭合、它可以作为控制外部负载的开关信号,同时在程序中其常开触点闭合,常闭触点断开。在每个扫描周期的输入采样、程序执行等阶段,并不把输出结果信号直接送到输出继电器,而只是送到输出映像寄存器,只有在每个扫描周期的末尾才将输出映像寄存器中的结果几乎同时送到输出锁存器,对输出点进行刷新。

3. 通用辅助继电器(M)

通用辅助继电器的作用和继电接触器控制系统中的中间继电器相同,它在 PLC 中没有输入/输出端与之对应,因此它的触点不能直接驱动外部负载,只起中间状态的暂存。这是与输出继电器的主要区别,它主要起逻辑控制作用。

4. 特殊继电器(SM)

有些辅助继电器具有特殊功能或用来存储系统的状态变量、有关的控制参数和信息,我们称其为特殊继电器。特殊继电器为用户提供一些特殊的控制功能及系统信息,用户对操作的一些特殊要求也通过 SM 通知系统。特殊继电器分为只读区及可读/可写区两大部分,只读区特殊标志位,用户只能利用其触点。例如:

SM0.0　RUN 监控,PLC 在 RUN 状态时,SM0.0 总为 1;

SM0.1 初始化脉冲,PLC 由 STOP 转为 RUN 时,SM0.1 ON 一个扫描周期;

SM0.2 当 RAM 中保存的数据丢失时,SM0.2 ON 一个扫描周期;

SM0.3　PLC 上电进入 RUN 时,SM0.3 ON 一个扫描周期;

SM0.6 扫描时钟,一个扫描周期为 ON,下一个扫描周期为 OFF,交替循环;

SM0.7 指示 CPU 上 MODE 开关的位置,0 - TERM,1 - RUN,通常用来在 RUN 状态下启动自由口通信方式。

SMB28 和 SMB29　分别存储模拟调节器 0 和 1 的输入值,CPU 每次扫描时更新该值;

可读/可写特殊继电器用于特殊控制功能,例如,用于自由口设置的 SMB30,用于定时中断时间设置的 SMB34/SMB35,用于高速计数器设置的 SMB36～SMB65,用于脉冲串输出控制的 SMB66～SMB85。

5. 定时器(T)

定时器的作用相当于时间继电器,是累计时间增量的内部器件,灵活地使用定时器可以编制出有复杂动作的控制程序。当定时器的输入条件满足时开始计时,当前值从 0 开始按一定的时间单位增加,当定时器的当前值达到预设值时,定时器触点动作,利用定时器的触点就可以得到控制所需的延时时间,使用时要提前输入时间预设值。定时器的计时过程采用时间脉冲计数的方式,其时基增量分为 1ms、10ms、100ms 三种。

6. 计数器(C)

计数器用来累计输入脉冲的个数,经常用来对产品进行计数或进行特定功能的编程。使用时要提前输入它的设定值(计数的个数)。当输入触发条件满足时,计数器开始累计它的输入端脉冲上升沿(正跳变)的次数,当计数器计数达到预定的设定值时,其常开触点闭合,常闭触点断开。

7. 高速计数器(HC)

高速计数器的工作原理与普通计数器基本相同,它用来累计比主机扫描速率更快的高速脉冲,高速计数器使用主机上的专用端子接收这些信号。高速计数器的当前值是一个双字长(32 位)的整数,且为只读值。高速计数器的数量很少,编址时只用名称 HC 和编号,如 HC2。

8. 变量存储器(V)

变量存储器用来存储变量。它可以存放程序执行过程中控制逻辑操作的中间结果,也可以使用变量存储器来保存与工序或任务相关的其他数据。在进行数据处理时,变量存储器会被经常使用。

9. 局部变量存储器(L)

局部变量存储器用来存放局部变量。变量存储器存储的变量是全局有效的,全局有效是指同一个变量可以被任何程序(包括主程序、子程序和中断程序)访问;而局部有效是指变量只和特定的程序相关联。

S7 - 200 PLC 提供 64 个字节的局部存储器,其中 60 个可以作暂时存储器或给子程序传递参数。主程序、子程序和中断程序都有 64 个字节的局部存储器可以使用。不同程序的局部存储器不能互相访问。

10. 累加器(AC)

S7-200 PLC 提供 4 个 32 位累加器,为 AC0～AC3。累加器(AC)是用来暂存数据的寄存器。它可以用来存放数据如运算数据、中间数据和结果数据,也可用来向子程序传递参数,或从子程序返回参数。使用时只表示出累加器的地址编号,如 AC0。累加器可进行读、写两种操作。

11. 顺序控制继电器(S)

有些 PLC 也把顺序控制继电器称为状态器。顺序控制继电器用在顺序控制或步进控制中,它是使用顺控继电器指令的重要元件,通常与顺序控制指令 LSCR、SCRT、SCRE 结合使用,实现顺控流程的方法为 SFC(Sequential Function Chart)编程。

12. 模拟量输入映像寄存器(AI)、模拟量输出映像寄存器(AQ)

模拟量输入电路用以实现模拟量/数字量(A/D)之间的转换,而模拟量输出电路用以实现数字量/模拟量(D/A)之间的转换。CPU 对这两种寄存器的存取方式不同的是,模拟量输入寄存器只能进行读取操作,而对模拟量输出寄存器只能进行写入操作。

7.2.3 数据类型及寻址方式

1. 数据类型

(1)数据类型及范围 S7-200 系列 PLC 的数据类型可以是字符串、布尔型(0 或 1)、整型和实型(浮点数)。实数采用 32 位单精度数来表示,数据类型、长度及范围如表 7-2 所示。

表 7-2 数据类型、长度及范围

基本数据类型	无符号整数表示范围		基本数据类型	有符号整数表示范围	
	十进制	十六进制		十进制	十六进制
字节 B(8 位)	0～255	0～FF	字节 B(8 位)只用于 SHRB 指令	-128～127	80～7F
字 W(16 位)	0～65535	0～FFFF	INT(16 位)	-32768～32767	8000～7FFF
双字 D(32 位)	0～4294967295	0～FFFFFFFF	DINT(32 位)	-2147483648～2147483647	80000000～7FFFFFFF
BOOL	0～1				
字符串	每个字符以字节形式存储,最大长度 255 个字节,第一个字节定义字符串长度				
实数(32 位)	-10^{38}～10^{38} (IEEE32 浮点数)				

编程软元件在存储区中的位置都是固定的,S7-200 采用分区结合字节序号编址。另一方面,PLC 处理的数据可以是二进制数中的一位,也可以是一个字节、两个字节或多个字节的各种数制的数字。这样就有了依数据长度不同引出的寻址方式。

(2)常数 在编程中经常会使用常数。常数数据长度单位可为字节、字和双字。在机器内部的数据都以二进制存储,但常数的书写可以用二进制、十进制、十六进制、ASCII 码或浮点数(实数)等多种形式。几种常数形式分别如表 7-3 所列。表中的 ♯ 为常数的进制格式说明符,如果常数无任何格式说明符,则系统默认为十进制数。

表 7－3　常数的表示法

数制	格式	举例
十进制	［十进制值］	20047
十六进制	16♯［十六进制］	16♯4E4F
二进制	2♯［二进制值］	2♯1010_0101
ASCⅡ码	'［ASCⅡ码文本］'	'This is a book'
实数	ANSI/IEEE754～1985	＋1.123344E－38(正数)－1.33354E－38(负数)

2. 寻址方式

(1)位寻址(bit)　位寻址也叫字节·位寻址,一个字节占有 8 个位。图 7－6 为字节·位寻址的例子,7－6(a)为位地址的表示方法,I3.4 在输入存储区中的位置已标明在图 7－6(b)中,输入存储区是整个存储器的一个区域。在进行字节·位寻址时,一般将该位看作是一个独立的软元件,像一个继电器一样,认为它有线圈及常开、常闭触点,且当该位置 1,即线圈"得电"时,常开触点接通,常闭触点断开。由于取用这类元件的触点只不过是访问该位的"状态",可以认为这些软元件的触点有无数多对。字节·位寻址一般用来表示"开关量"或"逻辑量"。

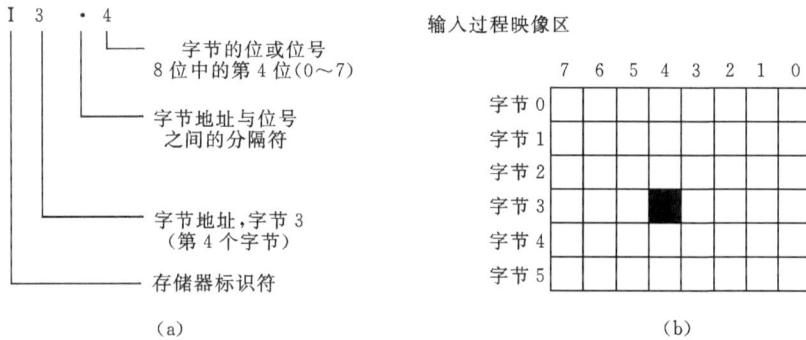

图 7－6　字节·位寻址

(2)字节寻址(8bit)　字节寻址以存储区标识符、字节标识符、字节地址组合而成,如图 7－7中的 VB100。

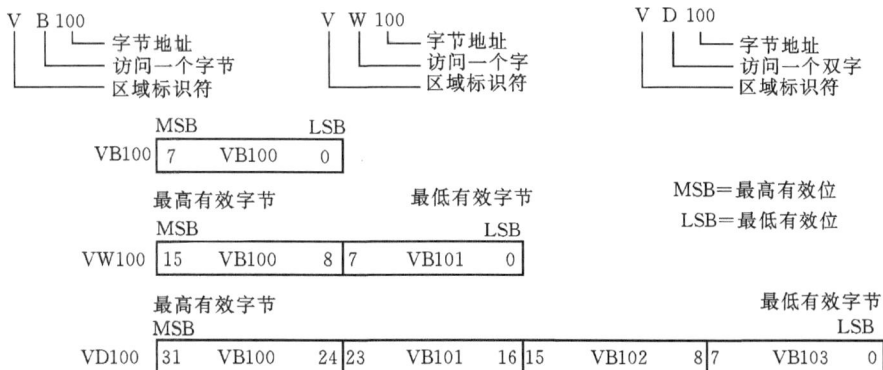

图 7－7　对同一地址进行字节、字和双字寻址的比较

(3)字寻址(16bit)　字寻址以存储区标识符、字标识符及字节地址组合而成,如图 7－7

中的 VW100。

(4)双字寻址(32bit) 双字寻址以存储区标识符、双字标识符、字节地址组合而成,如图 7-7 中的 VD100。

为了使用方便以及使数据与存储单元长度统一,S7-200 系列 PLC 中,一般存储单元都具有字节·位寻址、字节寻址、字寻址及双字寻址四种寻址方式,但在不同的寻址方式选用了同一字节地址作为起始地址时,其所表示的地址空间是不同的。图 7-7 给出了 VB100、VW100、VD100 三种寻址方式所对应的三个存储单元所占的实际存储空间,这里要注意的是,"VB100"是最高有效字节,而且存储单元不可重复使用。

一些存储数据专用的存储单元不支持位寻址方式,主要有模拟量输入/输出存储器,累加器及计时、计数器的当前值存储器等。还有一些存储器的寻址方式与数据长度不方便统一,如累加器不论采用字节、字或双字寻址,都要占用全部 32 位存储单元。与累加器相反,模拟量输入、输出单元为字节标号,但由于模拟量规定为 16 位,模拟量单元寻址时均以偶数标志。

此外,定时器、计数器具有当前值存储器及位存储器两类存储器,但属于同一个器件的存储器采用同一标号寻址。

以 CPU224 为例,操作数存储范围如表 7-4 所示

表 7-4 CPU224 部分操作数存储空间

位存取(字节,位)	字节存取	字存取	双字存取
V0.0～5119.7	VB0～5119	VW0～5118	VD0～5116
I0.0～15.7	IB0～15	IW0～14	ID0～12
Q0.0～15.7	QB0～15	QW0～14	QD0～12
M0.0～31.7	MB0～31	MW0～30	MD0～28
SM0.0～179.7	SMB0～179	SMW0～178	SMD0～176
S0.0～31.7	SB0～31	SW0～30	SD0～28
T0.0～255		T0～255	
C0.0～255		C0～255	
L0.0～63.7	LB0～63	LW0～62	LD0～60

(5)本地 I/O 和扩展 I/O 的寻址 CPU 提供的本地 I/O 具有固定的地址。当需要扩展某类输入/输出口时,可以将扩展模块连接到 CPU 的右侧形成 I/O 链。对于同类型的输入、输出模块而言,模块的地址取决于 I/O 类型和模块在 I/O 链中的位置,也就是说,各模块之间安装顺序没有限制,但是各模块的 I/O 地址编号与安装位置有关。图 7-8 给出了一个本地和扩展 I/O 地址举例,可以从中分析扩展模块编址的情况,如表 7-5 所示。

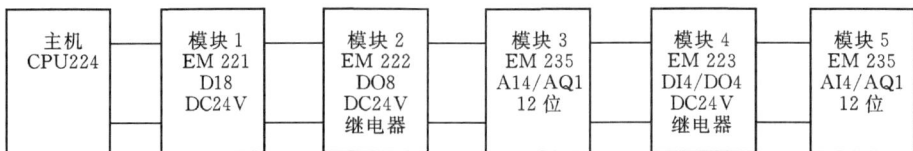

图 7-8 扩展模块连接图

表 7 - 5 各模块 I/O 编址

主机 I/O	模块 1 I/O	模块 2 I/O	模块 3 I/O	模块 4 I/O	模块 5 I/O
I0.0 Q0.0	I2.0	Q2.0	AIW0 AQW0	I3.0 Q3.0	AIW8 AQW2
I0.1 Q0.1	I2.1	Q2.1	AIW2	I3.1 Q3.1	AIW10
I0.2 Q0.2	I2.2	Q2.2	AIW4	I3.2 Q3.2	AIW12
I0.3 Q0.3	I2.3	Q2.3	AIW6	I3.3 Q3.3	AIW14
I0.4 Q0.4	I2.4	Q2.4			
I0.5 Q0.5	I2.5	Q2.5			
I0.6 Q0.6	I2.6	Q2.6			
I0.7 Q0.7	I2.7	Q2.7			
I1.0 Q1.0					
I1.1 Q1.1					
I1.2					
I1.3					
I1.4					
I1.5					

7.3 S7 - 200 系列 PLC 基本指令系统

梯形图指令与语句表指令是 PLC 程序最常用的两种表述工具,它们之间有着密切的对应关系。逻辑控制指令是 PLC 中最基本最常见的指令,是构成梯形图及语句表的基本成分。

基本逻辑控制指令一般指位逻辑指令、定时器指令及计数器指令。位逻辑指令又含触点指令、线圈指令、逻辑堆栈指令、RS 触发器等指令。这些指令处理的对象大多为位逻辑量,主要用于逻辑控制类程序中。

7.3.1 位逻辑指令

1. 触点指令

(1)标准触点指令 常开触点对应的存储器地址位为 1 状态时,该触点闭合。在语句表中,分别用 LD(Load,装载)、A(And,与)和 O(Or,或)指令来表示开始、串联和并联的常开触点(见表 7 - 6)。常闭触点对应的存储器地址为 0 状态时,该触点闭合。在语句表中,分别用 LDN(Load Not)、AN(And Not)和 ON(Or Not)来表示开始、串联和并联的常闭触点(见表 7 - 6)。触点符号中间的"/"表示常闭,触点指令中变量的数据类型为 BooL 型。图 7 - 9 是触点与输出指令的例子。

表 7-6 标准触点指令

LD bit	常开触点与左侧母线相连接
A bit	常开触点与其他程序段串联
O bit	常开触点与其他程序段并联
LDN bit	常闭触点与左侧母线相连接
AN bit	常闭触点与其他程序段串联
ON bit	常闭触点与其他程序段并联

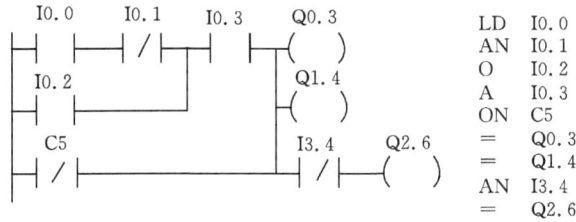

图 7-9 触点与输出指令示例

（2）逻辑堆栈指令 S7-200 有 1 个 9 位的堆栈，栈顶用来存储逻辑运算的结果，下面的 8 位用来存储中间运算结果。堆栈中的数据一般按"先进后出"的原则存取。主要介绍两种指令：

①OLD 指令（栈装载或）。用于串联电路块的并联。两个或两个以上触点的串联连接称为串联电路块，在并联这种串联电路块时要用 OLD 指令。在并联这种电路块时，其起点要用 LD 或 LDN 指令，而终点要用 OLD 指令。OLD 指令是一条独立的指令，它表示电路块的连接，不是一个具体的元件，因而不带器件号。例如图 7-10 所示的梯形图，含有串联的块。

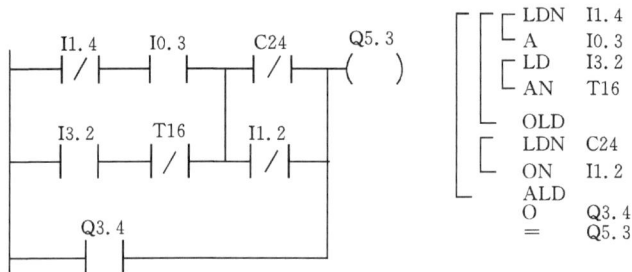

图 7-10 ALD 与 OLD 指令示例

②ALD 指令（栈装载与）。用于并联电路块与前面电路的串联。这个指令和 OLD 指令很相似，具体示例参见图 7-10。

（3）立即触点 立即触点指令只能用于输入 I，执行立即触点指令的，立即读入物理输入点的值。可以不受扫描周期的影响，即时地反映输入状态的变化但是并不更新该物理输入点对应的映像寄存器。触点符号中间的"I"和"/I"表示立即常开和立即常闭。图 7-11 是立即触点与输出指令的例子。

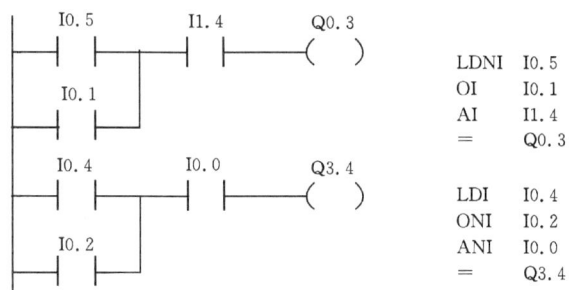

```
LDNI   I0.5
OI     I0.1
AI     I1.4
=      Q0.3

LDI    I0.4
ONI    I0.2
ANI    I0.0
=      Q3.4
```

图 7-11 立即触点与输出指令示例

2. 输出指令

输出指令包括输出与立即输出指令、置位与复位指令和立即置位与复位指令,见表 7-7。

表 7-7 输出类指令

= bit	输出
=I bit	立即输出
S bit,N	置位
SI bit,N	立即置位
R bit,N	复位
RI bit,N	立即复位

(1)输出与立即输出 输出指令(=)与线圈相对应,驱动线圈的触点电路接通时,线圈流过"能流",指定位对应的映像寄存器为 1,反之则为 0。输出类指令应放在梯形图的最右边,变量为 BOOL 型。

立即输出指令(= I)只能用于输出量(Q),执行该指令时,新值立即写入指定的物理输出位和对应的输出映像寄存器。线圈符号旁的"I"用来表示立即输出。

(2)置位与复位 执行 S(Set,置位或置 1)指令时,从指定的位地址开始的 N 个点的映像寄存器都被置位(变为 1),直至复位指令到来才能复位(变为 0)。

执行 R(Reset,复位或置 0)指令时,从指定的位地址开始的 N 个点的映像寄存器都被复位(变为 0)。

置位点(或复位点)范围 N:1~255。通常复位指令与置位指令配合使用,示例的梯形图及对应的时序图如图 7-12 所示。

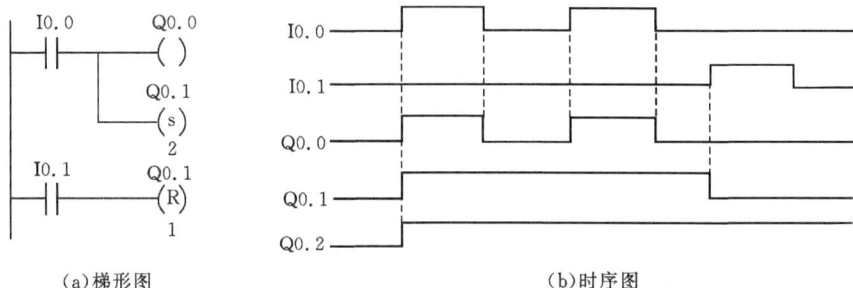

(a)梯形图　　　　　　　　　　　(b)时序图

图 7-12 置位与复位指令示例

103

（3）立即置位与立即复位指令　执行 SI（立即置位）或 RI（立即复位）指令时，从指定位地址开始的 N 个连续的物理输出点将被立即置位或复位，N＝1～128。线圈中的"I"表示立即。该指令只能用于输出量（Q），新值被同时写入对应的物理输出点和输出映像寄存器。

3. 其他指令

（1）取反（NOT）　取反触点将它左边电路的逻辑运算结果取反，运算结果若为 1 则变为 0，为 0 则变为 1，该指令没有操作数（指令示例见图 7-13）。

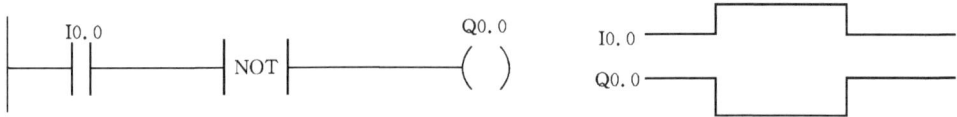

图 7-13　取反指令示例

（2）跳变触点　正跳变触点检测到一次正跳变（触点的输入信号由"0"变为"1"）时，或负跳变触点检测到一次负跳变（触点的输入信号由"1"变为"0"）时，触点接通一个扫描周期。正/负跳变指令的助记符分别为 EU（Edge Up，上升沿）和 ED（Edge Down，下降沿），它们没有操作数，触点符号中间的"P"和"N"分别表示正跳变（Positive Transition）和负跳变（Negative Transition）（见图 7-14）。

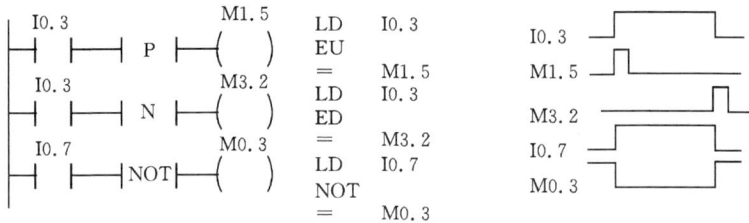

图 7-14　跳变和取反指令示例

（3）RS 触发器指令　RS 触发器指令在编程软件 Micro/WIN32 v3.2 版本中才有。它包括两条指令：

①SR。置位优先触发器是一个置位优先的锁存器。当置位信号和复位信号都为真时，以置位优先，故输出为真。

②RS。复位优先触发器是一个复位优先的锁存器。当置位信号和复位信号都为真时，以复位优先，故输出为假。

表 7-8 给出了 RS 触发器指令的梯形图符号及真值表。图 7-15 给出了 RS 触发器指令示例。

（4）程序结束、停止运行及空操作指令　程序结束指令 END 为条件结束指令，当执行条件成立时结束主程序，返回主程序起点。

无条件结束指令 MEND，在用户程序结束时使用。

停止运行指令 STOP，执行条件成立时，停止执行程序，使 CPU 状态由 RUN 状态转到 STOP 状态。

空操作指令（NOP　N）不影响程序的执行，操作数 N＝0～255。

表 7 – 8　RS 触发器指令及真值表

指令(SR)	S1	R	输出(bit)
置位优先触发器指令	0	0	保持前一状态
	0	1	0
	1	0	1
	1	1	1
指令(RS)	S	R1	输出(bit)
复位优先触发器指令	0	0	保持前一状态
	0	1	0
	1	0	1
	1	1	0

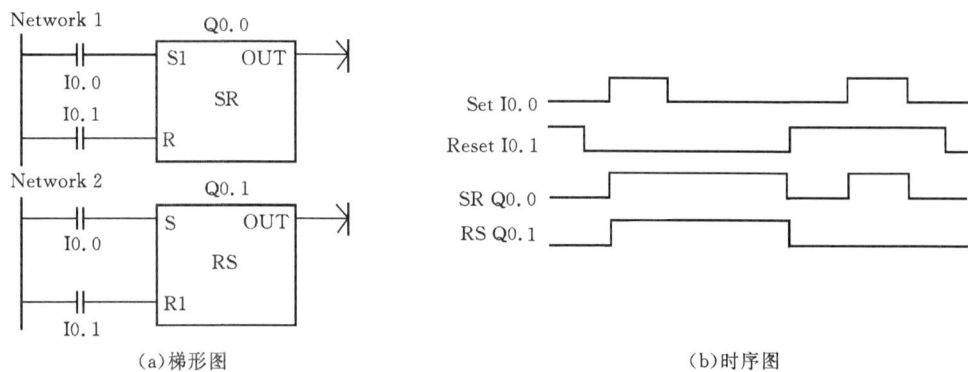

(a)梯形图　　　　　　　　　　(b)时序图

图 7 – 15　RS 触发器指令示例

7.3.2　定时器指令

S7 – 200 系列 PLC 具有接通延时定时器(TON)、有记忆的接通延时定时器(TONR)及断开延时定时器(TOF)三类。相关指令在梯形图中的符号及操作数类型见表 7 – 9。

表 7 – 9　定时器指令

定时器类型	接通延时定时器	有记忆的接通延时定时器	断开延时定时器
指令的表达形式	TON T×× ,PT 	TONR T×× ,PT 	TOF T×× ,PT
操作数的范围及类型	T×× :(WORD)常数 T0~T255 IN:(BOOL)I,Q,V,M,SM,S,T,C,L,能流 PT:(INT) IW,QW,VW,MW,SMW,T,C,LW,AC,AIW,常数		

105

每个定时器均有一个 16bit 当前值寄存器及一个 1bit 的状态位：T - bit（反映其触点状态）。接通延时定时器和有记忆的接通延时定时器在使能输入 IN 接通时计时,当定时器的当前值大于等于 PT 端的预设值时,该定时器位被置位。当使能输入 IN 断开时,接通延时定时器的当前值置 0,而对于有记忆的接通延时定时器,其当前值保持不变。因而可以用有记忆接通定时器累计输入信号（即 IN 端）的接通时间,其当前值的复位则需用复位指令。当达到预设时间后,接通延时定时器和有记忆的接通延时定时器继续计时,一直计到最大值 32767。

断开延时定时器在使能输入 IN 端断开后延时一段时间断开输出。当使能输入 IN 端接通时,定时器位立即接通,并把当前值设为 0。当输入断开时,从输入信号接通到断开的负跳变启动计时,当达到预设时间值 PT 时,定时器位断开,并且停止当前值计时。当输入断开的时间短于预设值时,定时器位保持接通。定时器的分辨率和编号如表 7 - 10 所列。

表 7 - 10　定时器的分辨率和编号

定时器类型	分辨率/ms	最大当前值/s	定时器编号
TONR	1	32.767	T0,T64
	10	327.67	T1～T4,T65～T68
	100	3 276.67	T5～T31,T69～T95
TON,TOF	1	32.767	T32,T96
	10	327.67	T33～T36,T97～T100
	100	3 276.67	T37～T63,T101～T255

图 7 - 16 所示为接通延时定时器指令应用示例。图中定时器 T37 当 I0.0 接通时开始计时,计时达到设定值 1s 时状态 bit 置 1,其常开触点接通,驱动 Q0.0 有输出；其后当前值仍增加,但不影响状态 bit。当 I0.0 断开时,T37 复位,当前值清 0,状态 bit 也清 0,即回复原始状态。若 I0.0 接通时间未到设定值就断开,则 T37 跟随复位,Q0.0 不会有输出。

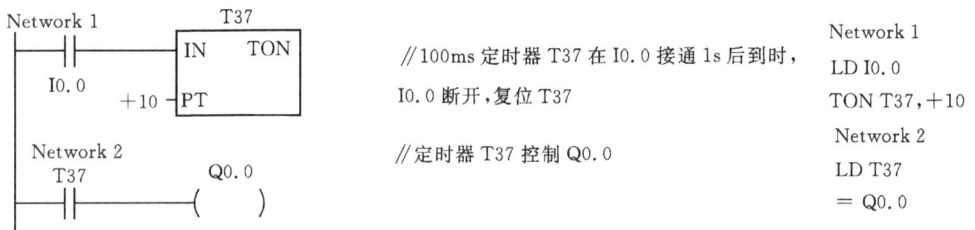

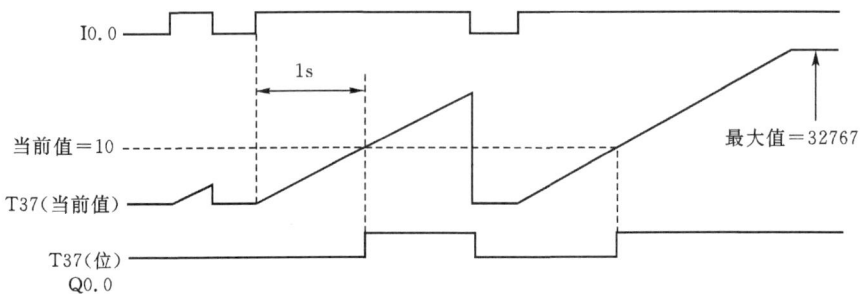

图 7 - 16　接通延时定时器指令程序示例

定时器的计时设定与定时器的分辨率有关。从工作机理上讲,定时器实际上是对时间间隔计数的计数器。时间间隔的长短就形成了计时器的分辨率,有 1ms、10ms、100ms 三种,分辨率一般取决于定时器号,S7 - 200 PLC 定时器号与分辨率的安排见表 7 - 10。

7.3.3　计数器指令

S7 - 200 PLC 有加(增)计数器、减计数器及加/减计数器三类计数器指令。

表 7 - 11　计数器指令

计数器指令类型	加计数器指令	减计数器指令	加减计数器指令
指令的表达形式	CTU C××,PT CU　CTU R PV	CTD C××,PT CD　CTD LD PV	CTD C××,PT CU　CTUD CD R PV
操作数的范围及类型	C××:(WORD)常数 C0~C255 CU、CD、LD、R:(BOOL)I,Q,V,M,SM,S,T,C,L,能流 PT:(INT)IW,QW,VW,MW, 　　SMW,T,C,SW,LW,AC,AIW,*VD,*LD,*AC,常数		

1. 加计数指令(CTU)

如表 7 - 11 所示,C×× 为加计数器编号,CU 为加计数器的输入端,PV 为加计数器的预置数端,R 为加计数器的复位端。对于加计数器,在 CU 输入端,每当一个上升沿(从"0"到"1")到来时,计数器当前值加 1,当计数器当前计数值大于或等于预置计数值(PV)时,该计数器状态位(C)被置位(置 1),计数器仍计数,但不影响计数器的状态位。当复位端(R)置位时,计数器被复位,即当前值清零,状态位也清零。加计数器指令的示例梯形图及对应的时序图如图 7 - 17 所示。

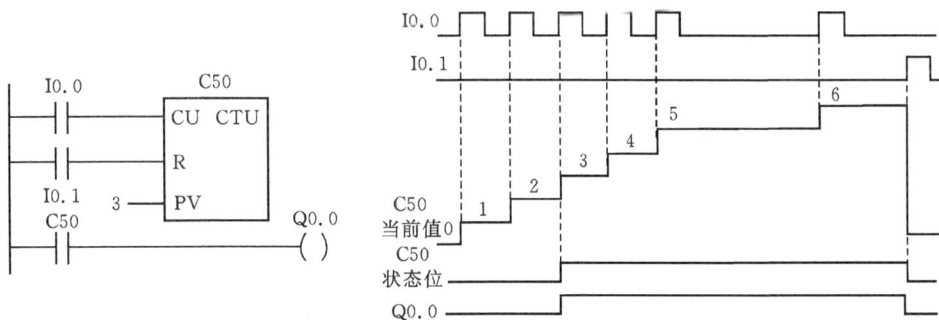

图 7 - 17　加计数器指令示例

2. 减计数指令(CTD)

C×× 为减计数器编号,CD 为减计数器的输入端,PV 为减计数器的预置数端,LD 为减计数器的复位端。对于减计数器,在 CD 输入端,每当一个上升沿到来时,计数器当前值减 1,当计数器当前计数值等于 0 时,该计数器状态位被置位(置 1),计数器停止计数。如果在 CD 端仍有上升沿到来时,计数器仍保持为 0,且不影响计数器的状态位。当复位端(LD)置位时,计数器被复位,即减计数器被装入预设值(PV),状态位被清零。减计数器指令的示例梯形图及对应的时序图如图 7-18 所示。

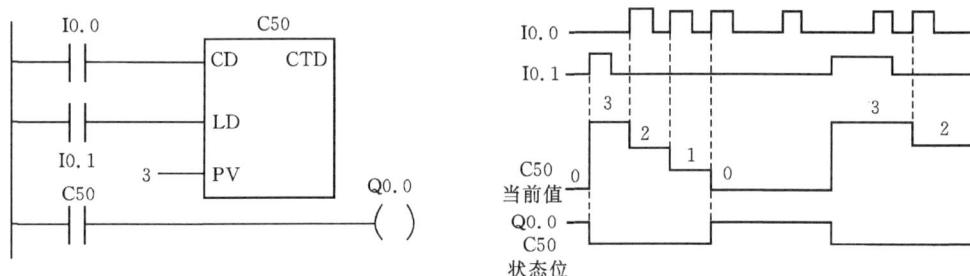

图 7-18　减计数器指令示例

3. 加/减计数器指令(CTUD)

加减计数器(CTUD)兼有加计数器和减计数器的双重功能,CU 输入的每个上升沿到来时,计数器当前值加 1;CD 输入端的每一个上升沿到来时,计数器当前值减 1。当当前值大于或等于预置计数值(PV)时,计数器状态位被置位。当复位端(R)被置位时,计数器复位。加/减计数器指令的示例梯形图及对应的时序图如图 7-19 所示。

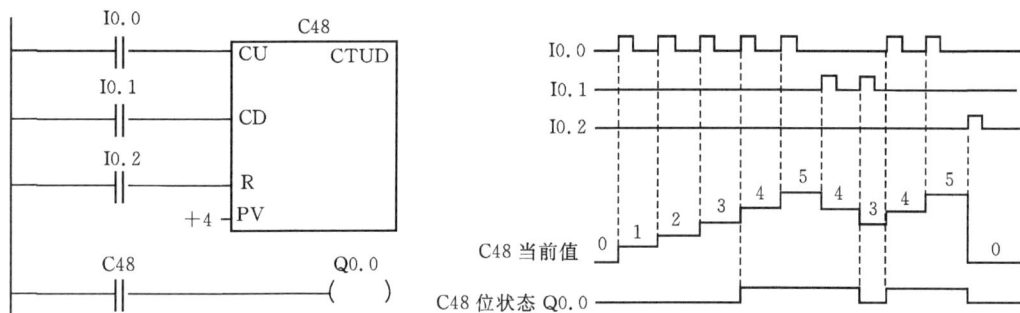

图 7-19　加/减计数器指令示例

7.4　S7-200 系列 PLC 功能指令

随着计算机技术的发展,PLC 除了有丰富的逻辑指令外,还有丰富的功能指令。为了满足工业控制的需要,PLC 生产厂家为 PLC 增添了过程控制、数据处理和特殊功能的指令,这些指令我们称为功能指令。这些功能指令的出现,极大地拓宽了 PLC 的应用范围,增强了 PLC 编程的灵活性。

7.4.1　功能指令的分类及用途

S7-200 系列 PLC 的基本指令基于继电器、定时器、计数器类软元件,主要用于逻辑处理。功能指令实际上就是一个个功能完整的子程序,从而大大提高了 PLC 的实用价值和应用普及率。PLC 功能指令依据其功能大致可分为数据处理类、程序控制类、特种功能类及外部设备类等类型。其中数据处理类含传送比较、算术与逻辑运算、移位、循环移位、数据变换,编解码等指令,用于各种运算的实现。程序控制类含子程序、中断、跳转、循环和步进顺控等指令,用于程序结构及流程的控制。特种功能类含时钟、高速计数、脉冲输出、表功能、PID 处理等指令,用于实现某些专用功能。

和基本指令类似,功能指令具有梯形图及指令表等表达形式。由于功能指令的内涵主要是指令要完成什么功能,而不含表达梯形图符号间相互关系的成分,功能指令的梯形图符号多为功能框。又由于数据处理远比逻辑处理复杂,功能指令涉及的机内器件种类及数据量都比较多。以下作几点说明:

①梯形图中,S7 - 200 PLC 用一个方框表示每一条功能指令,这些方框称为指令盒。我们假想梯形图的母线能提供一种能流,能流在梯形图中流动。每个指令盒都有一个使能输入端 EN 和一个使能输出端 ENO。当 EN 端有能流,即 EN 端有效时,该条功能指令才被执行;如果 EN 端有能流且该功能指令执行无误时,则 ENO 为 1,即 ENO 能把这种能流传递下去,如果指令执行有误,则 ENO 为 0,能流不能继续传递。所有的功能指令只有在 EN 端有效时才被执行。

②为了方便用户更好地了解机内运行的情况,并为控制及故障自诊断提供方便,PLC 中设立了许多特殊标志位,如溢出位、负值位等。具体情况可在指令说明中查阅。

③有些功能指令需要的是使能信号的上升沿,若使能信号不是一个扫描周期的脉冲信号,则可能会产生意想不到的结果。所以在使用功能指令时,必须给功能框设定合适的执行条件,这一点非常重要。

④操作数是功能指令涉及或产生的数据。操作数可分为源操作数、目标操作数及其他操作数。源操作数是指令执行后不改变其内容的操作数,目标操作数是指令执行后将改变其内容的操作数。从梯形图符号来说,功能框左边的操作数通常是源操作数,功能框右边的操作数为目标操作数。有时源操作数及目标操作数也可使用同一存储单元。操作数中还有辅助操作数,常用来对源操作数和目标操作数做出补充说明。

操作数的类型及长度必须和指令相配合。S7 - 200 系列 PLC 的数据存储单元有 I、Q、V、M、SM、S、L、AC 等多种类型,长度表达形式有字节(B)、字(W)、双字(DW)多种,需认真选用。指令各操作数适合的数据类型及长度可在指令表说明部分查阅。此外,常数也可作为操作数,表示常数时,K 表示十进制,H 表示十六进制。在一条指令中,源操作数、目标操作数及其他操作数都可能不止一个,也可能一个都没有。

7.4.2　传送类指令

该类指令用来完成各存储单元之间进行一个或者多个数据的传送。可分为单一传送指令和块传送指令。

1. 单一传送

单一传送包括字节传送、字传送、双字和实数传送。

功能描述:使能输入 EN 有效时,将 IN 中的值传送到 OUT 所指的存储单元。

数据类型:输入输出均为字节(字、双字或实数)。表 7 - 12 给出了以上指令的表达形式及操作数。

表 7 - 12　字节、字、双字、实数传送指令

项目	字节传送	字传送	双字传送	字数传送
指令的表达	MOVB IN,OUT MOV_B EN　ENO IN　OUT	MOVW IN,OUT MOV_W EN　ENO IN　OUT	MOVD IN,OUT MOV_DW EN　ENO IN　OUT	MOVR IN,OUT MOV_R EN　ENO IN　OUT
操作数的含义及范围	IN：IB、QB、VB、MB、SMB、SB、LB、AC、*VD、*AC、*LD,常数 OUT：QB、VB、MB、SMB、SB、LB、AC、*VD、*AC、*LD	IN：IW、QW、VW、MW、SMW、SW、T、C、LW、AIW、AC、*VD、*AC、*LD,常数 OUT：IW、QW、VW、MW、SW、SMW、T、C、LW、AC、AQW、*VD、*AC、*LD	IN：ID、QD、VD、MD、SMD、SD、LD、AC、HC、&VB、&IB、&QB、&MB、&SB、&T、&C、*VD、*AC、*LD,常数 OUT：VD、ID、QD、MD、SMD、SD、LD、AC、*VD、*AC、*LD	IN：VD、ID、QD、MD、SD、SMD、LD、AC、常数、*VD、*AC、*LD OUT：VD、ID、QD、MD、SD、SMD、LD、AC、*VD、*AC、*LD

2. 块传送

该类指令可用来进行一次多个(最多 255 个)数据的传送,它包括字节块传送、字块传送和双字块传送。

功能描述:把从 IN 开始的 N 个字节(字或双字)型数据传送到从 OUT 开始的 N 个字节(字或双字)存储单元。

数据类型:输入输出均为字节(字或双字),N 的范围从 1~255。表 7-13 给出了以上指令的表达形式。

表 7 - 13　块传送指令

项目	字节的块传送	字的块传送	双字的块传送
指令的表达形式	BME IN,OUT,N BLKMOV_B EN　ENO IN　OUT N	BMW IN,OUT,N BLKMOV_W EN　ENO IN　OUT N	BMD IN,OUT,N BLKMOV_D EN　ENO IN　OUT N

3. 字节立即传送

字节立即传送指令就像位指令中的立即指令一样,用于输入和输出的立即处理。字节立即传送指令含字节立即读指令(BIR)和字节立即写(BIW)指令,允许在物理 I/O 和存储器之间立即传送一个字节数据。字节立即读指令(BIR)读物理输入 IN,并存入 OUT,不刷新过程映像寄存器。字节立即写指令(BIW)从存储器 IN 读取数据,写入物理输出 OUT,同时刷新相应的过程映象区。表 7-14 给出了以上指令的表达形式。

表 7 - 14　字节立即传送指令

项目	字节立即读指令	字节立即写指令
指令的表达形式	BIR IN,OUT MOV_BIR EN　ENO IN　OUT	BIW IN,OUT MOV_BIW EN　ENO IN　OUT

7.4.3　比较指令

比较指令是将两个数值或字符串按指定条件进行比较,条件成立时,触点就闭合。所以比较指令实际上也是一种位指令。在实际应用中,比较指令为上、下限控制以及为数值条件判断提供了方便。

比较指令的类型有:字节比较、整数比较、双字整数比较、实数比较和字符串比较。数值比较指令的运算符有:＝、＞＝、＜、＜＝、＞和＜＞等六种,而字符串比较指令只有＝和＜＞两种。

比较指令以触点形式出现在梯形图及指令表中,因而有"LD"、"A"、"O"三种基本形式。

对于梯形图,当比较结果为真时,指令使能点接通;比较指令为上、下限控制及事件的比较判断提供了极大的方便。表 7 - 15 给出了以上指令的表达形式。

表 7 - 15　比较指令的表达形式

形式	方式				
	字节比较	整数比较	双字整数比较	实数比较	字符串比较
LAD (以＝＝为例)	IN1 ─┤ ＝＝B ├─ IN2	IN1 ─┤ ＝＝I ├─ IN2	IN1 ─┤ ＝＝D ├─ IN2	IN1 ─┤ ＝＝R ├─ IN2	IN1 ─┤ ＝＝S ├─ IN2

图 7 - 20 所示为比较指令的用法。从图 7 - 20 中可以看出:计数器 C30 中的当前值大于等于 30 时,Q0.0 为 ON;VD1 中的实数小于 95.8 且 I0.0 为 ON 时,Q0.1 为 ON,VB1 中的值大于 VB2 中的值或 I0.1 为 ON 时,Q0.2 为 ON。

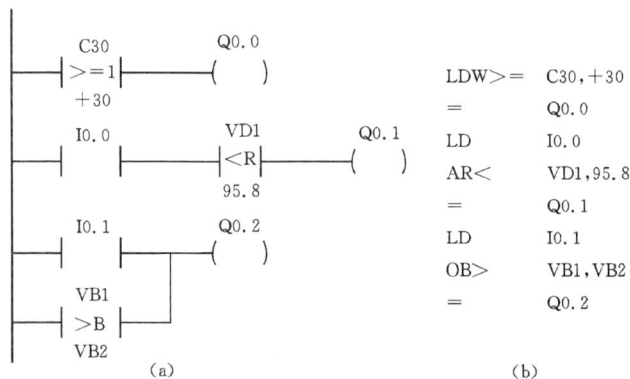

```
   C30        Q0.0          LDW>=    C30,+30
  ─┤ >=1 ├────( )           =        Q0.0
   +30
                            LD       I0.0
   I0.0    VD1    Q0.1       AR<      VD1,95.8
  ─┤ ├────┤ <R ├───( )       =        Q0.1
          95.8
                            LD       I0.1
   I0.1       Q0.2           OB>      VB1,VB2
  ─┤ ├───────( )             =        Q0.2

   VB1
  ─┤ >B ├
   VB2
         (a)                        (b)
```

图 7 - 20　比较指令使用示例
(a)梯形图;(b)语句表

111

7.4.4 移位与交换指令

移位指令含移位、循环移位、移位寄存器及字节交换等指令。移位指令在程序中可方便某些运算的实现,如乘 2 及除 2 等,可用于取出数据中的有效位数字,移位寄存器可用于实现步序控制。

1. 字节、字、双字右移位和左移位指令

字节向右移位指令 SHR_B 与字节向左移位指 SHL_B 将输入(IN)的无符号数字节中的各位向右或向左移动 N 位后,送给输出字节(OUT)。移位指令对移出位补 0,如果移动的位数 N > = 8,最多移位 8 次,所有的循环和移位指令中的 N 均为字节变量。

字移位和双字移位指令的移动最大次数分别为 16 和 32。

如果移位次数大于 0,"溢出"存储器位(SM1.1)保存最后一次被移出的位的值。如果移位操作的结果为 0,零标志位(SM1.0)就置位。图 7-21 为移位指令。

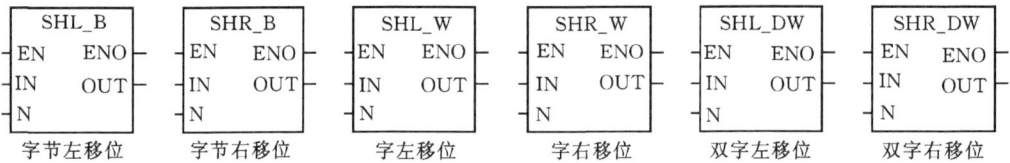

图 7-21 移位指令

2. 字节、字、双字循环移位指令

字节、字、双字循环左移或循环右移指令把输入 IN(字节、字、双字)循环左移或循环右移 N 位,把结果输出到 OUT 中。如果所需移位次数 N 大于或等于最大允许值(对于字节操作为 8、对于字操作为 16、对于双字操作为 32),那么在执行循环移位前,先对 N 执行取模操作,得到一个有效的移位次数。取模结果对于字节操作为 0~7,对于字操作为 0~15,对于双字操作为 0~31。如果移位次数为 0,循环移位指令不执行。如果循环移位指令正常执行后,最后一位的值会复制到溢出标志位(SM1.1)。如果移位的结果是 0,零标志位(SM1.0)被置位。字节操作是无符号的。对于字及双字操作,当使用符号数据时,符号位也被移位。图 7-22 为循环移位指令。

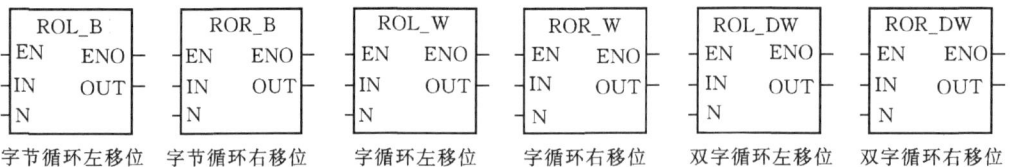

图 7-22 循环移位指令

3. 移位寄存器指令和字节交换指令

移位寄存器指令(SHRB)把输入的 DATA 数值移入移位寄存器,而该移位寄存器是由 S-BIT 和 N 决定的。其中,S-BIT 指定移位寄存器的最低位,N 指定移位寄存器的长度和移位的方向(正向移位=N、反向移位=-N)。SHRB 指令移出的每一位都相继被放在溢出位(SM1.1)。

移位寄存器指令提供一种排列和控制产品流或数据的简单方法。使用该指令时,每个扫描周期整个移位寄存器移动一位。

字节交换指令用来交换输入字 IN 的高字节和低字节。

图 7-23 为移位寄存器指令和字节交换指令的表达形式。

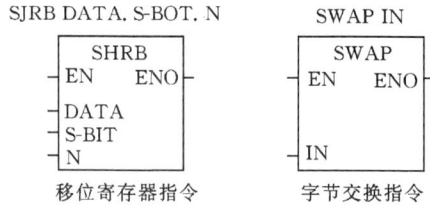

图 7-23　移位寄存器指令和字节交换指令

7.4.5　数字运算类指令

数字运算指令是运算功能的主体指令,含四则运算指令、数学功能指令及递增、递减指令。四则运算含整数、双整数、实数四则运算,一般说来,源操作数与目标操作数具有一致性,但也有整数运算产生双整数的指令。数学功能指令指三角函数、对数及指数、平方根等指令。运算类指令与存储器及标志位的关系密切,使用时需注意。

1. 四则运算指令

(1)整数四则运算指令　整数的四则运算指令使两个 16 位整数运算后产生一个 16 位结果(OUT)。整数除法不保留余数。

在 LAD 中:IN1+IN2=OUT,IN1-IN2=OUT,IN1 * IN2=OUT,IN1/IN2=OUT。

图 7-24 为整数四则运算指令的表达形式。

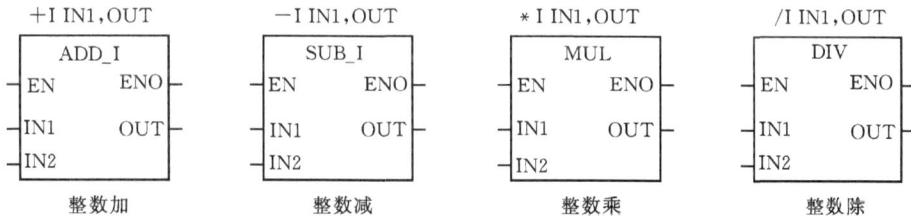

图 7-24　整数四则运算指令

使 ENO=0 的错误条件是:SM1.1 置 1(溢出时)、SM1.3 置 1(被 0 除时)、错误代码=0006(间接寻址)。受影响的 SM 标志位:SM1.0 置 1(结果为 0 时)、SM1.1 置 1(溢出时)、SM1.2 置 1(结果为负值)、SM1.3 置 1(被 0 除时)。

(2)双整数四则运算指令　双整数的四则运算指令使两个 32 位整数运算后产生一个 32 位结果(OUT)。双整数除法不保留余数。

在 LAD 中:IN1+IN2=OUT,IN1-IN2=OUT,IN1 * IN2=OUT,IN1/IN2=OUT。

图 7-25 为双整数四则运算指令的表达形式。

使 ENO=0 的错误条件和受影响的 SM 标志位和整数四则运算指令相同。

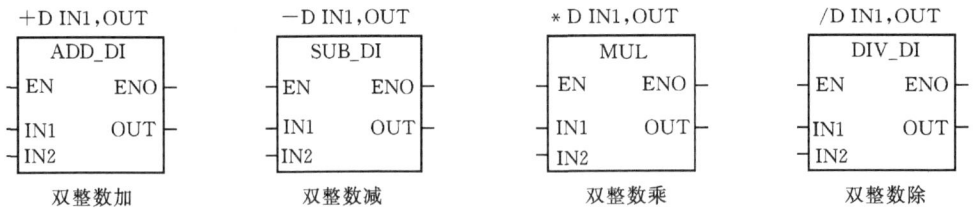

图 7-25 双整数四则运算指令

（3）实数四则运算指令 实数的四则运算指令使两个 32 位实数运算后产生一个 32 位实数结果（OUT）。

在 LAD 中：IN1＋IN2＝OUT，IN1－IN2＝OUT，IN1 * IN2＝OUT，IN1/IN2＝OUT。

图 7-26 为实数四则运算指令的表达形式。

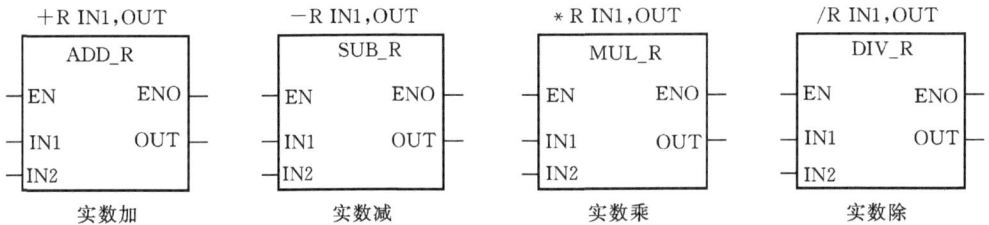

图 7-26 实数四则运算指令

使 ENO＝0 的错误条件和受影响的 SM 标志位和整数四则运算指令相同。

（4）整数乘法产生双整数和带余数的整数除法指令 整数乘法产生双整数指令（MUL），将两个 16 位整数相乘，得到 32 位结果（OUT）。

在 LAD 中，IN1 * IN2＝OUT。

带余数的整数除法指令（DIV），将两个 16 位整数相除，得到 32 位结果。其中 16 位为余数（高 16 位字节），另外 16 位为商（低 16 位字节）。

在 LAD 中，IN1/IN2＝OUT。

图 7-27 为整数乘法产生双整数和带余数的整数除法指令的表达形式。

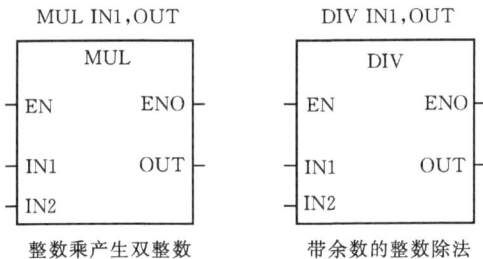

图 7-27 整数乘法产生双整数和带余数的整数除法指令

使 ENO＝0 的错误条件和受影响的 SM 标志位和整数四则运算指令相同。

2. 数学功能指令

正弦（SIN）、余弦（COS）和正切（TAN）指令计算角度值 IN 的三角函数值，并将结果存放在 OUT 中，输入角度为弧度值。自然对数指令（LN）计算输入值 IN 的自然对数，并将结果存放在 OUT 中。自然指数指令(EXP)计算输入值 IN 为指数的自然指数值,并将结果存放在 OUT 中。平方根指令(SQRT)计算实数 IN 的平方根,结果存放在 OUT 中。

在 LAD 中,SIN(IN)＝OUT,COS(IN)＝OUT,TAN(IN)＝OUT, LN(IN)＝OUT, EXP(IN)＝OUT,SQRT(IN)＝OUT。

图 7－28 为数学功能指令的表达形式。

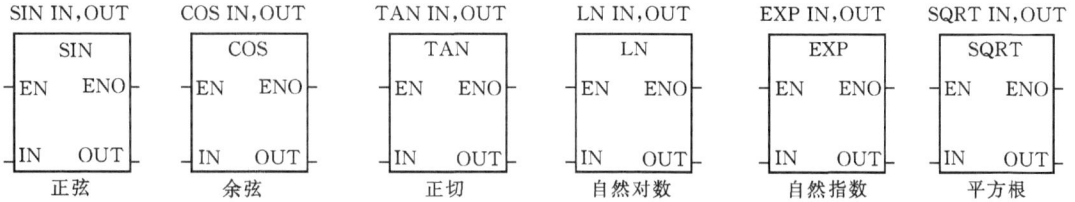

图 7－28　数学功能指令

使 ENO＝0 的错误条件是:SM1.1(溢出)、错误代码＝0006(间接寻址)。受影响的 SM 标志位:SM1.0(结果为 0)、SM1.1(溢出)、SM1.2(结果为负)。

3. 递增和递减指令

字节、字、双字递增或递减指令把输入字节(IN)加 1 或减 1,并把结果存放到输出单元 (OUT)。字节增减指令是无符号的,字增减指令和双字增减是有符号的。

在 LAD 中:IN+1＝OUT,IN－1＝OUT。

图 7－29 为递增和递减指令的表达形式。

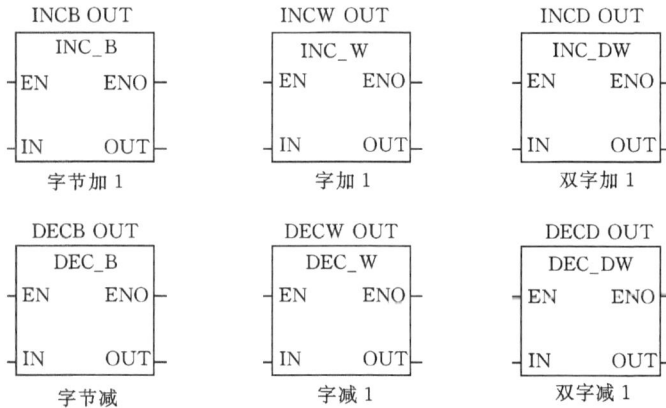

图 7－29　递增和递减指令

使 ENO＝0 的错误条件是:SM1.1(溢出)、错误代码＝0006(间接寻址)。受影响的 SM 标志位:SM1.0(结果为 0)、SM1.1(溢出)、SM1.2(结果为负)。

7.4.6　逻辑操作指令

逻辑操作指令用于数据对应位间的逻辑操作,含与、或、异或及取反指令。

1. 字节、字和双字取反指令

字节取反、字取反、双字取反指令将输入(IN)取反的结果存入 OUT 中。图 7－30 为字节、字和双字取反指令的表达形式。

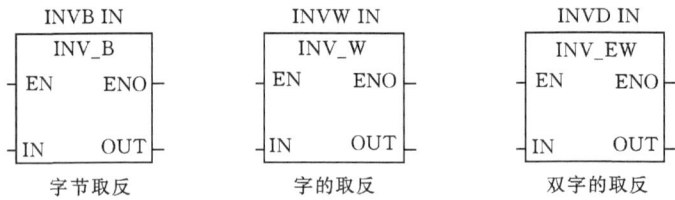

图 7-30　字节、字和双字取反指令

使 ENO＝0 的错误条件是：错误代码＝0006（间接寻址）。受影响的 SM 标志位：SM1.0（结果为 0）。

2. 与、或、异或指令

与、或、异或指令参与运算的操作数可以是字节、字或双字。与、或、异或指令是对两个输入字节按位与、或、异或,得到一个字节结果(OUT)。

图 7-31 为字节与、或、异或指令指令的表达形式。

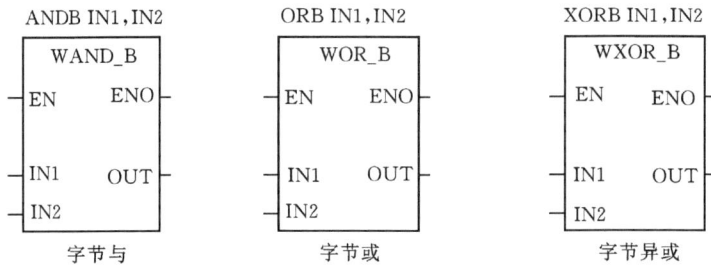

图 7-31　字节的与、或、异或指令

使 ENO＝0 的错误条件是：错误代码＝0006(间接寻址)。受影响的 SM 位：SM1.0(结果为 0)。

7.4.7　程序控制指令

跳转指令、循环指令、顺控继电器指令、子程序指令、中断指令统称为程序控制类指令。程序控制类指令用于程序执行流程的控制。对一个扫描周期而言,跳转指令可以使程序出现跨越或跳跃以实现程序段的选择;子程序指令可调用某段子程序;循环指令可多次重复执行指定的程序段;中断指令则用于中断信号引起的子程序调用;顺控继电器指令及状态编程法可形成状态程序段中各状态的激活及隔离。

1. 循环指令

FOR－NEXT 指令循环执行 FOR 指令和 NEXT 指令之间的循环体指令段一定次数。FOR 和 NEXT 指令用来规定需重复一定次数的循环体程序。FOR 指令参数 INDEX 为当前循环数计数器,用来记录循环次数的当前值。参数 INIT 及 FINAL 用来规定循环次数的初值及终值。循环体程序每执行一次,INDEX 值加 1。当循环次数当前值大于终值时,循环结束。可以用改写 FINAL 参数值的方法在程序运行中控制循环体的实际循环次数。FOR－NEXT 指令可以实现 8 层嵌套。FOR 指令和 NEXT 指令必须成对使用,在嵌套程序中距离最近的 FOR 指令及 NEXT 指令是一对。

图 7-32 是循环指令应用举例。例中为两层循环嵌套,循环体为向 VW200 中加 1,当两

层循环同时满足条件,程序执行后,向 VW200 中加 200 个 1。

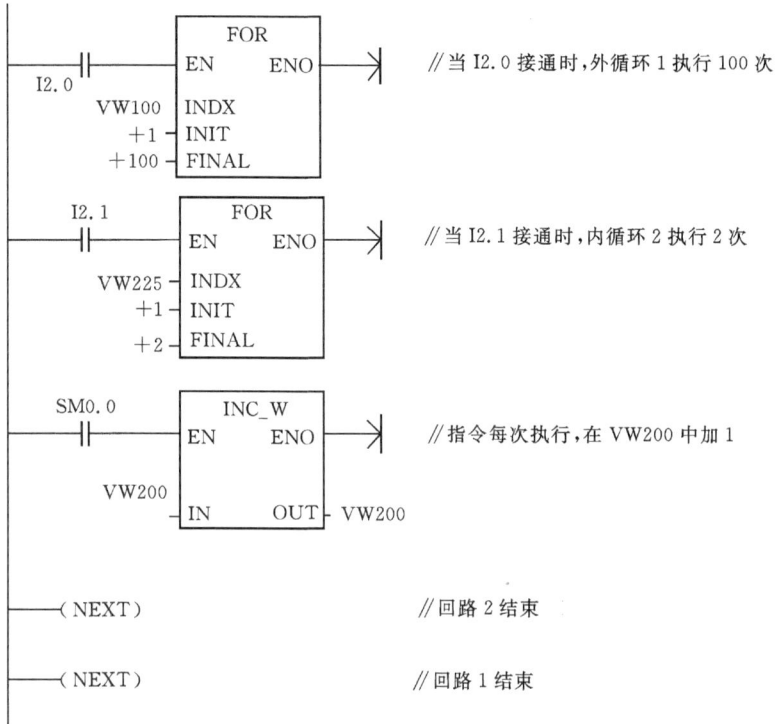

图 7-32　循环指令应用举例

2. 跳转指令

跳转指令(JMP)使程序流程跳转到指定标号 N 处的程序分支执行。标号指令(LBL)标记跳转目的地的位置 N。N 操作数范围为 0~255。

图 7-33 是跳转与标号指令。在跳转发生的扫描周期中,被跳过的程序段停止执行,该程序段涉及的各输出器件的状态保持跳转前的状态不变,不响应程序相关的各种工作条件的变化。

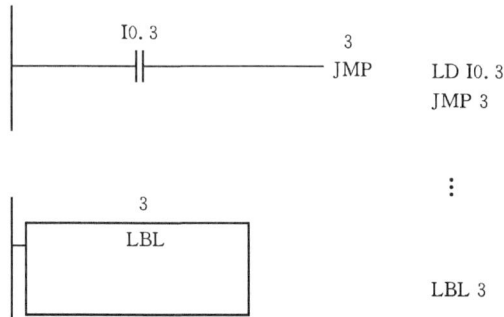

图 7-33　跳转与标号指令

可以有多条跳转指令使用同一标号,但不允许一个跳转指令对应两个标号的情况,即在同一程序中不允许存在两个相同的标号。可以在主程序、子程序或者中断服务程序中使用跳转指令,跳转与之相应的标号必须位于同一段程序中(无论是主程序、子程序还是中断子程序)。

在跳转条件中引入上升沿或下降沿脉冲指令时,跳转只执行一个扫描周期,但若用特殊辅助继电器 SM0.0 作为跳转指令的工作条件,跳转就成为无条件跳转。

3. 子程序指令

子程序指令含子程序调用指令(CALL)和子程序返回指令(CRET)。子程序调用指令将程序控制权交给子程序 SBR_N,该子程序执行完成后,程序控制权回到子程序调用指令的下一条指令。子程序条件返回指令(CRET)在条件满足时中止子程序执行。子程序指令见表 7－16。

表 7－16　子程序指令

指令的表达形式		数据类型及操作数
子程序调用指令:CALL SBR-N SBR-N —EN	子程序条件返回指令:CRET —(RET)	N:WORT 常数 CPU221、CPU222、CPU224、 CPU226:0～63 CPU226XM:0～127

4. 顺控继电器指令

顺控制继电器也称为状态器,顺控继电器指令用于步进顺控程序的编制。状态法编程可以这样表述:对于较复杂的控制过程,可将它分割为一个个的小状态,分别对每个小的状态编程后,再依这些小状态的联系将小状态程序连接起来以实现总的控制任务。顺控继电器指令就是针对小状态及小状态的联系安排的。

S7－200 系列 PLC 中设有顺控继电器。其中 s bit 是顺序控制继电器标号,顺序控制继电器有一个状态位(即使能位),从 SCR 开始到 SCRE 结束的所有指令组成 SCR 段。SCR 是一个顺序控制继电器(SCR)段的开始,当 s bit 状态位为 1 时,允许 SCR 段工作。SCR 段必须用 SCRE 指令结束。SCRT 指令执行 SCR 段的转移。它一方面对下一个 SCR 状态位置位,以使下一个 SCR 段工作;另一方面又同时对本段 SCR 状态位复位,以便本段 SCR 停止工作。SCR 指令只能用在主程序中,顺序控制继电器的编号为:S0.0～S31.7。

图 7－34 所示梯形图,就是用顺序控制继电器指令编写的交通灯控制的部分程序。

7.4.8　高速计数指令

1. 高速计数器

相对普通计数器,高速计数器是对较高频率的信号计数的计数器,由于信号源来自机外,且需以短于扫描周期的时间响应,高速计数器都工作在中断方式。高速计数器一般都是可编程的,通过程序指定及设置控制字,同一高速计数器可工作在不同的工作模式上,为应用带来极大的灵活性。高速计数器还采用专用指令编程,进一步扩大了其应用的功能。PLC 所能构成的高速计数器的数量、最高工作频率及高速计数器的工作方式等也成了衡量 PLC 性能的重要标准之一。

S7－200 系列 CPU 因型号而异最多可以配置 6 个高速计数器。HSC 标号及最高工作频率见表 7－17。每个高速计数器最多有 12 种工作模式,如表 7－18。

```
      SM0.1              S0.1
  ─────┤├─────          ─( S )─          第一次扫描时,SM0.1 触点接通,
                          1              则置 S0.1 使能位为 1

                         S0.1
  ──────────────────┤ SCR ├             开始执行第一段 SCR 程序

      SM0.0              Q0.4
  ─────┤├──────┬────────( S )─          SM0.0 触点闭合,使 Q0.4
               │          1              接通第一条街的红灯
               │
               │         Q0.5
               ├────────( R )─          Q0.5 及 Q0.6 使第一条街的黄灯、
               │          2              绿灯灭掉
               │
               │          T37
               └──────┤IN    TON├       启动 2 秒定时器 T37
               20────┤PT        │

      T37                S0.2
  ─────┤├─────          ─( SCRT )─      2 秒后切换到第二段 SCR,
                                        第一段 SCR 结束
  ──────────────────┤ SCRE ├
                         S0.0
  ──────────────────┤ SCR ├             S0.2 使能位为 1,第二段 SCR 开始

      SM0.0              Q0.2
  ─────┤├──────┬────────( S )─          SM0.0 触点闭合,Q0.2 使第二
               │          1              条街的绿灯接通
               │          T38
               └──────┤IN    TON├       启动 25 秒定时器 T38
               250───┤PT        │

      T38                S0.3
  ─────┤├─────          ─( SCRT )─      25 秒后切换到第三段 SCR

                        ─( SCRE )─      第二段 SCR 结束
```

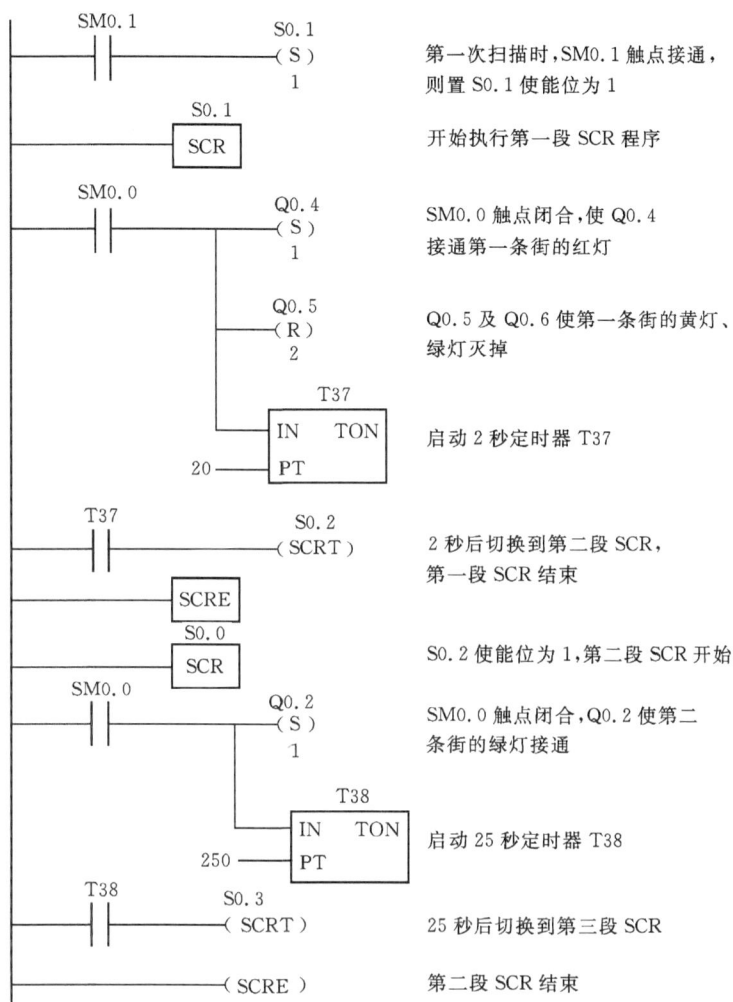

图 7－34　顺控继电器指令示例

表 7－17　S7－200 系列 CPU 支持的高速计数器号

CPU 型号		CPU221 和 CPU222	CPU224、CPU226、CPU226XM
支持 HSC 号		HSC0、HSC3、HSC4、HSC5	HSC0～HSC5
最高工作频率	单相	4 个 30kHz	6 个 30 kHz
	二相	2 个 20 kHz	4 个 20 kHz

表 7 - 18　高速计数器的标号、工作模式及输入端子

	HSC0	I0.0	I0.1	I0.2	
计数器标号及 各种工作模式 对应的输入端子	HSC1	I0.6	I0.7	I0.2	I1.1
	HSC2	I1.2	I1.3	I1.1	I1.2
	HSC3	I0.1			
	HSC4	I0.3	I0.4	I0.5	
	HSC5	I0.4			
带有内部方向控 制的单相计数器	模式 0	时钟			
	模式 1	时钟		复位	
	模式 2	时钟		复位	启动
带有外部方向控 制的单相计数器	模式 3	时钟			
	模式 4	时钟		复位	
	模式 5	时钟		复位	启动
带有增减计数 时钟双相计数器	模式 6	增时钟	减时钟		
	模式 7	增时钟	减时钟	复位	
	模式 8	增时钟	减时钟	复位	启动
A/B 相正交计数器	模式 9	时钟 A	时钟 B		
	模式 10	时钟 A	时钟 B	复位	
	模式 11	时钟 A	时钟 B	复位	启动

2. 高速计数器指令

高速计数器指令有两条,为高速计数器定义指令 HDEF、高速计数指令 HSC,如表 7 - 19 所示。HDEF 指令定义一个高速计数器的工作模式。EN:本指令使能条件;HSC:高速计数器编号,为 0～5 的常数;MODE:工作模式,为 0～12 的常数。HSC 指令,根据高速计数器控制位的状态,并按照 HDEF 指令指定的工作模式,设置高速计数器并控制其工作。EN:本指令使能条件;N:高速计数器编号。

表 7 - 19　高速计数器指令

指令的表达形式		操作数的含义及范围
定义高速计数器指令 HDEF HSC,MODE	高速计数器指令 HSC N	HSC:(BYTE)常数;MODE:(BYTE)常数;N:(WORD)常数

HDEF 指令框图:EN ENO,HSC,MODE
HSC 指令框图:EN ENO,N

3. 高速计数器的计数方式

(1)单相增/减计数　单相是指只有一个脉冲输入端。增/减计数是指可以通过方向控制

作加法计数或者减法计数。

（2）双相脉冲增/减计数　双相是指有两个脉冲输入端：一个为加计数脉冲，另一个为减计数脉冲。

（3）双相正交脉冲计数　双相是指有 A、B 两相输入脉冲。正交是指 A、B 两相输入脉冲在相位上互差 90°。A 相超前 B 相 90°时，加计数；A 相滞后 B 相 90°时，减计数。此种方式下，还可选择单倍频计数（1 个脉冲计 1 个），或 4 倍频计数（1 个脉冲计 4 个）。

4. 通过编程设置高速计数器

（1）控制字节　除了定义高速计数器的工作模式之外，还要对有关的控制字节进行初始化才能使用。每个高速计数器都有一个控制字节，包括下列几项：允许或禁止计数，计数方向控制或对所有其他模式初始化计数方向，要装入的计数器当前值和要装入的预置值。执行 HSC 指令时，要检验控制字节和有关的当前值及预置值。表 7-20 对这些控制位逐一做了说明。

表 7-20　HSC0～HSC5 的控制位

HSC0	HSC1	HSC2	HSC3	HSC4	HSC5	描述
SM37.0	SM47.0	SM57.0		SM147.0		复位有效电平控制位，0＝复位高电平有效，1＝复位低电平有效
	SM47.1	SM57.1				启动有效电平控制位，0＝启动高电平有效，1＝启动低电平有效
SM37.2	SM47.2	SM57.2		SM147.2		正交计数器速率选择，0＝4×计数率，1＝1×计数率
SM37.3	SM47.3	SM57.3	SM137.3	SM147.3	SM157.3	计数方向控制位，0＝减计数，1＝增计数
SM37.4	SM47.4	SM57.4	SM137.4	SM147.4	SM157.4	向 HSC 中写入计数方向，0＝不更新，1＝更新计数方向
SM37.5	SM47.5	SM57.5	SM137.5	SM147.5	SM157.5	向 HSC 中写入计数方向，0＝不更新，1＝更新预置值
SM37.6	SM47.6	SM57.6	SM137.6	SM147.6	SM157.6	向 HSC 中写入新的初始值，0＝不更新，1＝更新初始值
SM37.7	SM47.7	SM57.7	SM137.7	SM147.7	SM157.7	HSC 允许，0＝禁止 HSC，1＝允许

（2）设定当前值和预置值　每个高速计数器都有一个 32 位的当前值和一个 32 位的预置值。为了向高速计数器装入新的当前值和预置值，必须先设置控制字节，并把当前值和预置值存入特殊存储器字节中，然后必须执行 HSC 指令，从而将新的值送给高速计数器。

除了控制字节和新的预置值与当前值保存字节外，每个高速计数器的当前值可利用数据类型 HC（高速计数器当前值）后跟计数器号（0,1,3,4,5）的格式读出。因此，可用读操作直接访问当前值，但写操作只能用上述的 HSC 指令来实现。

（3）状态字节　每个高速计数器都有一个状态字节，其中某些位表征了当前计数方向，当前值是否等于预置值，当前值是否大于预置值。

（4）HSC 中断　所有高速计数器都会在当前值等于预置值时产生中断。使用外部复位输入的计数器模式支持外部复位有效时产生的中断。除模式 0、1 和 2 外，所有的计数器模式支持计数方向改变的中断，每个中断条件可分别被允许或禁止。

5. 高速计数器程序的构成

选择了高速计数器标号，决定了高速计数器模式，安排了高速计数器输入端口后，高速计数器应用事项中剩下的是编制高速计数器应用程序。程序含高速计数器初始化程序及高速计数器执行程序两部分。高速计数器初始化程序要完成的任务如下。

①使用高速计数器定义指令将选定的高速计数器及工作模式定义完成。程序中一个高速计数器只能定义一次。

②设置控制字节。

③设置初始值。

④设置预置值。

⑤指定并使能中断程序。

⑥激活高速计数器。

高速计数器初始化一般以子程序方式出现，在主程序中使用初次扫描存储位 SM0.1 调用初始化子程序。高速计数器使用当前值等于预置值、计数方向改变、外部复位等高速计数器事件引出计数控制目的的执行。高速计数器执行程序一般以中断程序的方式出现。中断程序的内容可以是重设高速计数器有关的参数或完成高速计数所表示的物理量值的控制任务。

7.5　PLC 的编程及应用

7.5.1　梯形图的结构规则

①PLC 内部元器件触点的使用次数是无限制的。

②梯形图的各支路，要以左母线为起点，从左向右分行绘出。每一行的前部是触点群组成的"工作条件"，最右边是线圈或指令盒表达的"工作结果"。一行绘完，依次自上而下再绘一行。触点不能放在线圈的右边，如图 7-35 所示。但如果是以有能量传递的指令盒结束时，可以使用 AENO 指令在其后面连接指令盒，如图 7-36 所示。

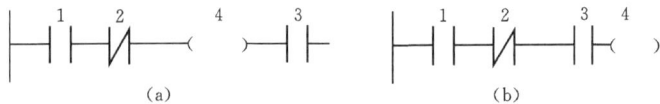

图 7-35　梯形图绘制示例

(a)不正确；(b)正确

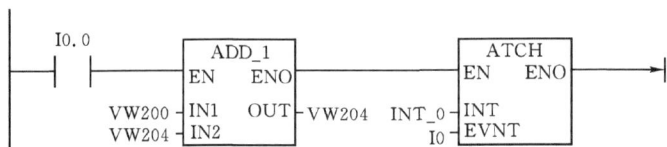

图 7-36　梯形图绘制示例

③线圈和指令盒一般不能直接连接在左边的母线上,如需要的话可通过特殊的中间继电器 SM0.0(常 ON 特殊中间继电器)完成,如图 7 - 37 所示。

图 7 - 37　梯形图绘制示例
(a)不正确;(b)正确

④触点应画在水平线上,不能画在垂直分支线上。如图 7 - 38,使用编程软件则不可以把触点画在垂直线上。

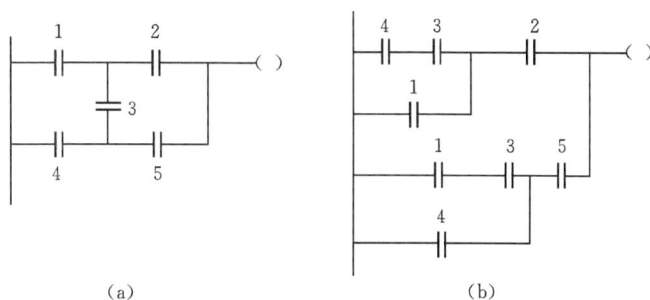

图 7 - 38　梯形图绘制示例
(a)不正确;(b)正确

⑤不包含触点的分支应放在垂直方向,不可放在水平位置,以便于识别触点的组合和对输出线圈的控制路径,如图 7 - 39 所示。使用编程软件则不可能出现这种情况。

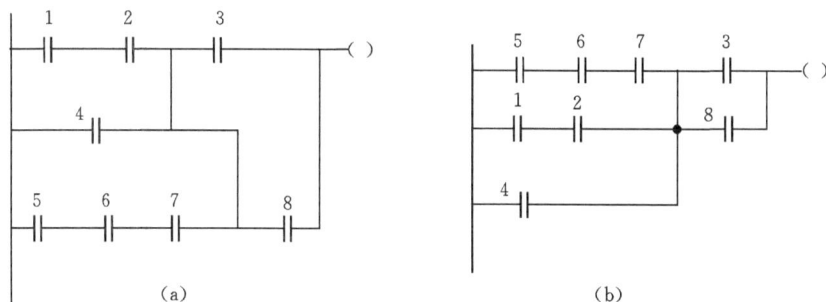

图 7 - 39　梯形图绘制示例
(a)不正确;(b)正确

⑥在有几个串联回路相并联时,应将触点最多的那个串联回路放在梯形图的最上面。如图 7 - 40 所示。

⑦在有几个并联回路相串联时,应将触点最多的并联回路放在梯形图的最左面。这样,才会使编制的程序简洁明了,语句较少,如图 7 - 41 所示。

123

图 7 - 40　梯形图绘制示例

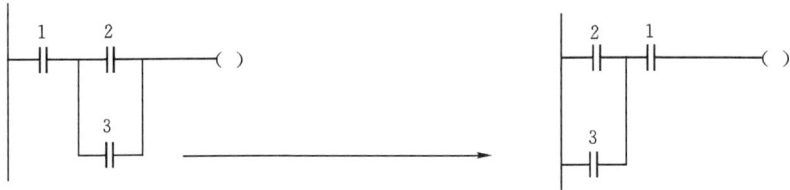

图 7 - 41　梯形图绘制示例

⑧在同一程序中,同一编号的线圈使用两次及两次以上称为双线圈输出。S7 - 200 PLC 中不允许双线圈输出。在同一程序中,线圈的输出条件可以非常复杂,但却应是惟一且集中表达的。

7.5.2　基本程序段

在实际工作中,许多工程控制程序都是由一些典型、简单的基本程序段组成的。如果能掌握一些常用的基本程序段的设计和编程技巧,就相当于建立了编程的基本"程序库",在编制大型和复杂的程序时,可以随意调用,从而大大缩短编程的时间。下面介绍一些典型程序段。

1. AND 运算

如图 7 - 42 所示的 AND 电路是 PLC 程序中最基本的电路,也是应用最多的电路。当 I1 和 I2 都闭合时,Q1 线圈得电;只要 I1 和 I2 其中一个不闭合,则 Q1 线圈不得电。

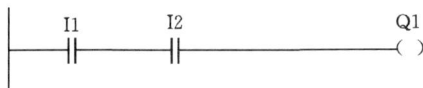

图 7 - 42　AND 电路

2. OR 运算

如图 7 - 43 所示是 OR 电路,只要 I1 和 I2 中的一个闭合,Q1 线圈就得电。Q1 接受的是 I1 和 I2 OR 运算的结果。

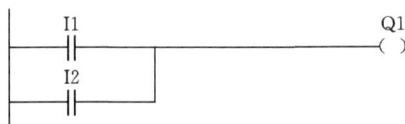

图 7 - 43　OR 电路

3. 自锁电路

图 7 - 44 所示为一自锁电路。当 I1 闭合后,Q1 的线圈得电,随之 Q1 触点闭合,此后即使 I1 断开,Q1 线圈仍然保持通电,只有当常闭触点 I2 断开时,Q1 线圈才断电,Q1 触点断开。再

想启动继电器 Q1，只有重新闭合 I1。

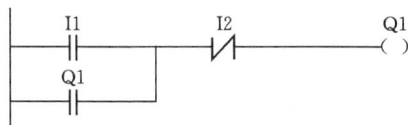

图 7－44　自锁电路

4. 互锁电路

互锁电路用于不允许同时动作的两个继电器的控制，如电机的正反转控制。图 7－45 中，当线圈 Q1 先得电后，常闭触点 Q1 断开，此时线圈 Q2 是不可能得电的。线圈 Q2 先得电的情况亦是如此。即线圈 Q1、Q2 互相锁住，不可能同时得电，即电机不可能同时既反转又正转。

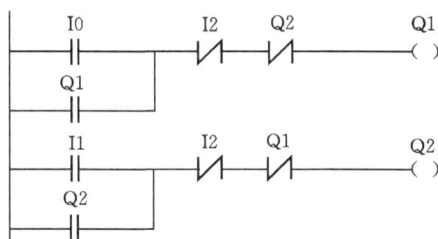

图 7－45　互锁电路

5. 分支电路

分支电路主要用于一个控制电路导致几个输出的情况。如图 7－46 所示的电路，当 I1 闭合后，线圈 Q1、Q2 同时得电。

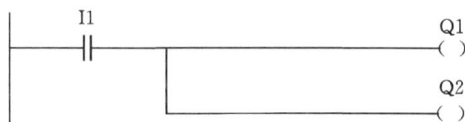

图 7－46　分支电路

此外，比较常见的还有时间控制电路、顺序控制电路和报警控制电路等。

7.5.3　常用基本程序举例

例 7－1　试根据图 7－47 所示的 PLC 外部接线图，要求当开关 S1 动作、开关 S2 不动作时灯才亮，编制梯形图。

解：由于 S1 和 S2 都是常开触点，因此常态下输入端子 I0.0、I0.1 不通电，只有当两个开关动作（闭合）时，才通电，按控制要求所编的梯形图程序为：

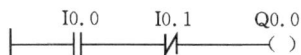

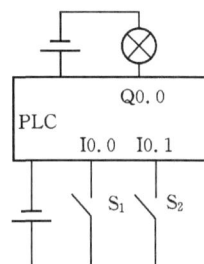

图 7－47　PLC 外部接线图

图 7－47 的 PLC 外部接线图虽然简单，但却是各种复杂电路的最基本的控制电路。当开关采取不同的接法时，既可以使用动合触点，也可以使用动断触点，要完成同样的控制功能时，则相应的梯形图及语句表程序亦作

不同的处理。例如图 7-48 所示接法时,梯形图程序变为:

对于图(a)
```
    I0.0   I0.1          Q0.0
├──┤├────┤├────────────( )
```

对于图(b)
```
    I0.0   I0.1          Q0.0
├──┤/├────┤├────────────( )
```

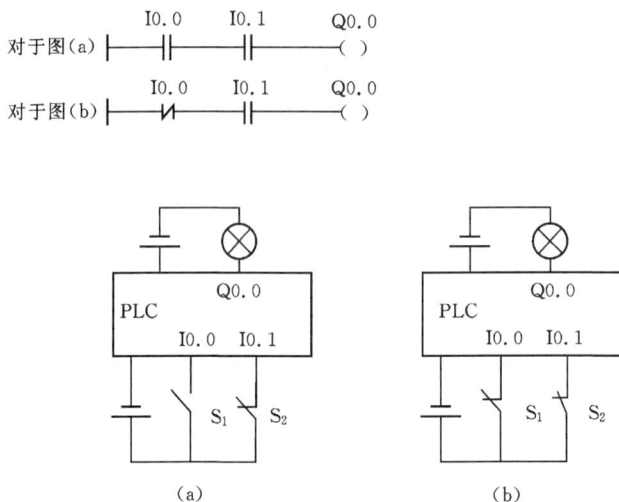

图 7-48　PLC 的外部接线图

例 7-2　三相异步电动机的起、停控制及正、反转控制

1. 三相异步电动机的起、停控制

解:三相异步电动机起、停控制是电动机最基本的控制,图 7-49 给出了主电路、PC 外部接线及控制程序。图中 SB1 为起动按钮,SB 2 为停止按钮。

在继电器控制电路中,停止按钮都是串联在回路中,使用其动断触点。但在 PLC 控制中,停止按钮有两种处理方法,可以使用动合触点也可以使用动断触点,相应梯形图及语句表程序中亦作不同处理。在本例图 7-49(b)中,停止按钮 SB2 用的是动合触点,则图 7-49(c)的梯形图中使用输入继电器的动断触点 I0.1,这种处理方法的接线图与继电器控制不同,但梯形图与继电器控制电路一致,读图方便。

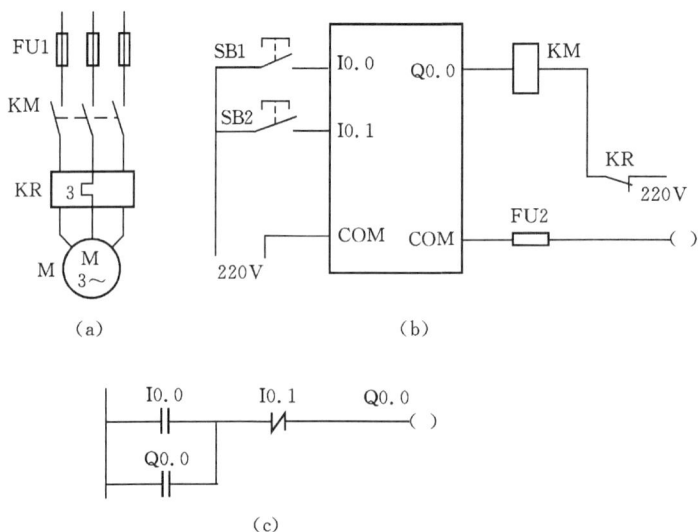

图 7-49　三相异步电动机起、停控制

(a)主电路;(b)PLC 外部接线;(c)梯形图程序

2. 三相异步电动机的正、反转控制

解：三相异步电动机正、反转控制的主电路、PC 外部接线及控制程序如图 7 - 50。图中 SB1 为正向起动按钮，SB2 为反向起动按钮，SB3 为停止按钮，KM1 为正向接触器，KM2 为反向接触器。

三相异步电动机的正、反转是通过正、反向接触器改变定子绕组的相序来实现的，其中一个很重要的问题就是必须保证任何时候、任何条件下，正、反向接触器都不能同时接通。为此，在程序中两个输出 Q0.0、Q0.1 之间，相互构成互锁，这种靠软件上的互锁称为内部软互锁，这样能够保证输出 Q0.0 和 Q0.1 不同时接通。

但是为了可靠地对正、反转接触器进行互锁，防止由于编程错误导致两个接触器同时输出，在 KM1、KM2 之间可以采用动断触点构成互锁，这种互锁称为外部硬互锁。另外，在接触器断开的瞬间，由于电动机线圈电感的作用会产生电弧，这时如果另一个方向的接触器立即通电吸合，会产生电弧短路。为此可利用内部定时器延时，保证正、反转切换时有一定的时间差，从而防止电弧短路。

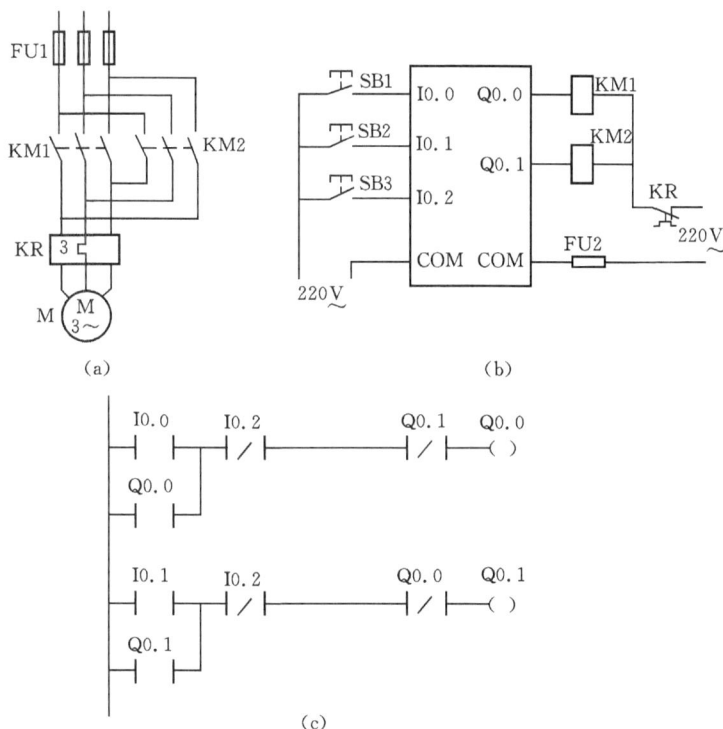

图 7 - 50　三相异步电动机正、反转控制
(a)主电路；(b)PLC 外部接线；(c)梯形图程序

例 7 - 3　儿童 2 人、青年学生 1 人和教授 2 人组成 3 组抢答。儿童中任一人按钮均可抢答，教授需二人同时按按钮可抢答。每个抢答桌上安装一个指示灯。抢答有效时，指示灯闪亮。在主持人按按钮同时宣布开始后 10s 内有人抢答则幸运彩球转动，10s 后抢答无效。

表 7 - 21 及图 7 - 51 给出了本例 PLC 的 I/O 分配表及梯形图。该梯形图与前例梯形图相比含有较多的支路，但每个输出支路仍可看作是启－保－停电路，只不过是条件较复杂的启－保－停电路。可先分别编制儿童抢答、学生抢答、教授抢答及彩球转动 4 个输出的启－保－

停电路,然后再绘出各输出的条件及相互制约部分。这是比较简单的控制,但实际上要有违例扣分和答题时间限制等情况,因此不仅在程序上要做相应的调整,把输出的所有关联条件都要考虑进去,而且必要的时候要增加 I/O 点的数量。

表 7-21 输入/输出地址分配表

输入设备	地址	输出设备	地址
儿童抢答按钮	I0.1 I0.2	儿童抢答指示灯	Q0.1
学生抢答按钮	I0.3	学生抢答指示灯	Q0.2
教授抢答按钮	I0.4 I0.5	教授抢答指示灯	Q0.3
主持人开始按钮	I0.6	彩球转动	Q0.4
主持人复位按钮	I0.7		

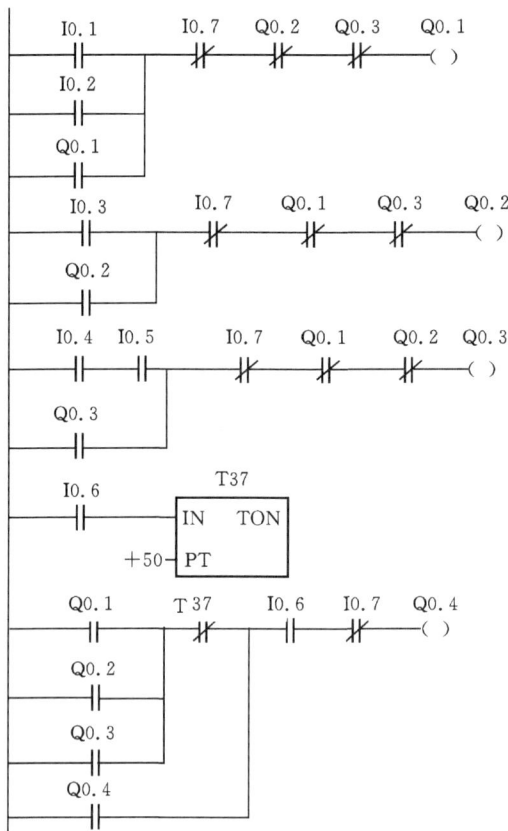

图 7-51 例 7-3 梯形图

例 7-4 有一密码锁,它有 5 个键,SB1 为开锁键,按下 SB1 才能进行开锁工作。开锁条件:SB2 按压 3 次,SB3 按压 2 次,锁才能被打开,SB4 为复位键,SB5 报警键。试用 PLC 实现此功能。

解:输入输出分配见表 7-22,梯形图如图 7-52 所示。

表 7-22　输入/输出地址分配表

输入设备	地址	输出设备	地址
开锁按钮 SB1	I0.0	开锁输出信号	Q0.0
复位按钮 SB4	I0.1	报警输出信号	Q0.1
SB2	I0.2		
SB3	I0.3		
报警按钮 SB5	I0.4		

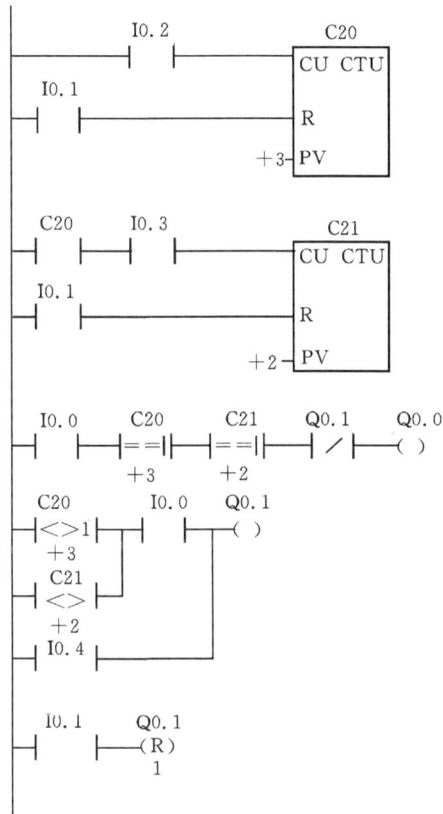

图 7-52　例 7-4 梯形图

例 7-5　电机顺序启/停电路。要求 3 台电机按启动按钮后,M1、M2、M3 正序启动:按停止按钮后,逆序停止。动作之间要有一定间隔。

解:先把题目中的输入/输出点找出来,分配好对应的 PLC 的 I/O 地址,如表 7-23 所示。图 7-53 为电机顺序启停电路的梯形图,程序中设置 3 台电机启动的时间间隔为 1min,停止时间间隔为 30 s。

表 7-23 输入/输出地址分配表

输入设备	地址	输出设备	地址
启动按钮	I0.0	电机 M1	Q0.0
停止按钮	I0.1	电机 M2	Q0.1
		电机 M3	Q0.2

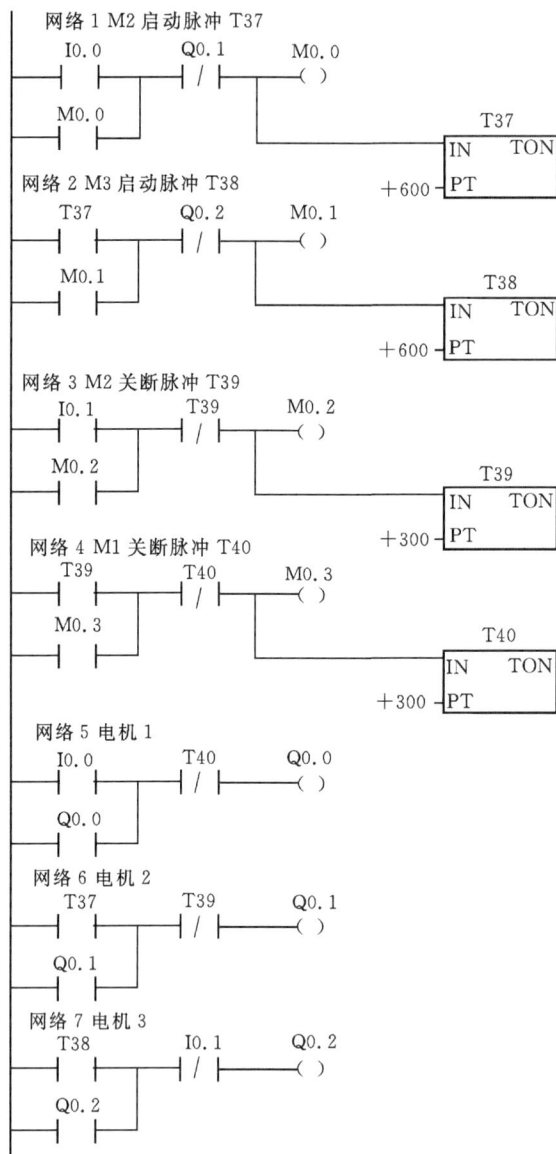

图 7-53 例 7-5 梯形图

7.6　编程软件 STEP7 - Micro/Win32 使用方法介绍

STEP7 - Micro/WIN32 编程软件包是西门子公司专为 SIEMATIC 系列 S7 - 200 PLC 研制开发的,它可以使用个人计算机(或编程器)作为图形编程器,用于在线或者离线开发用户程序,并可方便地对 S7 - 200 用户程序进行实时监控等操作。本节将简要介绍 STEP7 - Micro/WIN32 编程软件的安装及操作方法。

7.6.1　编程软件的系统要求

PLC 系统主要由一台 S7 - 200 CPU、一台装有编程软件 STEP7 - Micro/WIN 32 的 PC 机或编程器、一根连接电缆及有关的电源线组成。

对操作系统的要求:基于 Windows 的 32 位操作系统。

对 PC 机的要求:IBM486 或更高的处理器、16M 内存、50M 以上硬盘空间,或是装有 STEP7 - Micro/WIN32 的西门子编程器以及 Microsoft Windows 支持的显示器和鼠标。

对通讯的要求:PC/PPI 电缆(用于 PLC 和 PC 机的连接)。

7.6.2　软件的安装

STEP7 - Micro/WIN32 编程软件的安装同一般软件的安装相似,双击"Setup"图标进入安装。在安装的过程中,会出现"Setting the PG/PC Interface"对话框,即"设定 PG/PC 接口"的对话框,如图 7 - 54 所示。选择 PC/PPI Cable(PPI),出现安装完成(Setup Complete)对话框,即可结束安装。桌面上自动生成快捷图标,双击该图标,屏幕直接进入 STEP7 - Micro/WIN32 - Project 1 界面(即梯形图程序编辑器),如图 7 - 55 所示,即可进行梯形图编程。

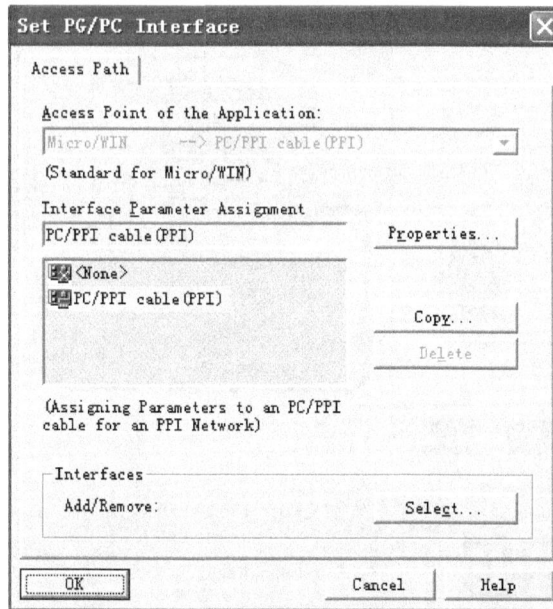

图 7 - 54　设定 PG/PC 接口

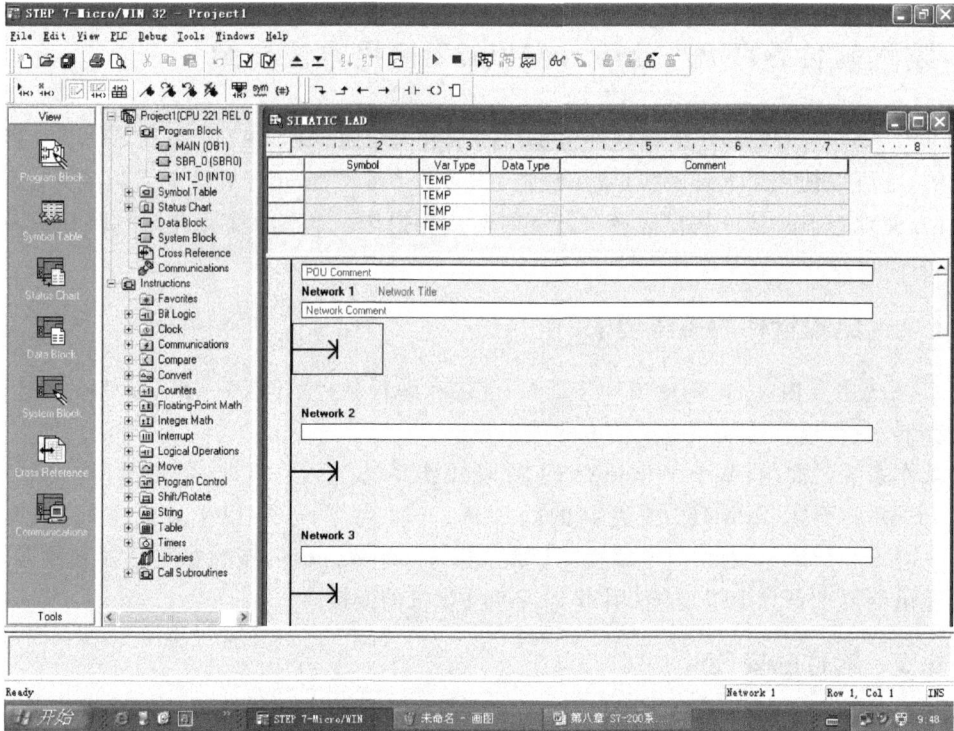

图 7-55　STEP7-Micro/WIN32 程序编辑界面

7.6.3　硬件的连接

1. PC 与 S7-200 CPU 的连接

图 7-56 给出了一个利用 PC/PPI 电缆连接 PC 与 CPU 的典型组态。

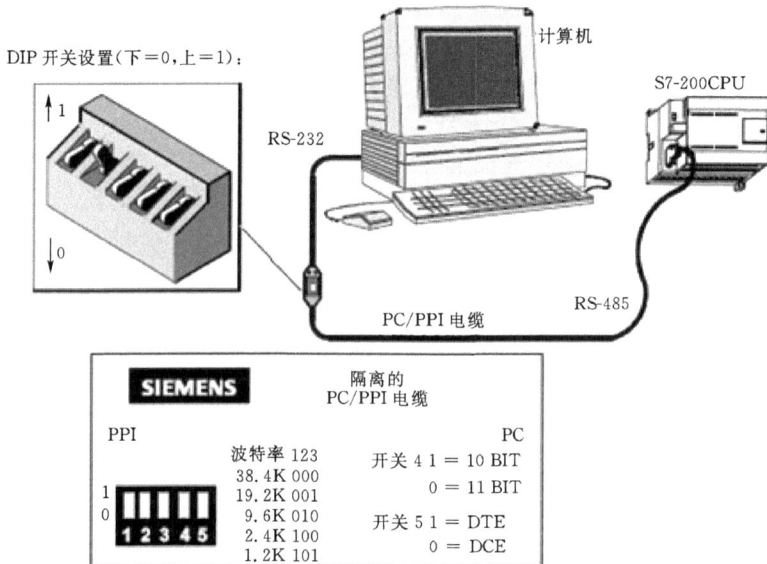

图 7-56　主机与计算机连接

①设置 PC/PPI 电缆 DIP 开关：在 DIP 开关上，选择计算机所支持的通信速率：9600b/s；选择 11 位，表示传送字符的数据格式；选择 DCE，表示数据通信设备。最后开关的设置为"01000"。

②将 PC/PPI 电缆的 RS-232 端(标有 PC)连到 PC 的串行通信口：COM1 或 COM2。

③PC/PPI 电缆的 RS-485 端(标有 PPI)连到 PLC 的通信口。

2. 通信

在 STEP7-Micro/WIN32 下，单击通信图标"Communications"(如图 7-55 左侧所示)或从菜单中选择 View(视图)＞Communications 选项会出现一个"通信"对话框，如图 7-57 所示，其中"Local"＝0 为 PC 的默认地址。双击 PC/PPI 电缆的图标出现"Set PG/PC interface"对话框(如图 7-54 所示)。选择"Properties"属性按钮出现接口属性对话框"Properties-PC/PPI cable(PPI)"(如图 7-58 所示)，检查有关属性，在"Local Connection"界面中，检查PC 连接通信口是否与设置的相同，并单击"确定"。以上软件中的设置若与硬件上的设置不一致，都会造成通信失败。

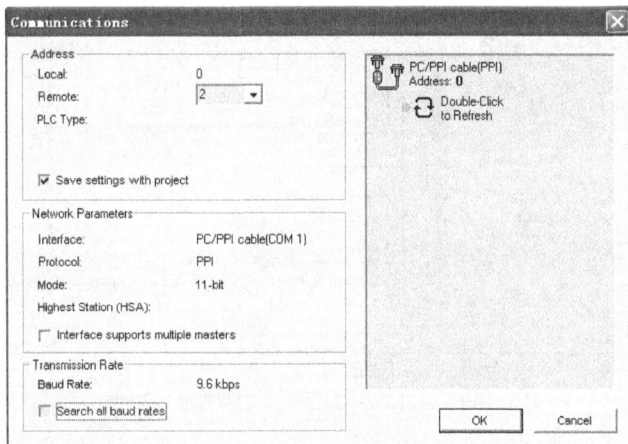

图 7-57　通信对话框

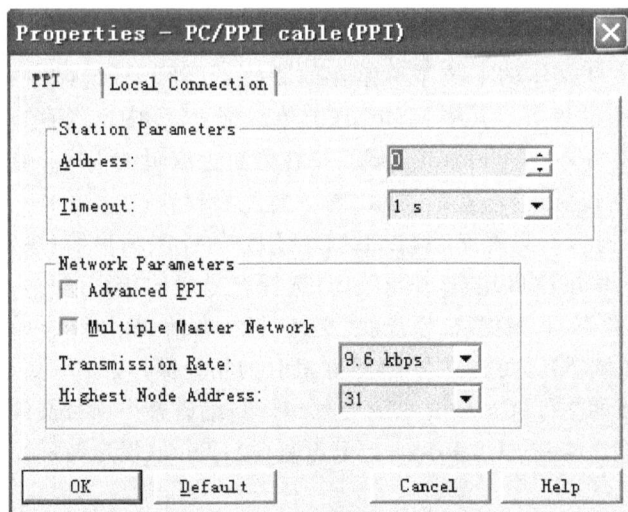

图 7-58　接口属性对话框

7.6.4 显示界面及各部分功能

1. 显示界面

在 STEP7 - Micro/WIN32 安装完成后,在 Windows 桌面上会出现 STEP7 - Micro/WIN32 的快捷方式图标,双击该图标,将进入应用程序界面,如图 7-59 所示。

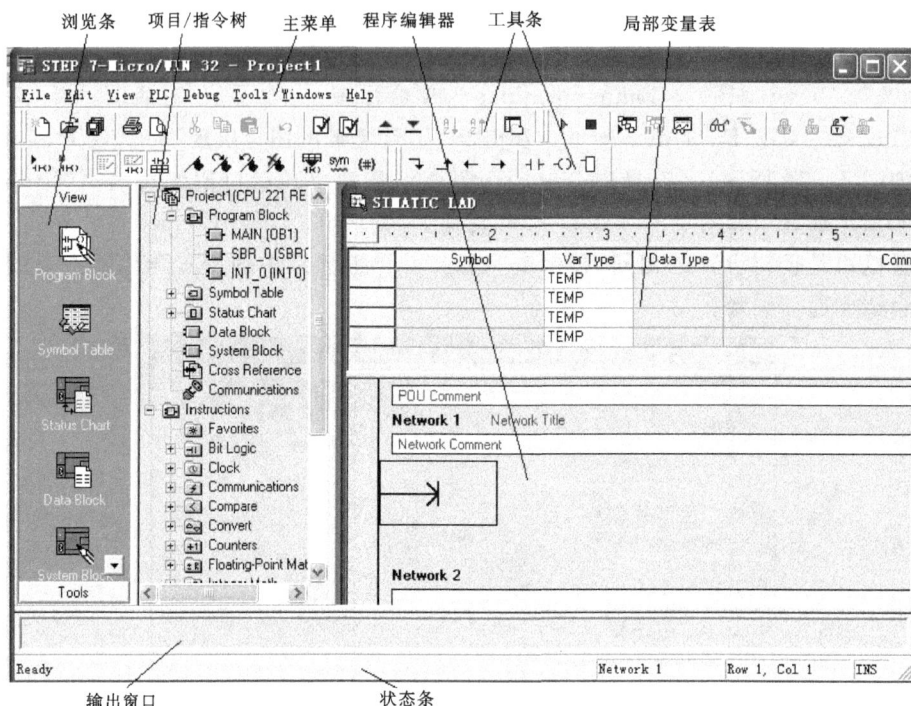

图 7-59 STEP7 - Micro/WIN32 显示界面

2. 各部分功能

(1)主菜单条 位于界面最上面的就是 STEP7 - Micro/WIN32 编程软件的主菜单,各部分功能介绍如下:

①File(文件)。文件操作的下拉菜单包含如新建、打开、关闭、保存文件、上传和下载程序、文件的打印预览和设置等。其中 Upload(上传):把 PLC 中已经存在的程序上传到微机中,可存入磁盘或修改编辑;Download(下载):把在微机上编辑的程序下载到 PLC 中。

②Edit(编辑)。它提供选择、复制、剪切、粘贴等编辑操作。

③View(视图)。选择不同语言(STL,LAD,FBD)的程序编辑器;决定其他辅助窗口(浏览条、指令树、工具条、输出窗口)的打开与关闭;选择符号表的排列顺序(顺序、逆序);设置程序窗口风格(符号表、状态图、数据块、系统块、交叉引用、通信、符号寻址)等。

④PLC(可编程控制器)。可建立与 PLC 联机时的相关操作,如 PLC 运行/停机;Compile(编译):编译当前窗口的文件;Compile All(全部编译):编译整个项目文件;(Clear)清除:清除 PLC 中的程序和数据;Power—Up Reset(上电重复位);Time(设定时间),Type(选择 PLC 类型)等。

⑤Debug(调试)。用于联机调试。First Scan(单次扫描)、Multiple Scan(多次扫描):设定

计算机对 PLC 中变量的扫描方式；Program Status(程序状态在线监控)、Chart(图状态)：设定计算机对 PLC 的监控方式；Single Read(单次读取)、Write All(全部写入)：在图状态方式下，对 PLC 变量进行读、写操作；Force(强迫)、Unforce(非强迫)、Unforce All(全部非强迫)、Read All Forced(读取全部强迫)：在 PLC 停机状态下，强制改变输出状态，或对 PLC 中的变量进行强制操作。

⑥Tools(工具)。可以调用复杂指令的编程向导(包括 PID 指令、NETR/NETW 指令和 HSC 指令等)、安装文本显示器 TD200 等。

⑦Windows(窗口)。进行窗口之间的切换，设置视窗的排放形式，如层叠、水平、垂直等。

⑧Help(帮助)。查看帮助内容，方便用户使用。

(2)工具条　为提供简便的鼠标操作，将最常用的操作功能以按钮形式设定在工具条上。常用的工具条有文件工具条、调试工具条和编程工具条等。欲查看工具条按钮的名称，将鼠标箭头移至工具条按钮上，将显示按钮名称；欲了解工具功能的详情，按 SHIFT＋F1，将鼠标箭头置于工具条按钮上，然后单击按钮。工具条中部分按钮的作用如图 7－60、7－61 及 7－62 所示。

图 7－60　文件工具条

▷	将PLC设定成运行模式
■	将PLC设定成停止模式
	程序状态在打开/关闭之间进行切换
	触发暂停在打开/关闭之间进行切换(只用于语句表)
	图状态在打开/关闭之间进行切换
	状态图单次读取
	状态图全部写入
	强制PLC数据(状态图、梯形图编辑或功能块图编辑)
	对PLC数据取消强制(状态图、梯形图编辑、或功能块图编辑)
	全部取消强制(状态图、梯形图编辑、或功能块图编辑)
	读取全部强制数值(状态图、梯形图编辑、或功能块与编辑)

图 7-61　调试工具条

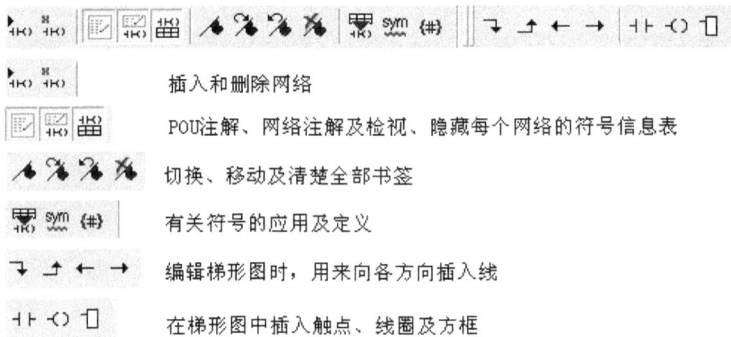

	插入和删除网络
	POU注解、网络注解及检视、隐藏每个网络的符号信息表
	切换、移动及清楚全部书签
	有关符号的应用及定义
	编辑梯形图时，用来向各方向插入线
	在梯形图中插入触点、线圈及方框

图 7-62　编程工具条

（3）浏览条　位于软件窗口的左方是浏览条,它显示编程特性的按钮控制群组,如：程序块、符号表、状态图、数据块、系统块、交叉引用及通信等控制。该条可用"View（视图）"菜单Navigation Bar（引导条）选项来选择是否打开。各部分功能介绍如下：

①Program Block（程序块）。点击切换到程序编辑器窗口。

②Symbol Table（符号表）。为程序数据及 I/O 点指定符号名。符号表允许程序员使用符号编址的一种工具,可用来建立自定义符号与直接地址之间的对应,并附加注释,有利于程序结构清晰易读。如图 7-63 所示,是一个编辑好的符号表和编译后对应的梯形图示例。

Symbol Table

			Symbol	Address	Comment
1			电机启动	I0.0	
2			电机停止	I0.1	
3			电机转	Q1.0	
4					
5					
6					

(a)

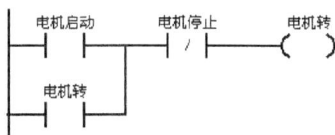

Symbol	Address	Comment
电机启动	I0.0	
电机停止	I0.1	
电机转	Q1.0	

(b)

图 7－63　符号表应用示例

(a)程序中建立的符号表;(b)用符号编址表示的梯形图

③Status Chart(状态图)。状态图也叫状态强制表,用来监控及强制 PLC 程序数据及 I/O 点。状态图允许将程序输入、输出或变量置入图标中,以便监控其状态。如图 7－64 示例中,要强制某位的状态,输入新值后,按鼠标的右键,点击"Force"。

Status Chart

	Address	Format	Current Value	New Value	
1	电机启动	Bit		2#1	
2	电机转	Bit			Cut　　Ctrl+X
3		Signed			Copy　　Ctrl+C
4		Signed			Paste　Ctrl+V
5		Signed			
					Force
					Unforce
					Insert　▶
					Delete　▶

图 7－64　状态图(状态强制表)应用示例

④Data Block(数据块)。在 PLC 内存储程序数据及初始条件数据,并加上必要的注释说明。初启程序窗口可以显示和编辑数据块的内容。

⑤System Block(系统块)。配置 PLC 硬件选项。

⑥Cross Reference(交叉引用)。PLC 内存使用总结,要了解程序中是否已经使用和在何处使用某一符号名或内存赋值时,可使用"交叉引用表"。交叉引用示例如图 7－65 所示。

Cross Reference

	Element	Block	Location	Context
1	电机启动	MAIN (OB1)	Network 1	-| |-
2	电机启动	MAIN (OB1)	Network 5	-| |-
3	电机启动	MAIN (OB1)	Network 7	-| |-
4	电机启动	MAIN (OB1)	Network 8	-| |-
5	电机停止	MAIN (OB1)	Network 4	-| |-
6	电机停止	MAIN (OB1)	Network 8	-|/|-

图 7－65　交叉引用应用示例

⑦Communication(通信)。设定并测试从 PC 至 PLC 的通信网络,具体使用方法和示例在本节的"硬件连接"部分已作介绍,这里不再赘述。

(4)项目/指令树 项目/指令树提供了所有的项目对象和当前程序编辑器可用的所有的指令的一个树型浏览。该条可用"View(视图)"菜单 Instruction Tree(指令树)选项来选择是否打开。

(5)程序编辑器 用来编辑程序,包括 LAD、FBD 或者 STL,在下面部分的编程方法中会有详细介绍。

(6)局部变量表 每个程序都对应一个局部变量表,在带参数的子程序调用中,参数的传递就是通过局部变量表进行的。

(7)输出窗口和状态条 用于显示系统各项操作或编程软件执行时的输出信息和状态信息。

7.6.5 编程方法

1. STEP7 - Micro/WIN32 梯形图的编辑说明

(1) STEP7 - Micro/WIN32 程序编辑器窗口提供三种程序编辑区域,有 OB1(主程序编写区域)、SBR0(子程序编写区域)、INT0(中断程序编写区域),在编辑界面的下部有切换窗口,也可以在"项目/指令树"中点选相应的编辑区域。

(2)Network(网络)。在梯形图中,用输出的个数将程序分成为网络的一些段,一个网络只能有一个输出。在编程窗口,已经自上而下标好了 Network 1、Network 2、Network3 等网络节点编号。每个网络都是触点、线圈和功能框的有序组合。

(3)梯形图编辑器的符号。

"→|"是可选的能量流连接,提供一个能量流。

"→》"指向一个需要能量流连接的器件。

"???"或"?"指示需要一个数位。

红色波浪线或红字表示提示操作数错误。

绿色波浪线表示显示变量或符号的使用未经定义。

2. 软件的操作和使用

如前所述,STEP7 - Micro/WIN32 提供了三种程序编辑器供用户选择:语句表编辑器(STL)、梯形图编辑器(LAD)、功能块图(FBD),其中梯形图最为常用。利用程序编辑器编程,其基本步骤可简单描述如下:

新建→选择编程元件编程(LAD 或 STL)→编译(Compile)→保存(Save Project)→停机(PLC STOP)→下载(Download)→运行(RUN)→可在线监控(Program Status)。

在整个编程过程中,还可以利用助记符号寻址;对网络标题、网络和编程语句注释;用状态/强制表强制变量等。下面,给出有关的操作方法。

(1)建立新项目、标题注释、输入程序

①View>选择 LAD(梯形图)或 STL(语句表)编辑器,或单击"New Project"(新建)按钮→进入 LAD(默认)或 STL 编辑器。

②双击"Network Title"行或选中后回车,进入网络标题(最多 127 个字符)和注释编辑器(均可中文输入)。

③输入梯形图程序:双击屏幕左边指令树"Instructions"下面的各编程元件,或直接从工具条选择元件并单击,输入至光标选中之处。每个网络除并联输出外只允许有一个输出,且整个程序中不允许双重输出。

(2)编译、保存、下载、监视程序

①编译(可选)　单击菜单 PLC>compile(编译)或单击工具条上的(Compile)按钮,CPU自动检查语法错误,在屏幕底部状态条中给出程序是否有语法错误(Error)的信息,但对于线圈的双重输出,不会作为语法错误被检出。

②保存　单击菜单 File>Save 或单击工具条上"Save Project"(保存)按钮也可。

③下载和监视　程序编辑完后,必须下载至 PLC,才能执行。

(a)下载程序:由 PLC>Stop 或直接单击工具条上"Stop"按钮,将 PLC 置于 Stop 状态(或直接单击"Download"按钮,此时屏幕会提示 PLC 必须置于"STOP"工作模式),然后下载。在屏幕上,将会有信息提示下载是否成功。

若将存在语法错误的程序未经编译直接下载,CPU 会自动停止下载,并给出下载失败提示,同时在主窗口底部状态条中提示编译错误数量及可能的错误类型等。待纠错后,重新下载。有些错误会生成一个非致命(Non Fatal)编译规则错误代码,以提示错误类型,可通过PLC>Information 查看"Non Fatal"所显示的错误代码。

(b)监视程序:程序下载成功后,置 PLC 为"RUN"工作模式,输入有关信号,PLC 执行程序。此时,可通过菜单 Debug>Programs Status 或工具条上"Program Status"(程序状态)按钮,在线监控程序的运行,屏幕上将会显示位指令的状态"0"或"1"(蓝色高光)和有关存储器的数据。并且,通过菜单 View>STL 可直接将 LAD 转换成 STL 显示。

(3)用状态/强制表强制变量(可在线修改用户程序的变量)　当程序运行时,可以利用"状态/强制表"来读、写、强制和监视变量以及为存储单元赋值。

①创建状态/强制表　单击梯形图编辑器屏幕左侧"Status Chart"图标,弹出状态强制表,如图 7-64 所示。

②监视　程序运行时,调出创建好的状态表,在"Current Value(当前值)"栏中,显示元素的当前状态或值。

③在线修改元素的状态或值　在状态/强制表中,双击"New Valuc(新值)"栏→输入新状态或新值→单击工具条上"Force(强制)"按钮,则新值被强制输入,或将位地址的状态强制为"1"或"0",程序根据新值或新状态执行,而不必令 PLC"STOP"重新下载程序。可通过工具条上"Unforce"按钮取消强制。

上述所有过程,读者可在选中各项目后,按"F1"键获得详细的帮助信息以及示例程序。本书限于篇幅,不再赘述。

习　题

1. S7-200 PLC 有哪些软元件? 他们的功能是什么?

2. S7-200 PLC 有哪些数据类型和寻址方式? 试分别说出 I2.3、VB45、VD202、VW510所占的存储空间。

3. S7-200 PLC 中共有几种分辨率的定时器? 它们的刷新方式有何不同? S7-200 PLC

中共有几种类型的定时器？对它们执行复位指令后，它们的当前值和位的状态是什么？

4. S7 - 200 PLC 中共有几种形式的计数器？对它们执行复位指令后，它们的当前值和位的状态是什么？

5. 已知输入信号 I0.0、I0.1 的波形，画出图 7 - 66 梯形图程序中 Q0.0 的波形。

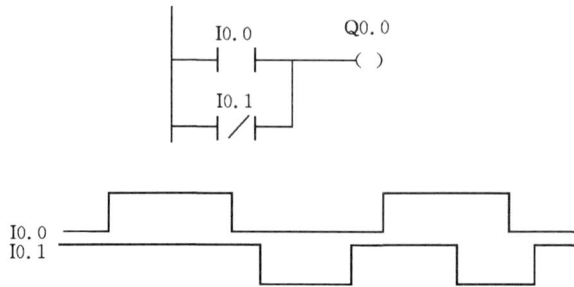

图 7 - 66

6. 已知输入信号 I0.0、I0.1 的波形，画出图 7 - 67 梯形图程序中 Q0.0、Q0.1 的波形。

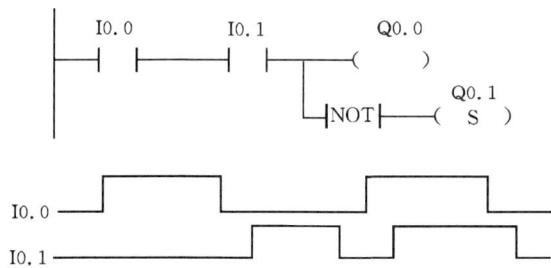

图 7 - 67

7. 已知输入信号 I0.0 和 I0.1 的波形，画出图 7 - 68 梯形图程序中 M0.0、M0.1 和 Q0.0 的波形。

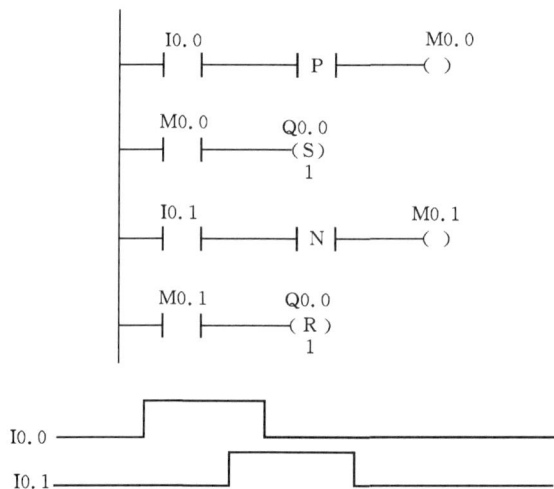

图 7 - 68

8. 指出图 7 - 69 中的错误。

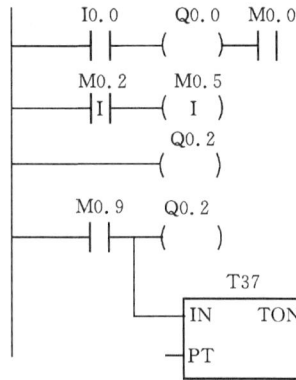

图 7 - 69

9. 用接在 I0.0 输入端的光电开关检测传送带上通过的产品,有产品通过时 I0.0 为 ON,如果在 10s 内没有产品通过,由 Q0.0 发出报警信号,用 I0.1 输入端外接的开关解除报警信号。画出梯形图。

10. 在按钮 I0.0 按下后 Q0.0 变为 1 状态并自保持(见图 7 - 70),I0.1 输入 3 个脉冲后(用 C1 计数),T37 开始定时,5s 后 Q0.0 变为 0 状态,同时 C1 被复位,在 PLC 刚开始执行用户程序时,C1 也被复位,设计出梯形图。

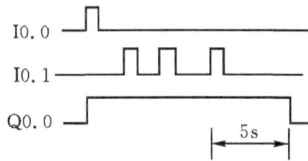

图 7 - 70

11. 用 S,R 和跳变指令设计满足图 7 - 71 所示波形的梯形图。

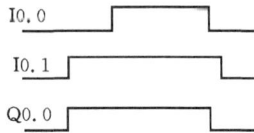

图 7 - 71

12. 试设计一个照明灯的控制程序。当按下接在 I0.0 上的按钮后,接在 Q0.0 上的照明灯可发光 30s,如果在这段时间内有人按下按钮,则时间间隔从头开始。这样可确保在最后一次按完按钮后,灯光可维持 30s 的照明。

13. 试设计一个抢答器程序。出题人提出问题,3 个答题人按动按钮,仅仅是最早按的人面前的信号灯亮,然后出题人按动复位按钮后,引出下一个问题。

14. 用简单设计法设计一个对锅炉鼓风机和引风机控制的梯形图程序。

(1)开机时首先启动引风机,10s 后自动启动鼓风机;

(2)停止时,立即关断鼓风机,经 20s 后自动关断引风机。

15. 多个传送带启动和停止示意如图 7 - 72 所示。初始状态为各个电机都处于停止状态。按下启动按钮后电动机 M1 通电运行,行程开关 SQ1 有效后,电动机 M2 通电运行,行程开关 SQ2 有效后,M1 断电停止。其他传动带动作类推。整个系统循环工作。按停止按钮后,系统把目前的工作进行完后停止在初始状态。

试设计其梯形图。

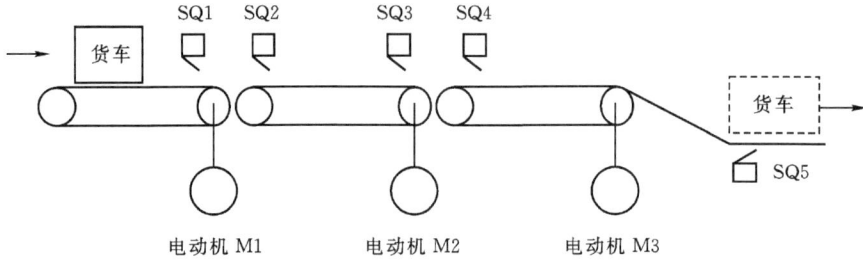

图 7 - 72

16. 指出图 7 - 73 梯形图的执行结果,试画出相应的波形。

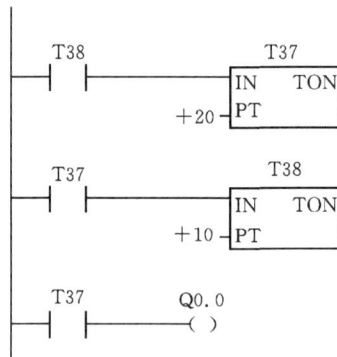

图 7 - 73

142

第8章 PLC应用设计

随着 PLC 功能的不断提高和完善,PLC 几乎可以完成控制领域的所有任务。但 PLC 还是有它最适合的应用场合,所以在接到一个控制任务后,要分析被控对象的控制过程和要求,看看用什么控制器(PLC、单片机或 IPC)来完成该任务最合适。而 PLC 最适合的控制对象是:工业环境较差,而对安全性、可靠性要求较高,系统工艺复杂,输入/输出以开关量为主的工业自控系统或装置。其实,现在的 PLC 不仅能处理开关量,而且对模拟量的处理能力也很强。所以在很多情况下,也可取代工业控制计算机(IPC)作为主控制器,来完成复杂的工业自动控制任务。

本章将介绍 PLC 控制系统的应用设计方面的问题,它包括 PLC 控制系统的总体设计、减少 PLC 输入和输出点数的方法以及提高 PLC 控制系统抗干扰的措施,然后介绍控制系统设计实例。

8.1 PLC 控制系统设计方法及步骤

8.1.1 PLC 控制系统设计的基本原则

任何一个控制系统都是为了实现被控对象的工艺要求,以提高生产效率、产品质量和生产安全为准则。因此,在设计 PLC 控制系统时,应遵循以下基本原则:

①最大限度地满足被控对象和用户的要求。

②在满足要求的前提下,力求使控制系统简单,使用方便,一次性投资小,节约能源。

③保证控制系统安全、可靠,使用维修方便。

④考虑到今后的发展和工艺的改进,在配置硬件设备时应留有一定的裕量。

8.1.2 PLC 控制系统的设计步骤

PLC 控制系统的一般设计步骤如图 8-1 所示。具体设计步骤如下:

①首先应根据系统控制任务和要求,在深入了解和分析工艺条件和控制要求的基础上,确定 PLC 控制的基本方式、要完成的动作、自动工作循环的组成、自动控制的动作顺序、必需的保护和联锁条件及故障指示等。

②根据控制任务确定 PLC 的机型,进行 I/O 地址分配,画出 I/O 接线图。

③进行 PLC 程序设计,对较复杂的控制系统,应根据生产工艺要求设计控制流程图,画出工作循环图表,或画出详细的功能图。根据功能图或控制流程图设计出梯形图。将编好的指令程序下载到 PLC 的程序存储器。

在进行软件设计的同时,还要进行控制系统硬件设计。例如 PLC 输入/输出端的接线图;输出电路的外接电源;电器柜的结构及柜内电器供电系统等。

④程序的初步调试是在模拟状态下进行的。如果控制系统是由几个部分组成,则应先作

局部调试,然后再进行整体调试。如果控制系统的部分较多,则可先进行分段调试,然后再连接起来统调。首先应仔细检查 PLC 的外部接线,硬件检查完毕后,将初步调试好的用户程序进行总调试。总调试时也可以采取先作局部调试试验和分段调试,直到各部分的功能都正常,并能协调一致贯成一个完整的体系为止。对不符合要求的部分,则可以对硬件、软件进行调整,通常只需要修改程序即可达到调整的目的。

⑤全部调试好以后,将程序固化到存储器中,交用户使用。

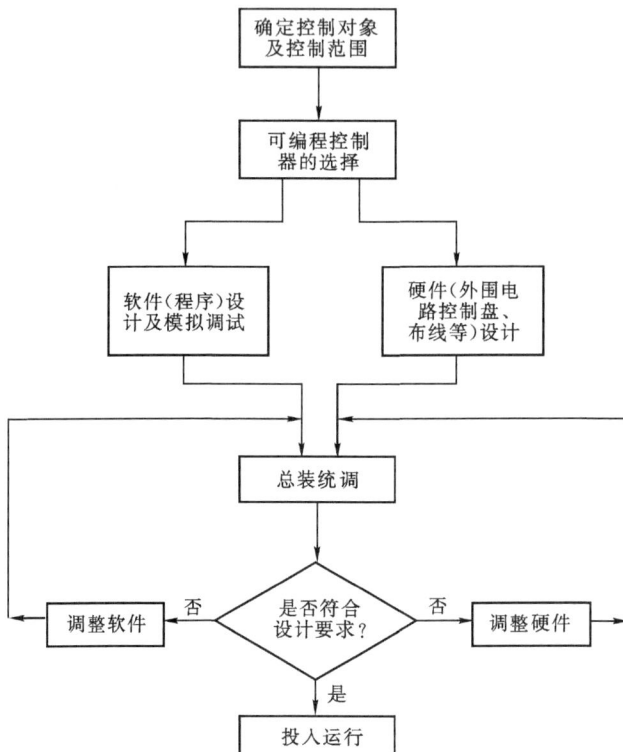

图 8-1　PLC 系统设计流程

8.1.3　PLC 控制系统设计的任务

①制定控制系统设计的技术条件。
②选择主令元件和检测元件、电力拖动形式和电动机、电磁阀等执行机构。
③选择 PLC 的型号。
④分配 PLC 的 I/O 点数,绘制 PLC 的 I/O 硬件接线图。
⑤设计控制系统的梯形图并调试。
⑥设计控制系统的操作台、电气控制柜、电气原理图以及电器安装接线图等。
⑦编写设计说明书和使用说明书。

8.1.4　PLC 机型的选择

目前,国内外的 PLC 的种类非常多,当某一个控制任务决定由 PLC 来完成后,选择 PLC 就成为最重要的事情。一方面是选择多大容量的 PLC,另一方面是选择什么公司的 PLC 及外设。具体应考虑以下几个方面：

1. I/O 点数

要对控制任务进行详细的分析，把所有的 I/O 点找出来，包括开关量 I/O 和模拟量 I/O 以及这些 I/O 点的性质。I/O 点的性质主要指它们是直流信号还是交流信号，以及输出是用继电器型还是晶体管或是晶闸管型。控制系统输出点的类型非常关键，要尽可能选择相同等级和种类的负载。此外要分清模拟量 I/O 点数和数字量 I/O 点数的关系，有的产品模拟量 I/O 点数要占数字量 I/O 的点数，有的产品却是分别独立的。

2. PLC 的功能

所有 PLC 一般都具有常规的功能，但对某些特殊要求，就要知道所选用的 PLC 是否有能力完成控制任务。如对 PLC 与 PLC、PLC 与智能仪表及上位机之间有灵活方便的通信要求；或对 PLC 的计算速度、用户程序容量等有特殊要求，或对 PLC 的位置控制等特殊要求等。这就要求用户对市场上流行的 PLC 品种有一个详细的了解，以便做出正确的选择。

3. 性价比

不同厂家的 PLC 产品价格相差很大，有些功能类似、质量相当、I/O 点数相当的 PLC 的价格能相差 40％以上。在考虑满足需要的性能后，还要根据工程的投资状况来确定机型。

4. 人为因素

有些工程技术人员对某种品牌的 PLC 熟悉，所以一般比较喜欢使用这种产品，一些生产企业有时会制定某些品牌的 PLC。

8.1.5　I/O 地址分配

输入/输出信号在 PLC 接线端子上的地址分配是进行 PLC 控制系统设计的基础。对软件设计来说，I/O 地址分配以后才可进行编程；对控制柜及 PLC 的外部接线来说，只有 I/O 地址确定以后，才可以绘制电气接线图、装配图，让装配人员根据线路图和安装图安装控制柜。在进行 I/O 地址分配时最好把 I/O 点的名称、代码和地址以表格的形式列出来。

估算被控对象的 I/O 点数，就可选择点数相当的 PLC。一般 PLC 的输入、输出总点数是按 3:2 分配的，选择时一般还需留有 10％～15％的 I/O 余量。表 8-1 列出了典型传动设备及电气元件所需 PLC 的 I/O 点数，在确定控制对象的 I/O 点数时有参考作用。

8.1.6　系统设计

系统设计包括硬件系统设计和软件系统设计。硬件系统设计主要包括 PLC 及外围线路的设计、电气线路的设计和抗干扰措施的设计等。软件系统设计主要指编制 PLC 控制程序。

选定 PLC 及其扩展模块和分配完 I/O 地址后，硬件设计的主要内容就是电气控制系统原理图的设计、电气控制元器件的选择和控制柜的设计。电气控制系统原理图包括主电路和控制电路。控制电路中包括 PLC 的 I/O 接线和自动部分、手动部分的详细连接等，有时还要在电气原理图中标示器件代号或另外配上安装图、端子接线图等，以方便控制柜的安装。电气元器件的选择主要是根据控制要求选择按钮、开关、传感器、保护电器、接触器、指示灯和电磁阀等。

表 8 - 1 典型传动设备及常用电气元件所需 PLC I/O 点数

序 号	电器设备、元件	输入点数	输出点数	I/O 总点数
1	Y—△启动的笼型电动机	4	3	7
2	单向运行的笼型电动机	4	1	5
3	可逆运行的笼型电动机	5	2	7
4	单向变极电动机	5	3	8
5	可逆变极电动机	6	4	10
6	单向运行的直流电机	9	6	15
7	可逆运行的直流电机	12	8	20
8	线圈电磁阀	2	1	3
9	双线圈电磁阀	3	2	5
10	比例阀	3	5	8
11	按钮开关	1	—	1
12	光电开关	2	—	2
13	信号灯	—	1	1
14	拨码开关	4	—	4
15	三挡波段开关	3	—	3
16	行程开关	1	—	1
17	接近开关	1	—	1
18	抱闸	—	1	1
19	风机	—	1	1
20	位置开关	2	—	2

控制系统软件设计的难易程度因控制任务而异,也因人而异。对经验丰富的工程技术人员来说,在长时间的专业工作中,受到过各种各样的磨练,积累了许多经验。除了一般的编程方法外,更有自己的编程技巧和方法。但不管怎么说,平时多注意积累和总结是很重要的。在程序设计时,除 I/O 地址列表外,有时还要把在程序中用到的中间继电器(M)、定时器(T)、计数器(C)和存储单元(V)以及它们的作用或功能列写出来,以便编写程序和阅读程序。

软件设计和硬件安装可同时进行,这样做可以缩短工期。

8.1.7 总装和统调

总装统调是 PLC 构成控制系统的最后一个设计步骤。系统调试分模拟调试和联机调试,用户程序在总装统调前需进行模拟调试。

软件部分的模拟调试用装在 PLC 上的模拟开关模拟输入信号的状态,用输出点的指示灯模拟被控对象,可用电位器和万用表配合进行,程序检查无误后便可把 PLC 接到系统里去,进行总装统调。

首先对 PLC 外部接线做仔细检查,外部接线一定要准确、无误。硬件部分的模拟调试可在断开主电路的情况下进行,主要试一试手动控制部分是否正确。当确认各部分功能都正常后,可进行运行模拟调试后的 PLC 程序,直到系统协调一致成为一个完整的控制整体为止。由此可见,在进行完总体设计以及具体的硬件系统设计和软件系统设计后,除要分别对硬件系统和软件系统进行调试外,还必须对硬件系统和软件系统进行综合调试和试运行,反复进行硬件系统和软件系统的修改调整,直到整个控制系统全部投入正常工作为止,才算最终完成系统设计。

为了判断系统各部件工作的情况,可以编制一些短小而针对性强的临时调试用程序,在系统调试中,要注意使用灵活的技巧,以便加快系统的调试过程。

8.2　节省 I/O 点数的几种方法

在工程设计中,经常遇到 I/O 点不够用的问题。目前,PLC 的每一 I/O 点数价格在 100元左右,如果直接增加硬件配置,将加大投资。在实际设计时,可以用改进接线与编程相结合的方法,减少所需 PLC 的 I/O 点数。

8.2.1　减少输入点数的措施

1. 分时分组输入

自动程序和手动程序不会同时执行,自动和手动这两种工作方式分别使用的输入量可以分成两组输入。如图 8-2 所示,I0.0 用来输入自动/手动命令信号,供自动程序和手动程序切换使用。图中的二极管是用来切断寄生信号的,避免错误信号的产生,可见用一个输入端就可以分别反映两个输入信号的状态,节省了输入端。

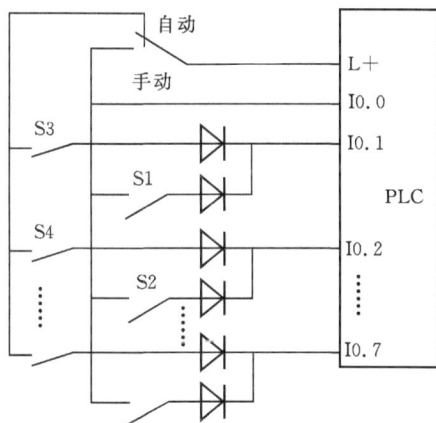

图 8-2　分时分组输入示例 1

图 8-2 是手动和自动在硬件上形成了互锁电路,还可以从软件上考虑。图 8-3 是分时分组输入的另一种更简单的设计方法,不但可以象图 8-2 那样节省输入点数,同时可以节省PLC 外部接线的电器元件的个数。这种方法要依靠程序设计完成,例如图 8-3 中,可以将I0.0 的常开触点串联到手动程序中,将它的取反状态串联到自动程序中,这样就在软件上形成了自动和手动的互锁电路。

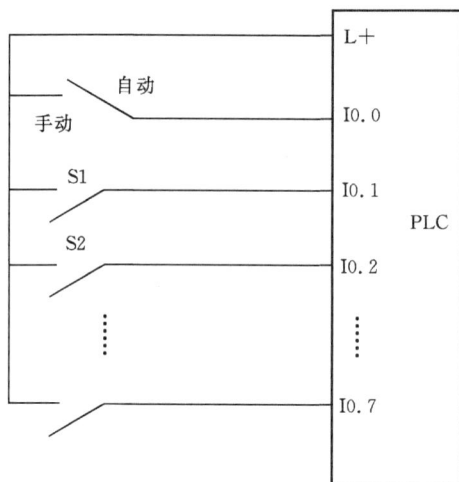

图 8-3　分时分组输入示例 2

2. 输入触点的合并

如果某些外部输入信号总是以某种"与或非"组合的整体形式出现在梯形图中,可以将它们对应的触点在 PLC 外部串、并联后作为一个整体输入 PLC,只占 PLC 的一个输入点。

例如,某负载可在多处启动和停止,可以将三个启动信号并联,将三个停止信号串联,分别送给 PLC 的两个输入点(见图 8-4 所示)。与每一个启动信号和停止信号占用一个输入点的方法相比,不仅节约了输入点,还简化了梯形图电路。

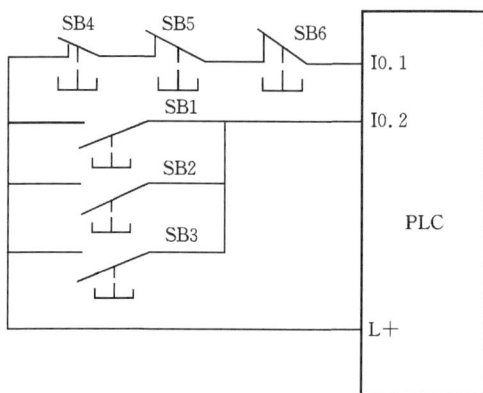

图 8-4　输入触点的合并

以上是一些常见的减少 PLC 输入点数的方法。PLC 的软件功能很强,如果应用 PLC 的功能指令,还可以设计出多种减少输入点数的方法,这里就不再介绍了。

8.2.2　减少输出点数的措施

1. 分组输出

当两组负载不会同时工作时,可以通过外部转换开关或通过受 PLC 控制的电器触点进行切换,这样 PLC 的每个输出点可以控制两个不同工作的负载。如图 8-5 所示,KM1、KM3、KM5 和 KM2、KM4、KM6 两组执行元件不会同时接通,用外部转换开关 SA 进行切换。

2. 并联输出

当两个通断状态完全相同的负载,并联后可供用 PLC 的一个输出端子。采用这种方式必须要注意 PLC 输出端子驱动负载的能力,如果不够,可以考虑用中间继电器扩大触点数量和容量。

3. 用编程方式使负载具有多个功能

用一个负载实现多种用途,也可以节省输出端子。例如利用 PLC 编程的功能,用一个输出端指示灯的两种不同的状态,常亮和闪烁发亮,表示两种不同的信息,可节省输出点数。除此之外,还可以将一些相对独立、比较简单的控制部分,不通过 PLC 直接用继电器控制。

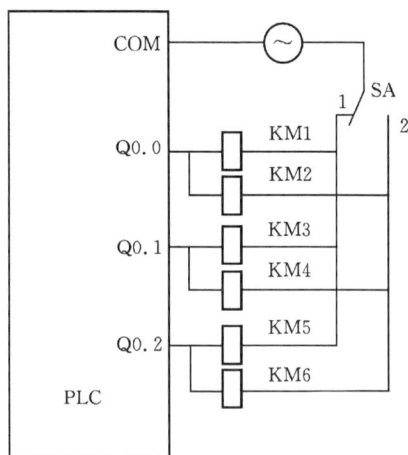

图 8 - 5　分组输出方式

8.3　提高 PLC 控制系统可靠性的措施

PLC 是专门为工业生产服务的控制装置,通常不需要采取什么措施,就可以直接在工业环境中使用。但是,当生产环境过于恶劣,电磁干扰特别强烈,或安装使用不当,都不能保证 PLC 的正常运行,因此在使用中应注意以下问题。

8.3.1　PLC 对工作环境的要求

1. 温度

PLC 要求环境温度在 0～55℃,安装时不能放在发热量大的元件下面,四周通风散热的空间应足够大,基本单元和扩展单元之间要有 30mm 以上间隔;开关柜上、下部应有通风的百叶窗,防止太阳光直接照射;如果周围环境超过 55℃,要安装电风扇强迫通风。

2. 湿度

为了保证 PLC 的绝缘性能,空气的相对湿度应小于 85%(无凝露)。

3. 振动

应使 PLC 远离强烈的振动源,防止振动频率为 10～55Hz 的频繁或连续振动。当使用环境不可避免地振动时,必须采取减振措施,如采用减振胶等。

4. 空气

避免有腐蚀和易燃的气体,例如氯化氢、硫化氢等。对于空气中有较多粉尘或腐蚀性气体的环境,可将 PLC 安装在封闭性较好的控制室或控制柜中,并安装空气净化装置。

8.3.2　PLC 对供电的要求

PLC 供电电源为 50Hz、220(1±10%)V 的交流电,对于电源线带来的干扰,PLC 本身具有足够的抵制能力。对于可靠性要求很高的场合或电源干扰特别严重的环境,可以安装一台带屏蔽层的变比为 1:1 的隔离变压器,以减少设备与地之间的干扰。还可以在电源输入端串接 LC 滤波电路。如图 8-6 所示。

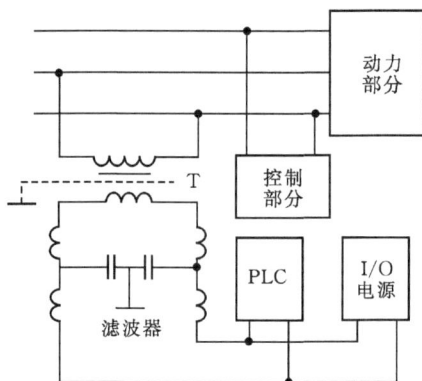

图 8-6　低通滤波与隔离变压器

在电力系统中,使用 220V 的直流电源(蓄电池)给 PLC 供电,可以显著地减少来自交流电源的干扰,在交流电源消失时,也能保证 PLC 的正常工作;动力部分、控制部分、PLC、I/O 电源应分别配线,隔离变压器与 PLC 和与 I/O 电源之间应采用双绞线连接;外部输入电路用的外接直流电源最好采用稳压电源,那种仅将交流电压整流滤波的电源含有较强的纹波,可能使 PLC 接收到错误的信息。PLC 的供电系统一般采用下列几种方案。

1. 使用隔离变压器的供电系统

图 8-7 所示为使用隔离变压器的供电系统图,控制器和 I/O 系统分别由各自的隔离变压器供电,并与主电路电源分开。这样当某一部分电源出了故障时,不会影响其他部分,当输入、输出供电中断时控制器仍能继续供电,提高了供电的可靠性。

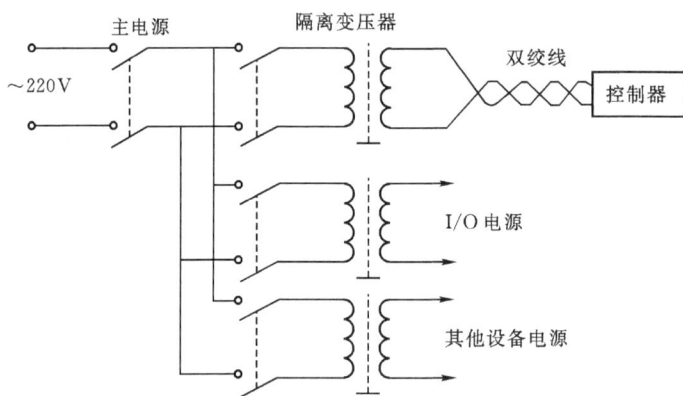

图 8-7　使用隔离变压器的供电系统

2. 使用 UPS 供电系统

不间断电源 UPS 是电子计算机的有效保护装置,当输入交流电失电时,UPS 能自动切换到输出状态继续向控制器供电。根据 UPS 的容量在交流电失电后可继续向控制器供电 10～30 分钟,因此对于非长时间停电的系统,其效果更加显著。

3. 双路供电系统

为了提高供电系统的可靠性,交流供电最好采用双路,其电源应分别来自两个不同的变电站。当一路供电出现故障时,能自动切换到另一路供电。图 8-8 是双路供电系统图。

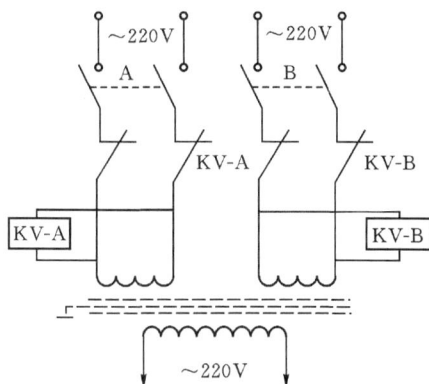

图 8-8　双路供电系统图

4. I/O 模板电源要求

I/O 模板供电电源设计是指系统中传感器、执行机构、各种负载与 I/O 模板之间的供电电源设计。在实际应用中,普遍使用的 I/O 模板基本上是采用 24V 直流供电电源和 220V 交流供电电源。对于模拟量输入输出模板,一般来说模板本身需要工作电源,现场传感器和执行机构有时也需要工作电源。

8.3.3　PLC 控制系统的布线要求

1. 安装与布线

①动力线、控制线以及 PLC 的电源线和 I/O 线应分别配线,隔离变压器与 PLC 和 I/O 之间应采用双绞线连接。

②PLC 应远离强干扰源,如电焊机、大功率硅整流装置和大型动力设备,不能与高压电器安装在同一个开关柜内。

③对于开关量信号可选用一般电缆;当信号的传输距离较远时,可选用屏蔽电缆;模拟量信号的传送最好采用双层屏蔽线,屏蔽层应一端或两端接地,接地电阻应小于屏蔽层电阻的 1/10。

④PLC 基本单元与扩展单元以及功能模块的连接线缆应单独铺设,以防止外界信号的干扰。

⑤交流输出线和直流输出线不要用同一根电缆,输出线应尽量远离高压线和动力线,避免并行。

⑥PLC 的输入与输出信号线、开关量与模拟量信号线、供电电源线和信号线最好不在同一线槽内走线。

2. I/O 端的接线

①输入接线一般不要超过 30m。但如果环境干扰较小,电压降不大时,输入接线可适当长些。

②尽可能采用常开触点形式连接到输入端,使编制的梯形图与继电器原理图一致,便于阅读。

③输出端接线分为独立输出和公共输出。在不同组中,可采用不同类型和电压等级的输出。但在同一组中的输出只能用同一类型、同一电压等级的电源。

④由于 PLC 的输出元件被封装在印制电路板上,并且连接至端子板,若将连接输出元件的负载短路,将烧毁印制电路板,因此,应用熔丝保护输出元件。

⑤采用继电器输出时,所承受的电感性负载的大小,会影响到继电器的工作寿命,因此使用电感性负载时要选择工作寿命长的继电器。

⑥PLC 的输出负载可能产生干扰,因此要采取措施加以控制,如直流输出的续流管保护,交流输出的阻容吸收电路,晶体管及双向晶闸管输出的旁路电阻保护等。

3. 外部安全电路

为了确保整个系统能在安全状态下可靠工作,避免由于外部电源发生故障、PLC 出现异常、误操作以及误输出造成的重大经济损失和人身伤亡事故,PLC 外部应安装必要的保护电路。

①急停电路。对于能使用户造成伤害的危险负载,除了在控制程序中加以考虑之外,还应设计外部紧急停车电路,使得 PLC 发生故障时,能将引起伤害的负载电源可靠切断。

②保护电路。正、反向运转等可逆操作的控制系统,要设置外部电器互锁保护;往复运行及升降移动的控制系统,要设置外部限位保护电路。

③PLC 有监视定时器等自检功能,检测出异常时,输出全部关闭。但当 PLC 的 CPU 出现故障时就不能控制输出,因此,对于能使用户造成伤害的危险负载,为确保设备在安全状态下运行,需设计外控电路加以防护。

④电源过负荷的防护。如果 PLC 电源发生故障,中断时间少于 10ms,PLC 工作一般不受到影响,若电源中断超过 10ms 或电源下降超过允许值,则 PLC 停止工作,所有的输出点均同时断开;当电源恢复时,若 RUN 输入接通,则操作自动进行。因此,对一些易过载的输入设备应设置必要的失压保护及限流保护电路。

⑤重大故障的报警及防护。对于易发生重大事故的场所,为了确保控制系统在重大事故发生时仍可靠地报警及防护,应将与重大故障有联系的信号通过外电路输出,以使控制系统在安全状况下运行。

8.3.4　PLC 控制系统的接地要求

在实际控制系统中,接地是抑制干扰的主要方法,在设计中如果能把接地和屏蔽正确地结合起来使用,可以解决大部分干扰问题。良好的接地是保证 PLC 可靠工作的重要条件,可以避免偶然发生的电压冲击危害。PLC 的接地线与机器的接地端相接,接地线的截面积应不小于 $2mm^2$,接地电阻小于 10Ω;应尽量减少接地导线长度以降低接地阻抗;如果要用扩展单元,其接地点应与基本单元的接地点接在一起。为了抑制加在电源及输入端、输出端的干扰,应给 PLC 接上专用地线,接地点应与动力设备(如电机)的接地点分开;若达不到这种要求,也必须做到与其他设备公共接地,禁止与其他设备串连接地。接地点应尽可能靠近 PLC。如图 8-9 所示,(a)、(b)为正确的接地形式,(c)为错误的接地形式。

在 PLC 组成的控制系统中,大致有以下几种地线:

①数字地(逻辑地)。开关量(数字量)信号的零电位。

②模拟地。各种模拟量信号的零电位。

③信号地。传感器的地。

④交流地。交流供电电源的地线,通常是产生噪声的地。

⑤直流地。直流供电电源的地。

⑥屏蔽地(机壳地)。防止静电感应。

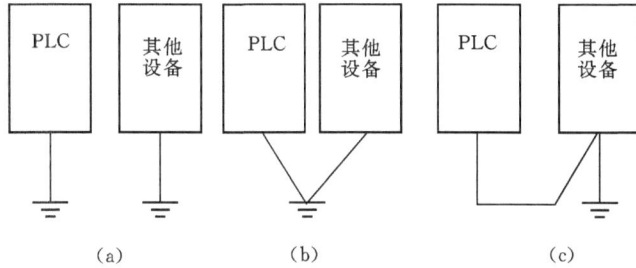

图 8-9　PLC 接地

8.3.5　冗余系统与热备用系统

在石油、化工、冶金等行业的某些系统中,要求控制装置有极高的可靠性。如果控制系统发生故障,将会造成停产、原料大量浪费或设备损坏,给企业造成极大的经济损失。但是仅靠提高控制系统硬件的可靠性来满足上述要求是远远不够的,因为 PLC 本身可靠性的提高是有一定的限度。使用冗余系统或热备用系统就能够比较有效地解决上述问题。

1. 冗余控制系统

在冗余控制系统中,整个 PLC 控制系统(或系统中最重要的部分,如 CPU 模块)由两套完全相同的系统组成,如图 8-10(a)所示。两块 CPU 模块使用相同的用户程序并行工作,其中一块是主 CPU,另一块是备用 CPU;主 CPU 工作,而备用 CPU 的输出是被禁止的,当主 CPU 发生故障时,备用 CPU 自动投入运行。这一切换过程是由冗余处理单元 RPU 控制的,切换时间在 1～3 个扫描周期,I/O 系统的切换也是由 RPU 完成的。

2. 热备用系统

在热备用系统中,两台 CPU 用通讯接口连接在一起,均处于通电状态,如图 8-10(b)所示。当系统出现故障时,由主 CPU 通知备用 CPU,使备用 CPU 投入运行。这一切换过程一般不太快,但它的结构有比冗余系统简单。

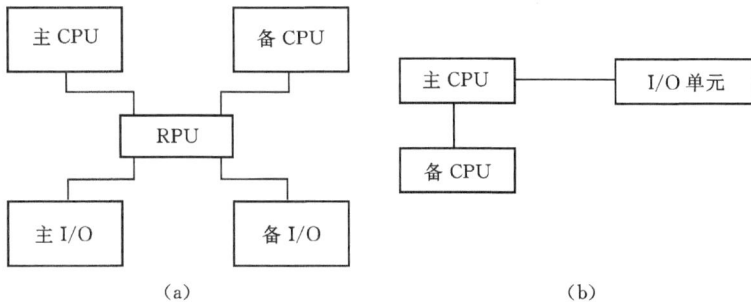

图 8-10　冗余系统与热备用系统

8.3.6 故障的检测与诊断

PLC 的可靠性很高,本身有很完善的自诊断功能,如果出现故障,借助自诊断程序可以方便地找到出现故障的部件,更换它后就可以恢复正常工作。大量的工程实践表明,PLC 外部的输入、输出元件,如限位开关、电磁阀、接触器等的故障率远远高于 PLC 本身的故障率,而这些元件出现故障后,PLC 一般不能觉察出来,不会自动停机,可能使故障扩大,直至强电保护装置动作后停机,有时甚至会造成设备和人身事故。停机后,查找故障也要花费很多时间。为了及时发现故障,在没有酿成事故之前自动停机和报警,也为了方便查找故障,提高维修效率,可用梯形图程序实现故障的自诊断和自处理。

现代的 PLC 拥有大量的软件资源,如 S7 - 200 系列 CPU 有几百点存储器位、定时器和计数器,有相当大的余量。可以把这些资源利用起来,用于故障检测。

1. 超时检测

机械设备在各工步的动作所需的时间一般是不变的,即使变化也不会太大,因此可以以这些时间为参考,在 PLC 发出输出信号,相应的外部执行机构开始动作时启动一个定时器定时,定时器的设定值比正常情况下该动作的持续时间长 20% 左右。例如,设某执行机构在正常情况下运行 10s 后,它驱动的部件使限位开关动作,发出动作结束信号。在该执行机构开始动作时启动设定值为 12s 的定时器定时,若 12s 后还没有接收到动作结束信号,由定时器的常开触点发出故障信号,该信号停止正常的程序,启动报警和故障显示程序,使操作人员和维修人员能迅速判别故障的种类,及时采取排除故障的措施。

2. 逻辑错误检测

在系统正常运行时,PLC 的输入、输出信号和内部的信号(如存储器位的状态)相互之间存在着确定的关系,如出现异常的逻辑信号,则说明出现了故障。因此,可以编制一些常见故障的异常逻辑关系,一旦异常逻辑关系为 ON 状态,就应按故障处理。例如,某机械运动过程中先后有两个限位开关动作,这两个信号不会同时为 ON。若它们同时为 ON,说明至少有一个限位开关被卡死,应停机进行处理。在梯形图中,将这两个限位开关对应的输入位的常开触点串联,来驱动一个表示限位开关故障的存储器位。

8.4 PLC 的应用实例

8.4.1 PLC 在数控机床上的应用

在 PLC 出现之前,机床的顺序控制是由传统的继电器逻辑电路完成的,由于它的寿命短、可靠性差、体积大、耗电多和柔性低等缺点,逐渐被 PLC 所取代。现代先进的数控机床一般可分为机床床体(MT)、NC 和 PLC 三部分。数控机床中 NC 和 PLC 协调配合共同完成对数控机床的控制,其中 NC 主要完成管理调度及轨迹控制等"数字控制"工作,PLC 主要完成与逻辑有关的一些动作,如刀具的更换、工件的夹紧及冷却液、润滑液的开停。

1. 数控机床 PLC 的控制对象

数控机床的控制可分为两大部分:一部分是坐标轴运动的位置控制;另一部分是数控机床加工过程的顺序控制。在讨论 PLC、CNC 和机床各机械部件、机床辅助装置、强电线路之间的关系时,常把数控机床分为"CNC 侧"和"MT 侧"(即机床侧)两大部分:"CNC 侧"包括 CNC 系统的硬件和软件、与 CNC 系统连接的外部设备。"MT 侧"包括机床机械部分及其液压、气压、冷却、润滑、排屑等辅助装置,机床操作面板,继电器线路,机床强电线路等。PLC 处于 CNC 和 MT 之间,对 NC 侧和 MT 侧的输入/输出信号进行处理。

图 8-11 所示为数控机床 PLC 输入/输出信号示意图。

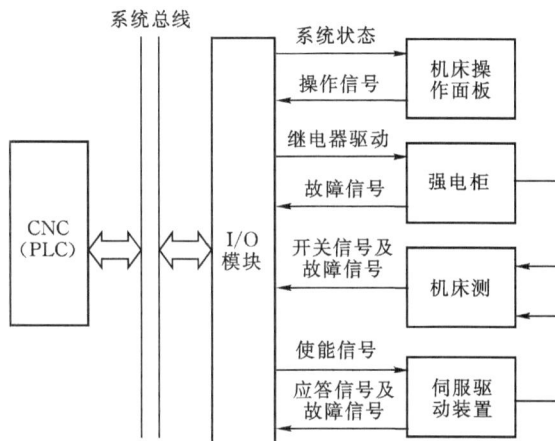

图 8-11　数控机床 PLC 输入/输出信号示意图

数控机床输入/输出信号的处理包括:

(1)CNC 到 MT　CNC 的输出数据经过 PLC 逻辑处理,通过输入/输出接口送至 MT 侧。CNC 到机床的信号主要是 M、S、T 等功能代码。

①S 功能的处理。在 PLC 中可以用 4 位代码直接指定转速。如某数控机床主轴的最高、最低转速分别为 3150r/min 和 20r/min,CNC 送出 S 代码至 PLC,将十进制数转换为二进制数后送到限位器,当 S 代码在正常的转速范围内,对应的 M 指令会控制对应的齿轮啮合,实现主轴的换速;当 S 代码大于 3150 时,限制 S 为 3150;当 S 代码小于 20 时,限制 S 为 20。此数值送到 D/A 转换器,转换成 20~3150r/min 相对应的输出电压,作为转速指令控制主轴的转速。

②T 功能的处理。数控机床通过 PLC 管理刀库,进行自动换刀,进行自动刀具交换。处理的信息包括刀库选刀方式、刀具累计使用次数、刀具剩余寿命和刀具刃磨次数等。

③M 功能处理。M 功能是辅助功能,根据不同的 M 代码,可控制主轴的正、反转和停止,主轴齿轮箱的换档变速,主轴准停,切削液的开、关,卡盘的夹紧、松开及换刀机械手的取刀、归刀等动作。

(2)MT 到 CNC　从机床侧输入的开关量经 PLC 逻辑处理传送到 CNC 装置中。机床侧传递给 PLC 的信号是机床操作面板上各开关、按钮等信息。

(3)输出信号控制　PLC 输出的信号经继电器、接触器或液压、气动电磁阀对刀库、机械手和回转工作台等装置进行控制,另外还有冷却、润滑和油泵电机等的控制。

(4)伺服控制　控制主轴、伺服进给及刀库驱动的使能信号,以满足伺服驱动的条件。

(5)报警处理控制　当出现故障时,PLC 收集强电柜、机床侧和伺服驱动的故障信号,将报警标志区中的相应报警标志位置位,数控系统便显示报警号及报警文本以方便故障诊断。

2. 数控机床 PLC 的形式

数控机床用的 PLC 分为两大类：一类是内装型 PLC，它是专为数控机床应用而设计的；另一类是独立型 PLC，它的输入/输出接口技术规范、输入/输出点数、程序存储容量以及运算和控制功能等均满足数控机床控制要求。

（1）内装型 PLC　内装型 PLC 从属于 CNC 装置，也称集成式 PLC，PLC 与 CNC 间的信号传递在 CNC 装置内部即可实现。PLC 与 MT 侧则通过 CNC 输入/输出接口电路实现信号传送，如图 8-12 所示。

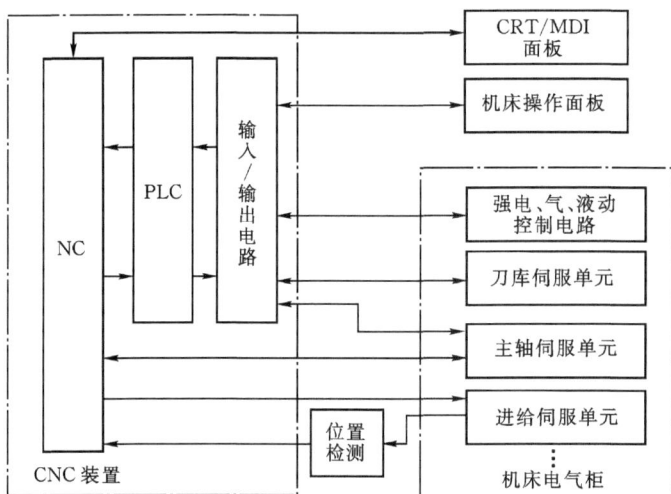

图 8-12　内装型 PLC

内装型 PLC 实际上是 CNC 装置带有 PLC 功能，从设计开始就将 CNC 和 PLC 综合起来考虑。CNC 和 PLC 之间的信息传递是在内部总线的基础上进行，因而有较高的交换速度和较宽的信息通道。用内装型 PLC 结构，CNC 系统可以具有某些高级控制功能，如梯形图编辑和传送功能等。内装型 PLC 可与 CNC 共用 CPU，如西门子公司的 810，820 等数控系统，也可以是单独的 CPU，如 FANUC 公司的 0 系统和 15 系统等。这种结构从软硬件整体上考虑，PLC 和 CNC 之间没有多余的导线连接，增加了系统的可靠性，而且 NC 和 PLC 之间易实现许多高级功能。PLC 中的信息也能通过 CNC 的显示器显示，通过 NC 的编辑键可方便的对 PLC 进行编辑操作，所以有较高的性能价格比。高档次的数控系统一般都采用这种结构。

（2）独立型 PLC　又称为通用型 PLC。独立型 PLC 独立于 CNC 装置，具有完备的硬件和软件功能，能独立完成规定的控制任务，它的的基本功能结构与前所述的通用型 PLC 完全相同。采用独立型 PLC 的数控机床系统框图如图 8-13 所示。独立型 PLC 大多采用模块化结构，输入/输出点数可以通过输入/输出模块的增减灵活配置。

3. FANUC-PMC 的介绍

在国外数控机床上，配置的数控系统较多的是日本的 FANUC、德国的 Siemens、美国的 A-B 等公司的产品。本章以 FANUC-PMC 数控系统为例，介绍 PLC 在数控机床中的应用。

数控机床用 FANUC PLC 有 PMC-A、PMC-B、PMC-C、PMC-D、PMC-GT、PMC-L 等多种型号，FANUC-PMC 是内置的 PLC，通过数控系统的 I/O 接口板和外部信号进行交换。不同的型号区别在于功能指令的数目有所不同。

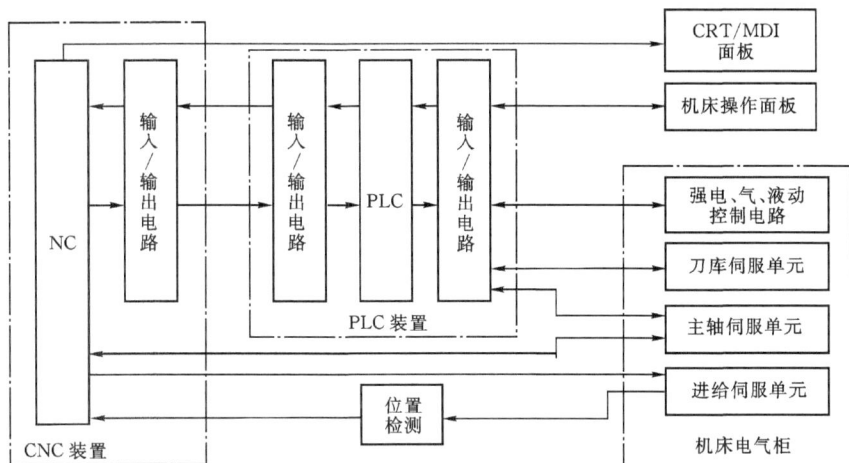

图 8 - 13　独立型 PLC

(1)FANUC - PMC 地址

①机床侧到 PMC 的输入信号。X 表示内装 I/O 的地址从 X1000.0 开始,而 I/OLINK 的地址是从 X0.0 开始的。

②PMC 到机床侧的输出信号。Y 表示内装 I/O 的地址从 Y1000.0 开始,而 I/OLINK 的地址是从 Y0.0 开始的。

③CNC 到 PMC 的输入信号。F 表示系统部分将伺服电机和主轴电动机的状态以及请求相关机床动作的信号,如 CNC 准备好信号(机床就绪)、伺服准备好信号、控制单元报警信号等。反馈到 PMC 进行逻辑运算,作为机床动作的条件及进行自诊断的依据。地址从 F0.0 开始。但是梯形图中只能有其触点而不能有其线图。

④PMC 到 CNC 的输出信号。G 表示对系统部分进行控制和信息反馈,如系统急停信号、进给保持信号等。地址从 G0.0 开始。在梯形图中可以用其线圈,也可以用其触点。

⑤内部继电器。R 表示地址从 R0.0 到 R9117.7。R0~R999 作为通用中间继电器使用。R9000 后的地址作为 PMC 系统程序保留区,这个区域中的继电器不能用作梯形图中的线圈使用。

⑥定时器。T 表示其地址从 T0 到 T79,共 80 个字节。每 2 个字节组成一个定时器,总共可分为 40 个定时器,定时器号从 1 到 40。

⑦计数器。C 表示其地址从 C0 到 C79,共 80 个字节。每 4 个字节组成一个计数器,总共可分为 20 个计数器,计数器号从 1 到 20。

⑧保持继电器。K 表示其地址从 K0 到 K19,共 20 个字节,160 位。K0~K16 为一般通用地址,K17~K19 为 PMC 系统软件参数设定区域,由 PMC 软件使用。

(2)FANUC - PMC 梯形图的表示符号　FANUC - PMC 梯形图的表示符号如图 8 - 14 所示。

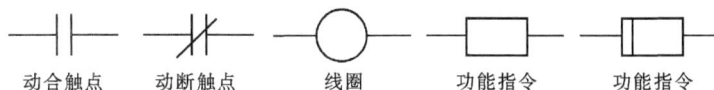

图 8 - 14　FANUC - PMC 梯形图的表示符号

(3)FANUC-PMC 的基本操作指令 基本指令共 12 条,同其他品牌的 PLC 功能类似。

(4)FANUC-PMC 的功能指令 数控机床用的 PLC 指令必须满足数控机床信息处理和动作控制的特殊要求,例如 CNC 输出的 M、S、T 二进制代码信号的译码(DEC);机械运动状态或液压系统动作状态的延时(TMR)确认;加工零件的计数(CTR);刀库、分度工作台沿最短路径旋转和现在位置至目标位置步数的计算(ROT);换刀时数据检索(DSCH)和数据变址传送指令(XMOV)等。对于上述的译码、定时、计数、最短路径的选择,以及比较、检索、转移、代码转换、四则运算、信息显示等控制功能,仅用一位操作的基本指令编程,实现起来将会十分困难,因此要增加一些具有专门控制功能的指令,这些专门指令就是功能指令。功能指令都是一些子程序,应用功能指令就是调用相应的子程序。FANUC PLC 的功能指令数目视型号不同而有所不同,其中 PMC-A、B、C、D 为 22 条,PMC-B、G 为 23 条,PMC-L 为 35 条。下面介绍几种常用的功能指令。

①顺序程序结束指令(END1、END2)。END1:高级顺序程序结束指令;END2:低级顺序程序结束指令。

指令格式

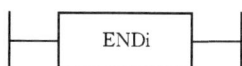

其中 $i=1$ 或 2,分别表示高级和低级顺序程序结束指令。

一般数控机床的 PLC 程序处理时间为几十毫秒,对数控机床的绝大多数信息,这个处理速度已足够了。但对某些要求快速响应的信号,尤其是脉冲信号,这个处理速度就不够了。为适应对不同控制信号的不同响应速度的要求,PLC 程序常分为高级程序和低级程序。END1 在顺序程序中必须指定一次,其位置在高级程序的末尾;当无高级顺序程序时,则在低级顺序程序的开头指定。END2 在低级顺序程序末尾指定。

②定时器指令(TMR、TMRB)。在数控机床梯形图编制中,定时器是不可缺少的指令,用于顺序程序中需要与时间建立逻辑关系的场合。功能相当于一种通常的定时继电器。

(a)TMR 指令为设定时间可更改的定时器,指令格式如图 8-14 所示。

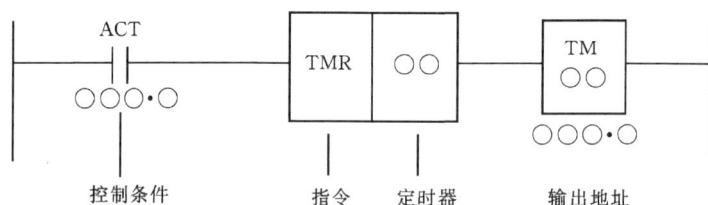

图 8-14 TMR 指令格式

定时器的工作原理是:当控制条件 ACT=0 时,定时继电器 TM 断开;当 ACT=1 时,定时器开始计时,到达预定的时间后,定时继电器 TM 接通。定时器设定时间的更改可通过数控系统(CRT/MDI)在定时器数据地址中来设定,设定值用二进制数表示。

(b)TMRB 为设定时间固定的定时器。TMRB 与 TMR 的区别在于,TMRB 的设定时间编在梯形图中,在指令和定时器的后面加上一项参数的预设定时间,与顺序程序一起被写入 EPROM,所设定的时间不能用 CRT/MDI 改写。

③译码指(DEC)是数控机床在执行加工程序中规定的 M、S、T 代码信号。这些信号需要经过译码才能从 BCD 状态转换成具有特定功能含义的一位逻辑状态。DEC 功能指令的格式如图 8-15 所示。

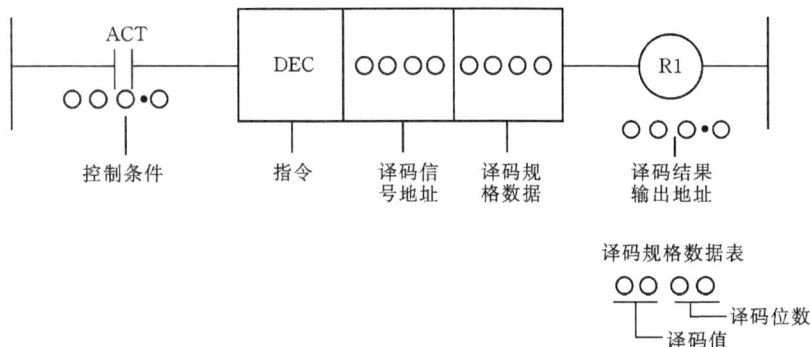

图 8-15　DEC 功能指令格式

译码信号地址是指 CNC 至 PLC 的二字节 BCD 码的信号地址,译码规格数据由译码值和译码位数两部分组成,其中译码值只能是两位数,例如 M30 的译码值为 30。译码位数的设定有三种情况。

01:译码地址中的两位 BCD 码,高位不变,只译低位码。

10:高位译码,低位不译码。

11:两位 BCD 码均被译码。

DEC 指令的工作原理是,当控制条件 ACT=0 时,不译码,译码结果继电器 R1 断开;

当控制条件 ACT=1 时,执行译码,当指定译码信号地址与译码规格数据相同时,输出 R1=1,否则 R1=0。译码输出地址由设计人员确定。例如 M30 的译码梯形图如图 8-16 所示。

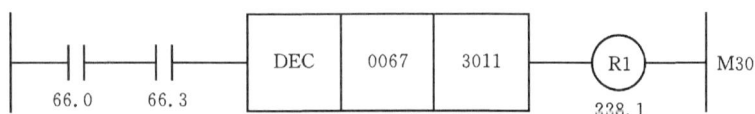

图 8-16　M30 的译码梯形图

0067 为译码信号地址,3011 表示对译码地址 0067 中的二位 BCD 码的高低位均译码,并判断该地址中的数据是否为 30,译码后的结果存入 228.1 地址中。

4. PLC 在数控机床上的应用实例

(1)数控机床回参考点的 PMC 控制　各信号含义见表 8-2 所示。

表 8-2　各信号含义

信号	含义
X16.5	X 轴外部减速开关地址
X 17.5	Z 轴外部减速开关地址
X 20.6	机床面板上的 X 轴正向点动按钮地址
X 20.7	机床面板上的 X 轴反向点动按钮地址

续表

信号	含义
X 21.0	机床面板上的 Z 轴正向点动按钮地址
X 21.1	机床面板上的 Z 轴反向点动按钮地址
X 0.4	Z 轴反方向硬件限位行程开关地址
X 0.5	Z 轴正方向硬件限位行程开关地址
X 0.6	X 轴反方向硬件限位行程开关地址
X 0.7	X 轴正方向硬件限位行程开关地址
G120.7	系统回参考点状态信号
F149.1	系统复位信号
G116.2	X 轴正方向进给信号
G116.3	X 轴反方向进给信号
G117.2	Z 轴正方向进给信号
G117.3	Z 轴反方向进给信号

车床回参考点的 PMC 控制梯形图如图 8-17 所示。

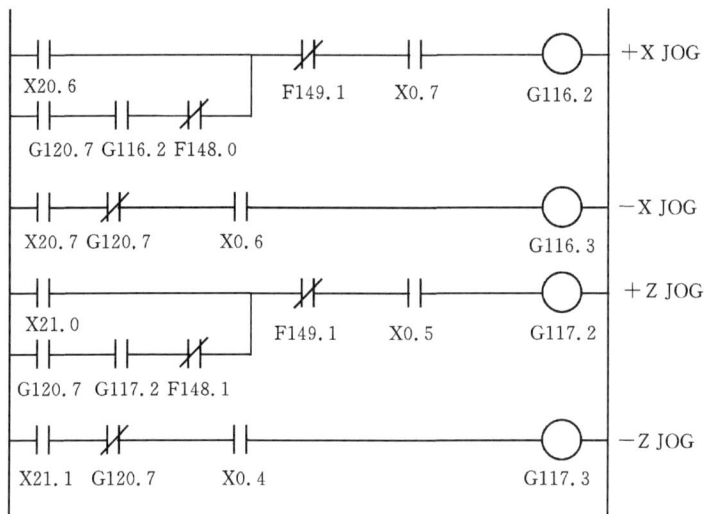

图 8-17 车床回参考点的 PMC 控制梯形图

（2）主轴运动控制 控制主轴运动的各信号含义如表 8-3 所示，局部梯形图如图 8-18 所示。

表 8-3 各信号含义

HS. M	手动操作开关
AS. M	自动操作开关
CW. M	主轴正转按钮
CCW. M	主轴反转按钮

续表

OFF. M	主轴停转按钮
SPLGEAR	齿轮低速换挡到位行程开关
SPHGEAR	齿轮高速换挡到位开关
LGEAR	手动低速换挡操作开关
HGEAR	手动高速换挡操作开关
M03	主轴正转
M04	主轴反转
M05	主轴停转
M41	主轴齿轮换低速挡
M42	主轴具轮换高速挡

图中控制包括两部分:第一部分是控制主轴旋转方向(顺时针旋转或逆时针旋转)。为了增加主轴的调速范围,选用直接伺服电机调速系统,并增加一级齿轮变速机构。第二部分为控制主轴齿轮换挡,其控制方式分手动和自动两种工作方式。当机床操作面板上的工作方式开关选手动时,HS. M 为"1",通过位于机床操作面板上的主轴顺时针旋钮开关 CW. M,或逆时针旋钮开关 CCW. M 及主轴停止旋钮开关 OFF. M,分别控制主轴的旋转方向和停止。当选择自动工作方式时,AS. M 为"1",通过程序给的主轴顺时针旋转指令 M03,或逆时针旋转指令 M04,或主轴停止旋转指令 M05,分别控制主轴的旋转方向和停止。图中 DEC 为译码功能指令。当输入零件加工程序时,如程序中编有 M03 代码指令,则经过一段时间延时,MF 为"1"。当所译的码与程序中的码相一致时,M03 为"1",使 SPCW 为"1",主轴顺时针旋转。若程序中有其他指令,其控制方式类似。同样情况,在机床上运行的顺时程序中需执行主轴齿轮换低速挡时,程序中应给 M41 代码指令,经过延时后,MF 为"1",然后当译码与程序中的码一致时,则 M41 为"1",SPL 为"1",齿轮箱齿轮在低速挡。经过定时器 TMR 预先设定的延时时间后,若主轴齿轮换挡成功,SPHGEA 齿轮换挡到位开关为"1",使 GEAROK 为"1",SPERR 为"0",表示主轴换挡成功。反之,当主轴换挡不顺利或出现卡住现象时,SPLGEAR 为"0",则 GEAROK 为"0",经过 TMR 延时后,SPERR 为"1",表示主轴齿轮换挡出错。处于手动工作方式时,也可以进行手动主轴齿轮换挡。此时,把机床操作面板上的选择开关 LEGAR 置"1",即手动将主轴箱齿轮换为低速挡。同样,也可由主轴出错显示来引证齿轮换挡是否成功。

5. PLC 控制中常见故障诊断与维修

PLC 在数控机床上起到连接 NC 与机床的桥梁作用,一方面,它不仅接受 NC 的控制指令,还要根据机床侧的控制信号,在内部顺序程序的控制下,给机床侧发出控制指令,控制电磁阀、继电器、指示灯,还要将状态信号发送到 NC;另一方面,在这大量的开关信号处理过程中,任何一个信号不到位,任何一个执行元件不动作,都会使机床出现故障。在数控机床的维修过程中,这类故障占有较大比例,因此,掌握 PLC 查找故障是很重要的。

处理有关 PLC 的故障首先确认 PLC 的运行状态,例如一台加工中心通电后,所有外部动作都不能执行,经过检查,系统设定为 PLC 手动状态,而在正常情况应设定为自动起动状态,当设置更改后,机床正常运行。

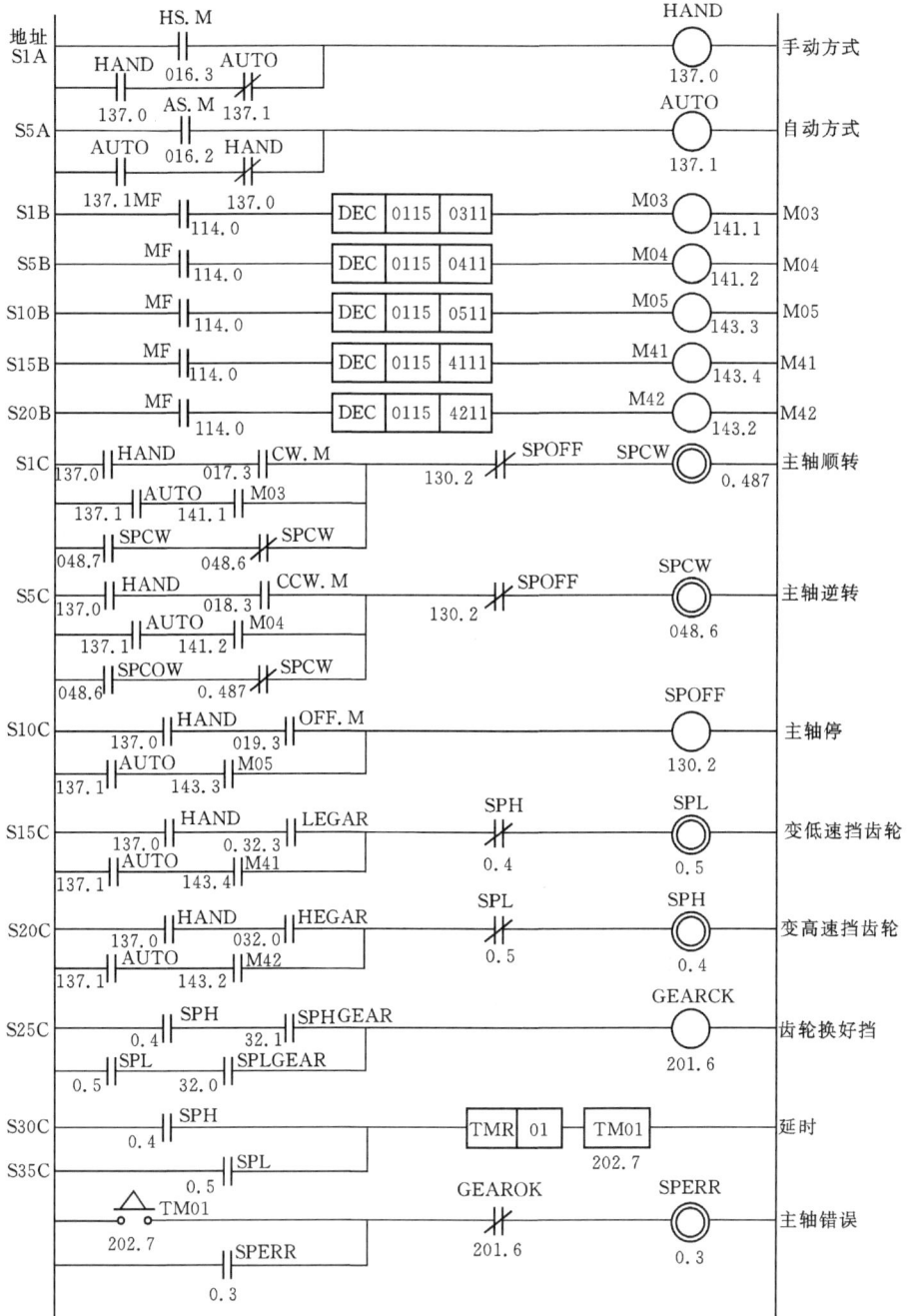

图 8-18 控制主轴运动的梯形图

在 PLC 正常运行情况下，分析与 PLC 相关故障时，应先定位不正常的输出结果，例如，机床进给停止，可能是 PLC 向系统发出了进给保持的信号；机床润滑报警可能是因为 PLC 润滑监控状态；换刀中间停止，可能是某一元件没有接到 PLC 的输出信号。确定了不正常的结果即是查找故障的开始。

大多数有关 PLC 故障是外围接口信号故障，PLC 在数控系统的执行有它自身的诊断程序，当程序存储错误、硬件错误都会发出相应的报警，所以在维修时，只要 PLC 有些部分控制动作不正常,都不应该怀疑 PLC 程序,如果通过诊断确认运算程序有输出,而 PLC 物理接口没有输出,则为硬件接口电路故障,必须检查或更换电路板。与 PLC 有关故障检测思路和方法如下。

(1)根据故障号诊断故障　数控机床的 PLC 程序属于机床厂家的二次开发,即厂家根据机床的功能和特点,编制相应的动作顺序以及报警文本,对控制过程进行监控,当出现异常情况,会发出相应报警。在维修过程应充分注意利用这些信息。

(2)根据动作顺序诊断故障　数控机床上刀具及托盘等装置的自动交换动作都是按一定的顺序来完成的,因此,观察机械装置的运动过程,比较正常和故障时的情况,就可发现可疑点,诊断出故障原因。

(3)根据控制对象的工作原理诊断故障　数控机床的 PLC 程序是按照控制对象的工作原理来设计的,通过对控制对象工作原理的分析,结合 PLC 的 I/O 状态来检查。

(4)根据 PLC 的 I/O 状态诊断　数控机床中,输入/输出信号的传递一般都要通过 PLC 接口来实现,因此,许多故障都会在 PLC 的 I/O 接口这个通道反映出来。数控机床的这个特点为故障诊断提供了方便,不用万用表就可以知道信号的状态,但要熟悉有关控制对象的正常状态和故障状态。

(5)通过梯形图诊断故障　根据 PLC 的梯形图来分析和诊断故障是解决数控机床外围故障的基本方法,用这种方法诊断机床故障首先应搞清机床的工作原理、动作顺序和连锁关系,然后利用系统的自诊断功能或通过机外编程器,根据 PLC 的梯形图查看相关的输入/输出及标志位的状态,从而确定故障原因。

(6)动态跟踪梯形图诊断故障　有些数控系统带有梯形图监控功能,调出梯形图画面,可以看到输入/输出点的状态,梯形图执行的动态过程有的需要利用机外编程器,在线状态下监控程序的运行。当有些 PLC 发生故障时,因过程变化快,查看 I/O 及标志无跟踪,此时需要通过 PLC 动态跟踪,实时观察 I/O 及标志位状态的瞬间变化,根据 PLC 的动作原理做出诊断。

综上所述,用 PLC 检测数控机床故障要注意以下几点:

①了解机床各组成部分检测开关的安装位置,如加工中心刀库、机械手和回转工作台、数控车床的旋转刀架和尾架、机床的气动液压系统中的限位开关、接近开关和压力开关等,弄清检测开关作为 PLC 输入信号的标志;

②了解执行机构的动作顺序,如液压缸、气缸的电磁换向阀等,弄清对应的 PLC 输出信号标志;

③了解各种条件标志,如起动、停止、限位、夹紧和放松等标志信号;

④借助必要的诊断功能,必要时用编程器跟踪梯形图的动态变化,搞清故障原因,根据机床工作原理做出诊断。

8.4.2　PLC 在 QCS014 液压试验台改造中的应用

1. 概述

液压传动技术随着科学技术的发展,其应用范围也愈来愈广,尤其在机床中的作用不可忽视,所以对它的元件和系统的性能要求也就愈来愈高。现代的液压传动及控制技术的发展逐步趋向数字控制和全自动化,这就要求现代液压教学实验装置能结合现代控制技术的发展。QCS014 装拆式液压教学试验台是秦川机床厂 80 年代生产的,试验台电气控制采用的是"矩阵板"式,该控制方式电器元件多,接线复杂,维修不便,所以采用 PLC 对该试验台进行改造,

PLC 程序代替原有电气的硬接线。通过实验,学生不仅可以加强对液压理论的理解,而且也掌握了一门先进的控制技术,达到更好的教学效果。

2. 控制要求

该液压实验台提供了一定数量的可供选择的液压元件,包括一个定量泵和一个变量泵,一个工作缸和一个负载缸,两个三位四通换向阀,一个二位四通换向阀,两个二位三通换向阀和两个二位二通换向阀。根据要实现的液压回路对它们进行各种组合,可以基本实现教学所需的各种液压回路功能和其他工程应用设计所需的液压回路。例如进油节流调速、回油节流调速、进回油节流调速、旁路节流和多种速度换接回路功能,综合了液体回路基本实验中的差动增速、换向回路等。这样就充分利用了实验教学优势,提高了学生实际动手能力。

根据液压回路的实验要求,本实验台不改变原有的液压元件的拆装式安装,因为其具有很高的灵活性,适应性。由于液压元件齐全,使得本实验台可以实现 12 种回路,根据各种回路编写对应的 PLC 控制程序即可实现液压回路的自动控制。

该控制系统可实现手动和自动两种控制方式,包括 9 个电磁阀的手动控制,同时将信号输出给 9 个指示灯;可以根据各种回路的控制要求,组合液压元件,编写 PLC 程序。

3. 控制系统设计

(1)PLC 的选型 根据控制要求,选用西门子公司的 S7 - 200 系列 PLC,型号为 CPU 224 作为控制系统的核心部件。该机基本单元 I/O 配置为 14 入/10 出,足够本控制系统使用。

(2)系统 I/O 地址分配表 该液压试验台需要控制 9 个电磁阀的通断,输入信号是 4 个行程开关信号、一个手动/自动转换开关信号和 9 个按钮信号,并且在手动和自动切换时设置了一个指示灯,所以系统的 I/O 分配表见表 8 - 4。本系统为了节省输入点数,分组使用输入信号,由手动/自动转换开关控制,这样控制面板上的 9 个按钮起到了复用的作用。在手动信号时,一个按钮控制一个电磁铁的作用,用于输出设备的调试;当自动信号时,手动作用被屏蔽掉,这时候一个按钮控制一个回路的自动动作。

表 8 - 4 I/O 地址分配表

输入设备	地址	输出设备
行程开关 SQ1	I0.0	电磁铁 YA1 继电器 KA1
行程开关 SQ2	I0.1	电磁铁 YA2 继电器 KA2
行程开关 SQ3	I0.2	电磁铁 YA3 继电器 KA3
行程开关 SQ4	I0.3	电磁铁 YA4 继电器 KA4
手动/自动选择开关 SA2	I0.4	电磁铁 YA5 继电器 KA5
电磁铁 YA1 得电/回路 1 按钮 SB3	I0.5	电磁铁 YA6 继电器 KA6
电磁铁 YA2 得电/回路 2 按钮 SB4	I0.6	电磁铁 YA7 继电器 KA7
电磁铁 YA3 得电/回路 3 按钮 SB5	I0.7	电磁铁 YA8 继电器 KA8
电磁铁 YA4 得电/回路 4 按钮 SB6	I1.0	电磁铁 YA9 继电器 KA9
电磁铁 YA5 得电/回路 5 按钮 SB7	I1.1	自动指示灯
电磁铁 YA6 得电/回路 6 按钮 SB8	I1.2	
电磁铁 YA7 得电/回路 7 按钮 SB9	I1.3	
电磁铁 YA8 得电/回路 8 按钮 SB10	I1.4	
电磁铁 YA9 得电/回路 9 按钮 SB11	I1.5	

（3）PLC 外部接线图　图 8-19 是用 PLC 进行改造后的 PLC 接线图，上边的符号的含义可参照上表（表 8-2）。

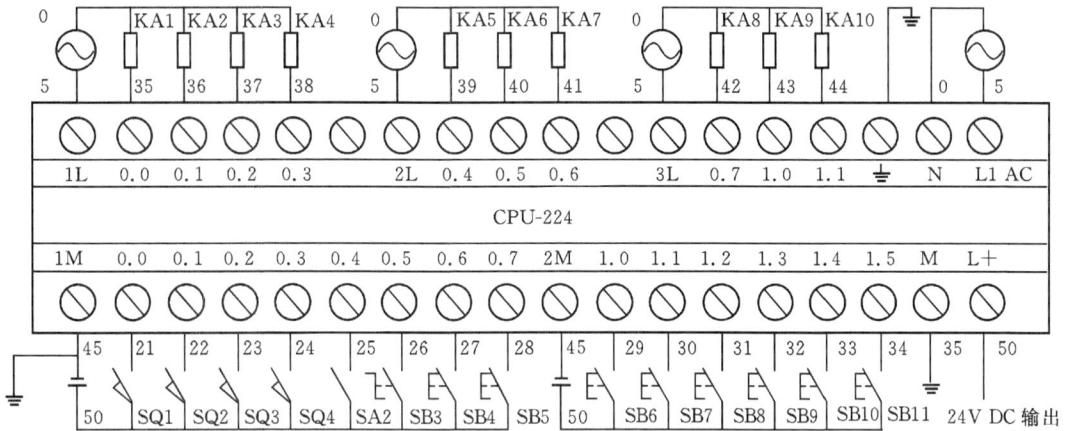

图 8-19　PLC 外部接线图

（4）电气原理图　图 8-20 是电气原理图，在该图中可以看出 PLC 的输出利用了中间继电器的转换作用，来扩大触点的数量和容量。只要给中间继电器线圈通电，使其两对常开触点闭合，就可以同时驱动两个负载，即指示灯和电磁铁。

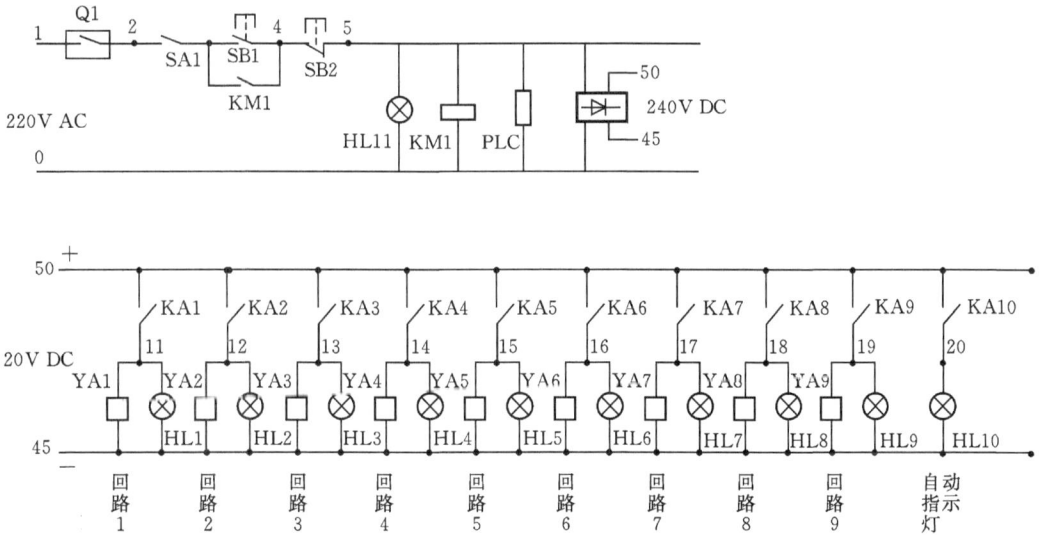

图 8-20　电气原理图

（5）操作面板布置　图 8-21 为控制台上的操作面板，在面板上的钥匙开关用作电源引入开关；启动按钮作为启动信号，同时使上电指示灯亮；设有急停按钮，用于保护；最下排的按钮动作时，对应上边的指示灯会亮；在回路的自动动作时，涉及到哪个电磁铁动作，则相应的指示灯会亮。

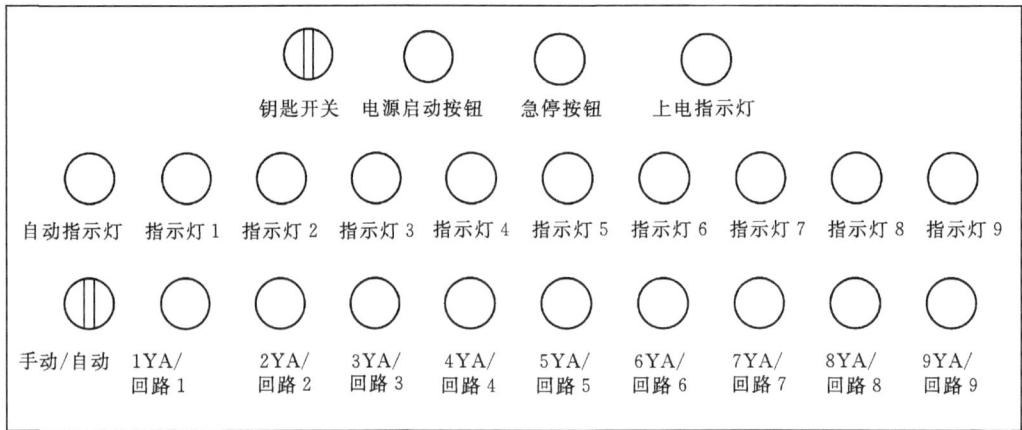

图 8-21 操作面板布置图

（6）自行设计简单的液压回路，编制 PLC 程序　首先设计一个基本的液压回路，如图 8-22所示（液压缸处于原始状态），当然还可以设计其他的液压回路。根据设计好的回路亲自动手安装元件，接管路，组成实际的液压系统。表 8-5 为电磁铁的动作顺序表，按照表上的提示，分析该液压控制系统的自动工作过程如下：

表 8-5　电磁铁动作顺序表

	一工进	二工进	加载	停止
YA6	－	＋	＋	－
YA7	＋	－	－	－
YA8	＋	－	－	－
YA9	－	－	＋	－
转换信号	SB3	SQ1	延时 2.5s	SQ3

①在原控制台操作面板上，按相应的按钮，将两个泵启动，然后将新的控制面板上的手动/自动开关转到自动位置，否则，只能手动操纵电磁铁；

②按下 SB3 按钮（即 1YA/回路 1 按钮），YA7、YA8 得电，液压缸 G1、G2 退回原位，系统实现一工进，直到行程开关 SQ1 压合；

③当 SQ1 压合，电磁阀 YA7、YA8 断电，电磁阀 YA6 得电，液压缸 G1 向 G2 方向工进，实现二工进；

④当（3）步进行到 2.5s 时，YA9 得电，此时液压缸 G2 向 G1 方向工进，使 G1 实现加载工进；

⑤当工进到压下行程开关 SQ3 时，缸停止在原位，液压泵原位卸荷。

根据上述工艺过程和工艺要求，根据确定的 PLC 的 I/O 点数和地址编号（见表 8-4），编写 PLC 控制梯形图，如图 8-23 所示。

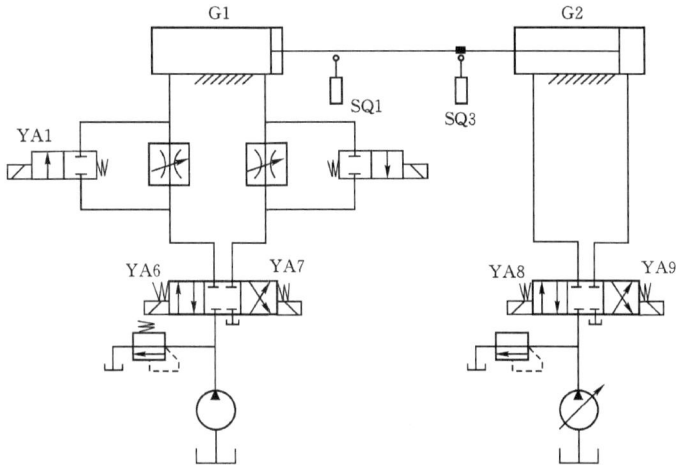

图 8 - 22　回路示例

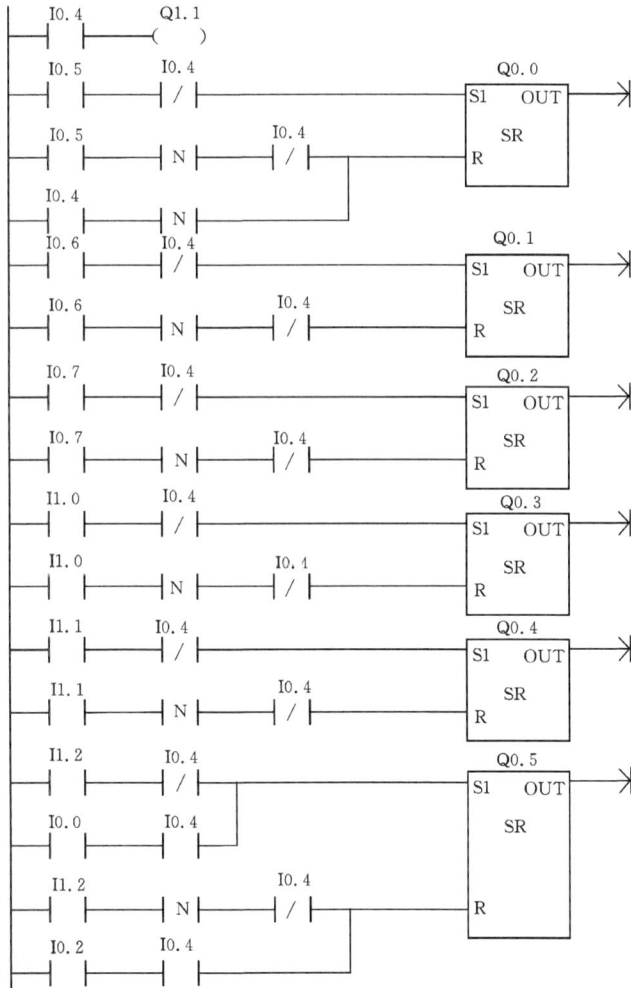

图 8 - 23　液压系统自动回路程序

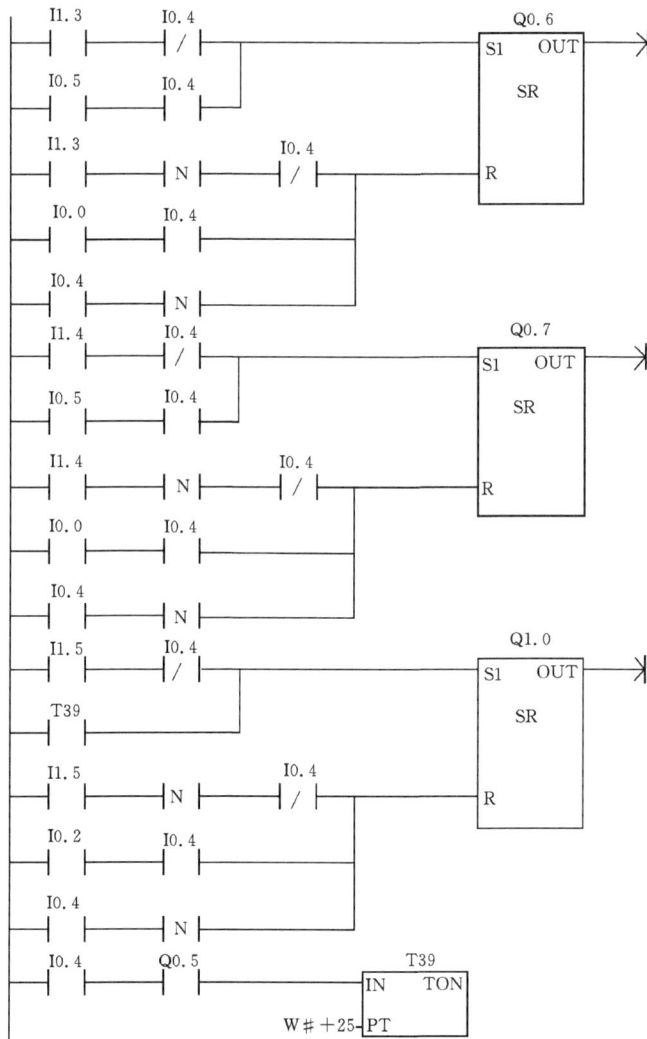

图 8-23　液压系统自动回路程序(续)

8.4.3　PLC 在大小球分选机控制中的应用

1. 运行工况及控制要求

如图 8-24 所示,大小球分选机用于将料箱中的钢球依大小不同分置于小球容器及大球容器中。分选机的一次分选过程如下:左上为原点,动作顺序为下降、吸球、上升、右行、下降、释放、上升、左行。在以上过程中,机械臂下降时,用下限开关 SQ2 来判断吸到的是大球还是小球,电磁铁吸住大球时,机械臂未碰到下限开关 SQ2,若吸住小球,则 SQ2 接通。再次按启动按钮后,系统可以再从头开始循环工作。

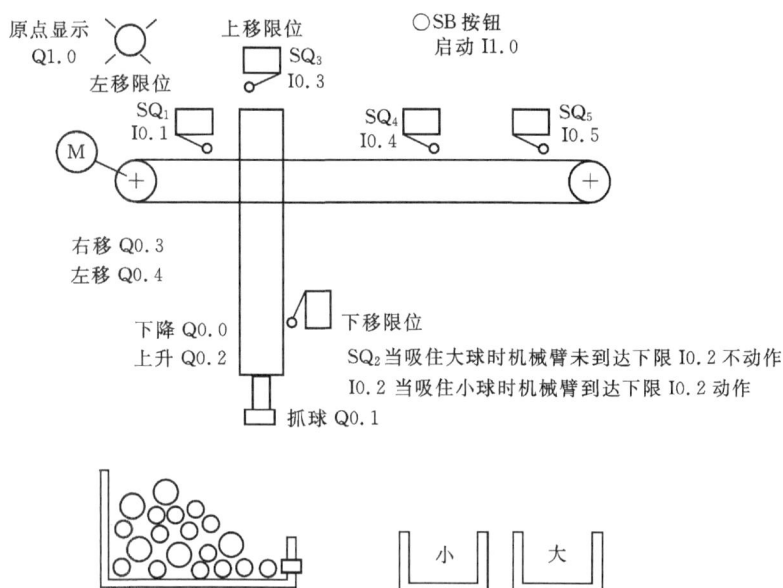

图 8 - 24 机械臂分选装置示意图

2. 控制系统设计

(1)输入/输出点的地址分配 本例安排输入/输出点的地址分配如表 8 - 6 所示。因输入/输出点数少也可任意选 S7 - 200 的各型 CPU。

表 8 - 6 I/O 地址分配表

输入设备	地址	输出设备	地址
左限位开关 SQ1	I0.1	下降(M10.1,M10.2)	Q0.0
下限位开关 SQ2	I0.2	抓球(M11.1,M11.2)	Q0.1
上限位开关 SQ3	I0.3	上升(M10.3,M10.4)	Q0.2
右限位开关 SQ4(小球)	I0.4	右移(M12.1,M12.2)	Q0.3
右限位开关 SQ5(大球)	I0.5	左移	Q0.4
启动按钮	I1.0	原位指示灯	Q1.0

(2)程序设计 根据控制要求分析可知,本例可采用选择性分支的顺控继电器编程方式。绘出状态流程图如图 8 - 25 所示,梯形图程序如图 8 - 26 所示。

S7 - 200 PLC 的顺控指令不支持直接输出(=)的双线圈操作。如果在图 8 - 26 中的状态 S0.1 的 SCR 段有 Q0.0 输出,在状态 S1.0 的 SCR 段也有 Q0.0 输出,则不管在什么情况下,在前面的 Q0.0 永远不会有效,这是 S7 - 200 PLC 顺控指令设计方面的缺陷,为用户的使用带来了极大的不便。所以在使用 S7 - 200 PLC 的顺控指令时一定不要有双线圈输出。为解决这个问题,可采用本例的办法,用中间继电器逻辑过渡一下,如本例中的机械手进行上行、下行、右行和抓球的控制逻辑设计,凡是有重复使用的相同输出驱动,在 SCR 段中先用中间继电器(如 M10.1,M10.2)表示其分段的输出逻辑,在程序的最后再进行合并输出处理。这是解决这一缺陷的最佳方法。

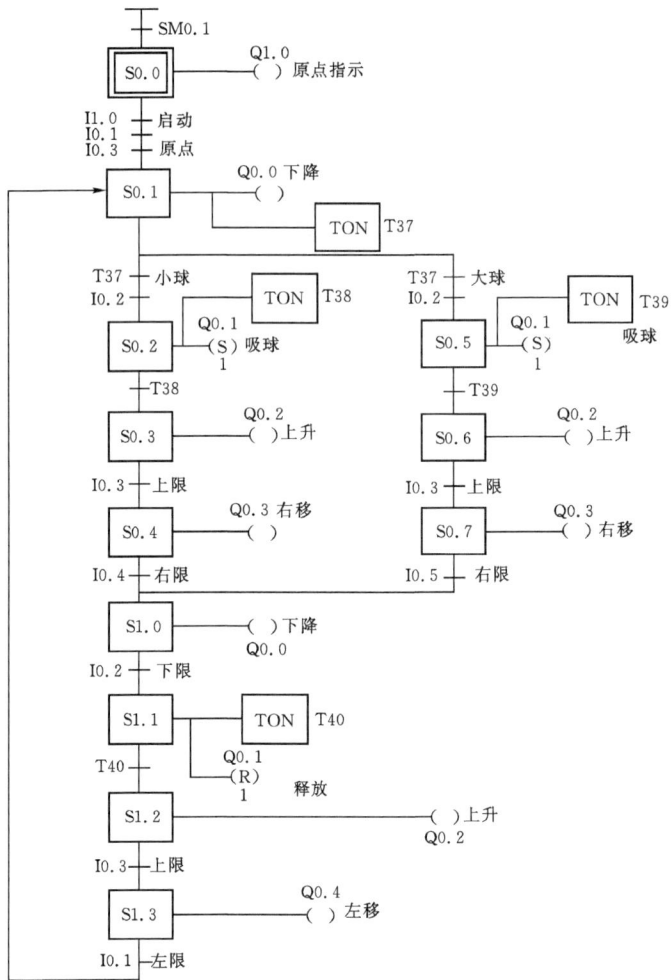

图 8-25 机械臂分选装置功能图

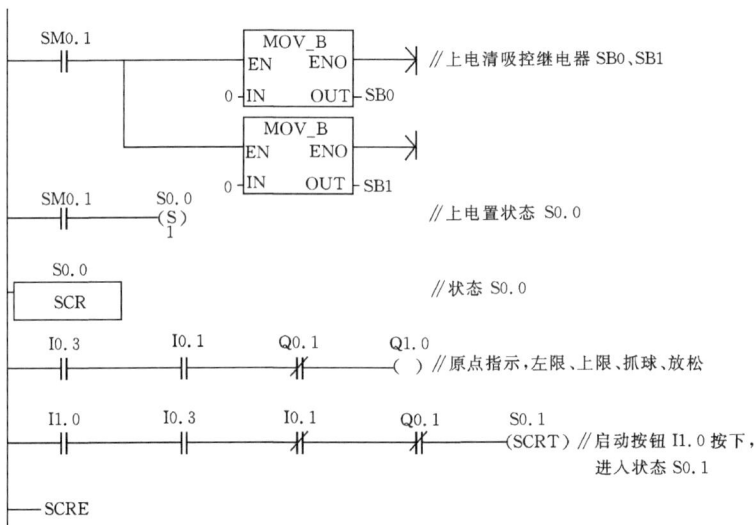

```
        S0.1                              // 状态 S0.1
      ┌─────┐                             // 下降及延时
──┤├──│ SCR │
      └─────┘
   SM0.0        M10.1
──┤├──────────( )
                         T37
                      ┌─────────┐
                      │IN    TON│
                 +30──┤PT       │
                      └─────────┘
   T37        I0.2        S0.2            // 下降到位,判断是抓到大球还是小球
──┤├────────┤├────────(SCRT)               I0.2 置 1 为小球,进入状态 S0.2
   T37        I0.2        S0.5              I0.2 置 0 为大球,进入状态 S0.5
──┤├────────┤/├────────(SCRT)

──(SCRE)

        S0.2                              // 状态 S0.2
      ┌─────┐                             // 吸球,延时 2s 转状态 S0.3
──┤├──│ SCR │
      └─────┘
   SM0.0        M11.1
──┤├──────────( S )
                1        T38
                      ┌─────────┐
                      │IN    TON│
                 +20──┤PT       │
                      └─────────┘
   T38        S0.3
──┤├────────(SCRT)

──(SCRE)                                  // 状态 S0.3

        S0.3
      ┌─────┐
──┤├──│ SCR │
      └─────┘
   SM0.0        M10.3
──┤├──────────( )
   I0.3         S0.4
──┤├────────(SCRE)

──(SCRE)

        S0.4
      ┌─────┐                             // 状态 S0.4
──┤├──│ SCR │
      └─────┘
   SM0.0        M12.1                     // 右移,达右限(I0.4)转状态 S1.0
──┤├──────────( )
   I0.4         S1.0
──┤├────────(SCRT)

──(SCRE)
```

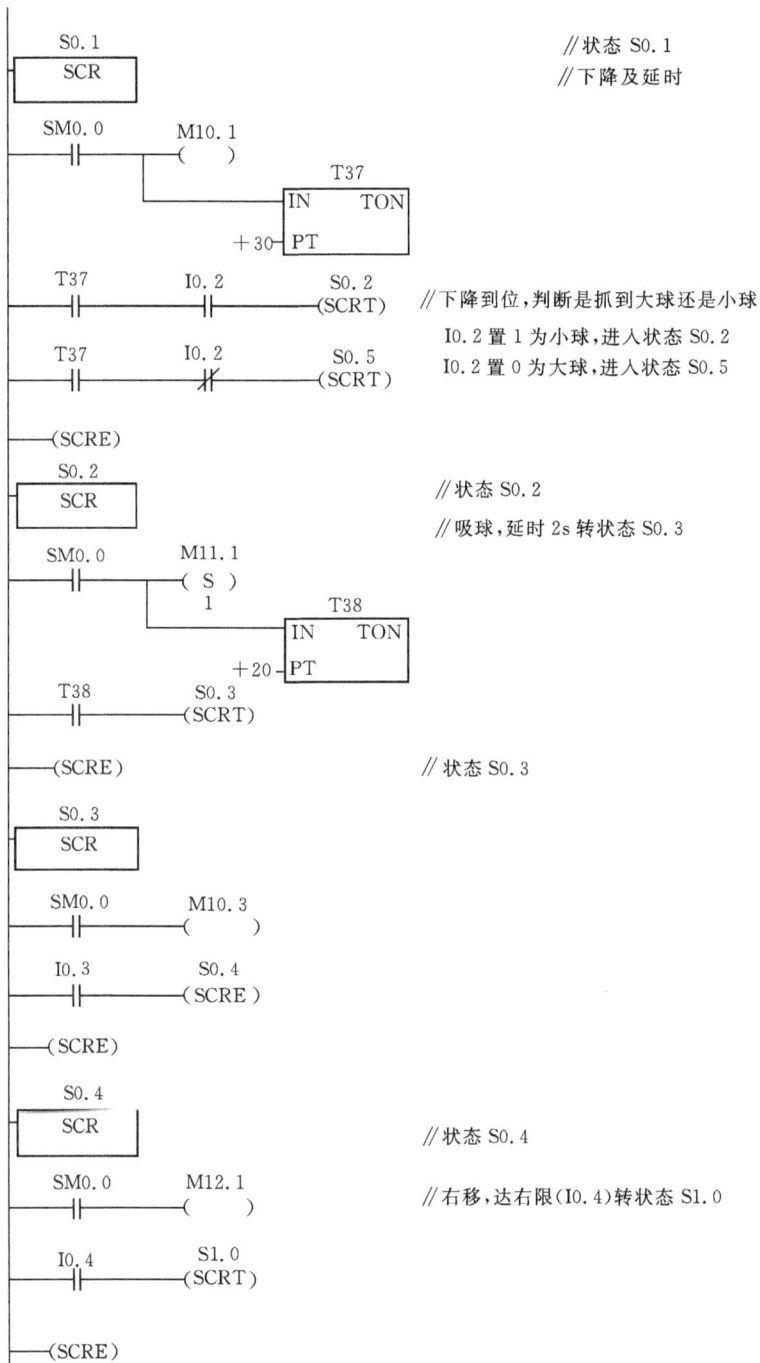

图 8-26　机械臂分选装置梯形图(续 1)

```
     S0.5
    ┌─────┐
────┤ SCR │                    // 状态 S0.5
    └─────┘

    SM0.0      M11.2
────┤ ├──────┬──( S )          // 吸球,延时 2s 转状态 S0.6
            │   1           T39
            │         ┌─────────────┐
            └─────────┤ IN      TON │
                      │             │
                 +20──┤ TP          │
                      └─────────────┘

    T39        S0.6
────┤ ├───────(SCRT)

────(SCRE)

     S0.6
    ┌─────┐
────┤ SCR │                    // 状态 S0.6
    └─────┘

    SM0.0      M10.4
────┤ ├───────(SCRT)           // 上升,达上限(I0.3)转状态 S0.7

────(SCRE)                     // 状态 S0.7

     S0.7                      // 右移,达右限(I0.5)转状态 S1.0
    ┌─────┐
────┤ SCR │
    └─────┘

    SM0.0      M12.2
────┤ ├───────(   )

    I0.5       S1.0
────┤ ├───────(SCRT)

────(SCRE)

     S1.0                      // 状态 S1.0
    ┌─────┐
────┤ SCR │
    └─────┘

    SM0.0      M10.2
────┤ ├───────(   )            // 下降,达下限 I0.2=1 转状态 S1.1

    I0.2       S1.1
────┤ ├───────(SCRT)

────(SCRE)

     S1.1
    ┌─────┐
────┤ SCR │                    // 状态 S1.1
    └─────┘

    SM0.0      M11.1
────┤ ├──────┬──( R )          // 释放,延时 2s 转状态 S1.2
            │   2           T40
            │         ┌─────────────┐
            └─────────┤ IN      TON │
                      │             │
                 +20──┤ PT          │
                      └─────────────┘
```

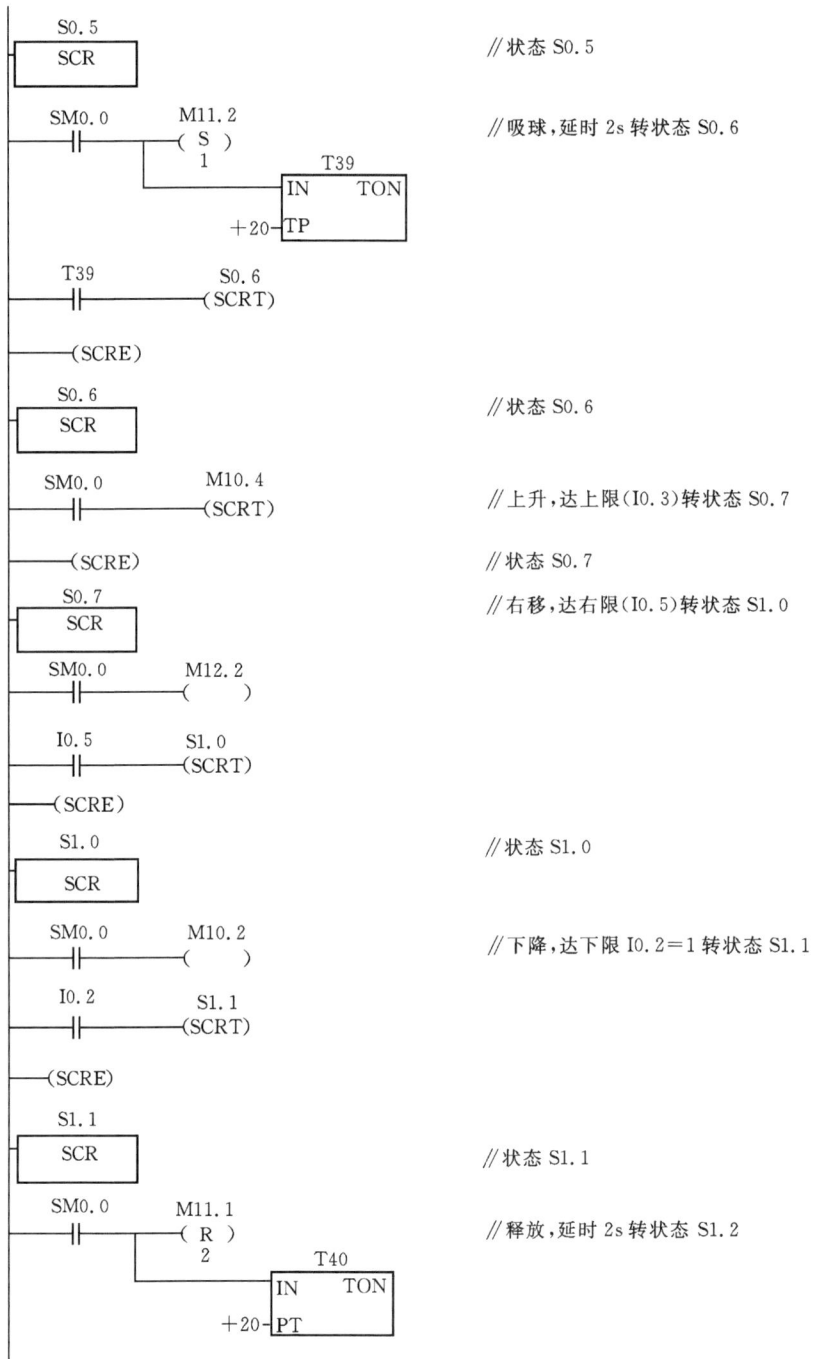

图 8-26 机械臂分选装置梯形图(续 2)

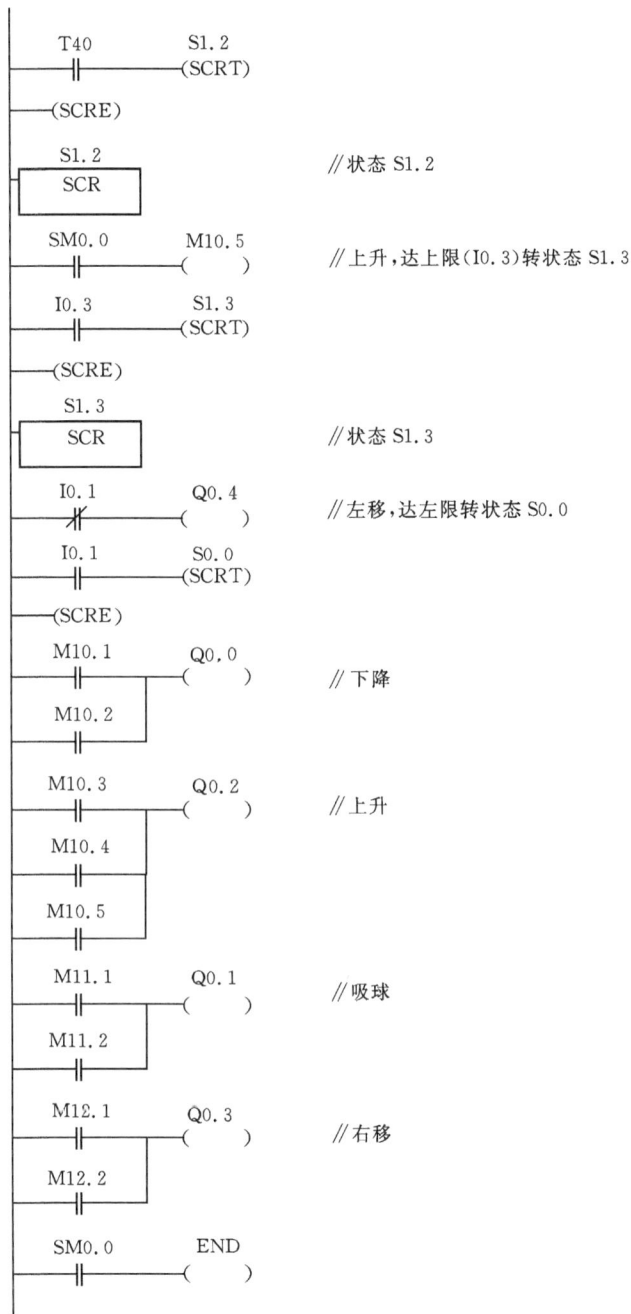

图 8 - 26　机械臂分选装置梯形图(续 3)

习　题

1. 一般来说,中小型 PLC 最适合应用在什么类型的控制系统中?

2. 选择 PLC 时,一般要考虑哪两方面的问题?

3. 为提高 PLC 控制系统的可靠性,可以采取哪些措施?

4. 数控机床中 PLC 控制对象有哪些?

5. 比较内装式 PLC 和外装式 PLC 的异同点。

6. 小车在初始状态时停在中间,限位开关 I0.0 为 ON,按下起动按钮 I0.3,小车按图 8 - 27 所示的顺序运动,最后返回并停在初始位置。画出控制系统的顺序功能图,并编写出梯形图程序。

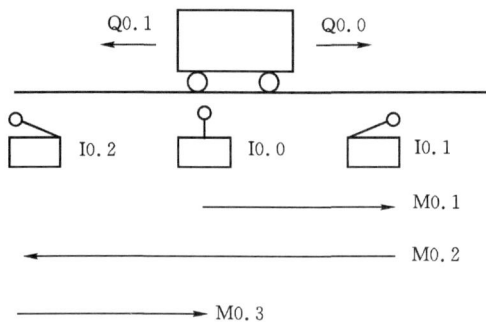

图 8 - 27　小车运行示例

7. 在本章的第四节里的第一个应用实例中,请以例子中的 I/O 分配表为依据,并且当给出如下图的回路和电磁铁动作表时,试编写梯形图程序。

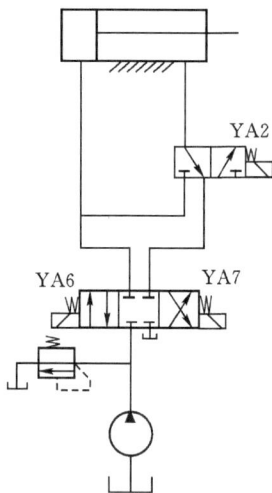

图 8 - 28　回路 3

电磁铁动作顺序表

	工进	快进	快退	停止
YA6	+	+	−	−
YA7	−	−	+	−
YA2	−	+	−	−

8. 设计一个智力竞赛抢答控制装置。

（1）当出题人说出问题且按下开始按钮后，在 10s 内，4 个参赛者中只有最早按下抢答按钮的人抢答有效。

（2）每个抢答桌上安装 1 个抢答按钮，一个指示灯。抢答有效时，指示灯闪亮 3s，赛场中的音响装置响 2s。

（3）10s 后抢答无效。

第9章 S7-200系列PLC的自动化网络通信

PLC的组网与通讯是近年来自动控制领域颇受重视的新兴技术。网络技术近20年来获得了极大的发展,Internet正在飞速地改变着世界。工业以太网、各种各样的现场总线已经进入了工业控制的各个领域,过程自动化、分布式I/O正在为更多的工业控制工程师所接受,一个基于网络技术的全集成自动化工业控制新局面正在世界上形成。

西门子工业控制网络指德国西门子公司工业控制设备构成的通讯网络。S7系列PLC具有很强的通讯能力,特别是S7-300及S7-400机型,可以在PROFIBUS总线网络乃至工业以太网中承担网络主站任务,S7-200系列PLC虽相对弱些,也可以实现PLC与计算机、PLC与PLC、PLC与其他智能控制装置之间的联网通讯。

随着先进制造技术的进步,要求PLC的应用从单机控制向网络自动化发展。这就要求各PLC之间、PLC与计算机和其他智能设备之间能迅速、准确、及时地进行通信,以构成各种控制和管理网络。但是,由于先进国家间技术的壁垒及技术发展方式上的不一致,即使是工业控制网络,也还没有形成世界统一的网络标准或协议。

9.1 计算机通信简介

9.1.1 概述

在实际工作中,CPU与外部设备或者两台CPU之间常常要进行信息交换,所有这些信息交换均可称为通信。

1. 并行通信和串行通信

通信方式有两种,即并行通信和串行通信。并行通信是指数据的各位同时进行传送的通信方式,数据有多少位,就需要多少根传送线。串行通信是指数据一位一位按顺序传送的通信方式,它只需要一对传输线,计算机与远程终端或终端与终端之间的数据传送通常都是采用串行通信。通信距离比较近时往往采取并行通信方式,传输效率高,通常只使用在小于30米的数据传输中,例如集成电路的内部、同一插件板的各部件之间、主机与存储器、主机与打印机之间的通信;通信距离比较远时往往采用串行通信方式,传输成本低。工业控制中一般使用串行通信。

2. 串行通信的传输方式

串行通信的传输方式通常有三种:第一种为单工方式,只允许数据从一个设备发送给另一个设备,即数据传送是单向的;第二种为半双工方式,既允许数据从甲设备传送给乙设备,又允许数据从乙设备传送给甲设备,但不能同时进行数据的发送和接收;第三种为全双工方式,不仅数据传输是双向的,而且发送和接收可以同时进行。

3. 异步通信和同步通信

发送端与接收端之间的同步问题是数据通信中的一个重要问题。同步不好,轻者导致误码增加,重者使整个系统不能正常工作。为解决这一传送过程中的问题,在串行通信中采用了两种同步技术——异步传送和同步传送。

(1)异步通信　在异步通信中,数据是一帧一帧(包括一个字符代码或一字节数据)传送的,每一帧数据的格式如图 9-1 所示。

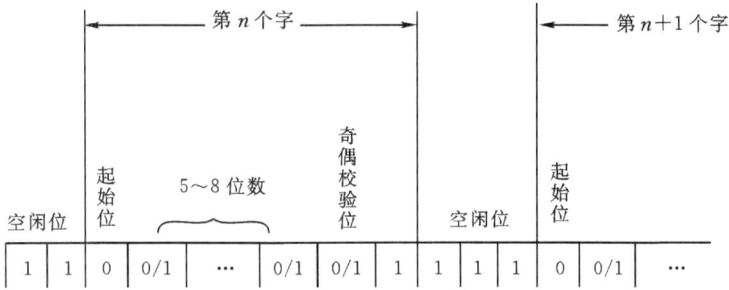

图 9-1　异步通信数据帧格式

在帧格式中,一个字符由四个部分组成:起始位、数据位、奇偶校验位和停止位。首先是一个起始位(0),然后是 5~8 位数据值(规定低位在前,高位在后),接下来是奇偶校验位(可省略),最后是停止位(1)。起始位信号只占用一位,用来通知接收设备一个待接收的字符开始到达。线路上不传送字符时始终保持为 1,表示空闲。接收端不断检测线路的状态,若连续为 1 后又检测到一个 0,就知道来了一个新字符,应马上准备接收。字符的起始位还被用做同步接收端的时钟,以保证以后的接收能正确进行。

在通信开始之前,通信的双方需要对所采取的信息格式和数据的传输速率作相同的约定。由于一个字符中包含的位数不多,即使发送方和接收方的收发频率略有不同,也不会因两台机器之间的时钟周期的积累误差而导致收发错位。异步通信传送附加的非有效信息较多,它的传输效率较低,PLC 一般使用异步通信,异步通信的传输速率可达 20kb/s。

(2)同步通信　同步通信中,在数据开始传送前用同步字符来指示,常用 1~2 个同步字符,并由时钟来实现发送端和接收端同步,即检测到规定的同步字符后,下面就连续按顺序传送数据,直到通信告一段落。其数据格式如图 9-2 所示。

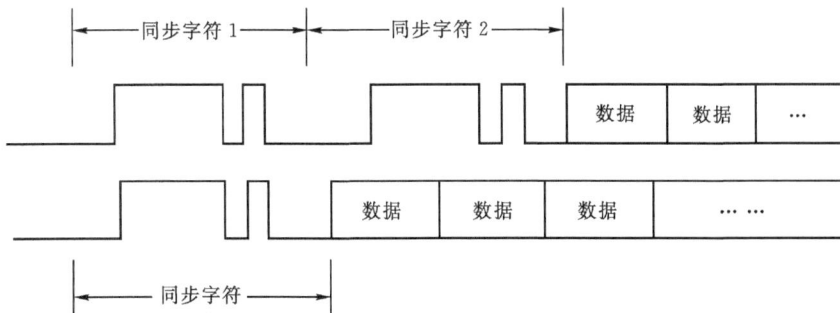

图 9-2　同步传送的数据格式

通信中,发送方和接收方要保持完全的同步,这意味着发送方和接收方应使用同一时钟脉冲。在近距离通信时,可以在传输线中设置一根时钟信号线。在远距离通信时,可以通过调制解调方式在数据流中提取出同步信号,使接收得到与发送方完全相同的接收时钟信号。

由于同步通信方式不需要在每个数据字符中加起始位、停止位和奇偶校验位,只需要在数据块之前加一两个同步字符,所以传输效率高,但是对硬件的要求较高,一般用于高速通信。同步通信的传输速率可达 56kb/s 或更高。

(3)波特率 即数据传输速率,表示每秒钟传送二进制代码的位数,它的单位是 b/s。波特率对于 CPU 与外界的通信是很重要的。假设数据传送是 120 字符/s,而每个字符格式包含 10 个代码位(1 个起始位、1 个停止位、8 个数据位),这时,传送的波特率为

$$10b/字符×120 字符/s=1200b/s$$

每一位二进制代码的传送时间即为波特率的倒数。

9.1.2 串行通信的信号传输

若将串行发送的数字信号,按上述串行通信方式,直接通过传输线传输,其结果是传输失败。两台机器之间成功通信,一是必须考虑信号在传输过程中的衰减和畸变,是否影响到接收端对信号的正确辨认,若影响,则必须采用调制解调技术对信号和接收信号加以处理;二是机器之间总线的标准要一致。

1. 调制解调

调制的目的是把要传输的模拟信号或数字信号变换成适合信道传输的信号。该信号称为已调信号。调制过程用于通信系统的发送端。在接收端需将已调信号还原成要传输的原始信号,该过程称为解调。按照调制器输入信号(该信号称为调制信号)的形式,调制可分为模拟调制(或连续调制)和数字调制。模拟调制是利用输入的模拟信号直接调制(或改变)载波(正弦波)的振幅、频率或相位,从而得到调幅(AM)、调频(FM)或调相(PM)信号。数字调制是利用数字信号来控制载波的振幅、频率或相位。

远距离通信时,数字信号畸变的问题严重,因此需要调制解调器。通常以 1270Hz 或 2225Hz 的频率信号代表 RS-232C 标准的"1"电平,以 1070Hz 或 2025Hz 的频率信号代表 RS-232C 标准的"0"电平。接收端利用解调手段,检测接收到的模拟信号,再转换为数字信号。由于通信大都是双向进行的,通信线路的任一端都需要调制解调,因此接收双方都需要调制解调双重功能的调制解调器,调制解调器又称为 MODEM。

2. 串行通信接口标准

常用的串行通信接口标准有 RS-232C、RS-422A 和 RS-485 等。

(1)RS-232C 通信接口 RS-232C 通信接口又称为 RS-232C 串行通信接口标准,它向外部的连接器有 25 针和 9 针两种"D"型插。它规定了终端和通信设备之间信息交换的方式和功能。RS-232C 接口是计算机普遍配备的接口,应用既简单又方便。它采用按位串行的方式,单端发送、单端接收,所以数据传送速率低,抗干扰能力差,传送波特率为 300、600、1200、4800、9600、19200 等。在通信距离近、传送速率和环境要求不高的场合应用较广泛。

RS-232C 是数据终端设备 DTE 和数据通信设备 DCE 之间的标准接口,这里数据终端设备 DTE 指 PLC 和上位计算机,而数据通信设备 DCE 是指调制解调器,可实现远距离通信。

(2)RS-422A 通信接口 RS-422A 通信接口是对 RS-232C 通信接口的改进,它采用平衡传输电气标准,输入/输出均采用差分驱动,因此具有更强的抗干扰能力,传送速率也大大提高。它向外部的连接器常采用 9 针"D"型插头。

(3)RS-485 通信接口 RS-485 与 RS-422A 的区别在于:RS-422A 为全双工,采用两

对平衡差分信号线,而 RS-485 为半双工,采用一对平衡差分信号线。RS-485 对于多站互联是十分方便的,有较高的通信速率和较强的抑制共模干扰能力,输出阻抗低,并且无接地回路。这种接口适合远距离传输,是工业设备的通信中应用最多的一种接口。

(4)RS-232C、RS-422A、RS-485 通信接口的性能比较　RS-232C、RS-422A、RS-485 通信接口的性能如表 9-1 所示。

表 9-1　RS-232C、RS-422A、RS-485 通信接口的性能

	RS-232	RS-422A	RS-485
功能	双向,全双工	双向,全双工	双向,半双工
传输方式	单端	差分	差分
逻辑"0"电平	3～15V	2～6V	1.5～6V
逻辑"1"电平	−3～−15V	−2～−6V	−1.5～−6V
最大速率	20kb/s	10Mb/s	10Mb/s
最大距离	30m	1200m	1200m
驱动器加载输出电压	±5～±15V	±2V	±1.5V
接收器输入敏感度	±3V	±0.2V	±0.2V
接收器输入阻抗	3～7kΩ	>4kΩ	>7kΩ
组态方式	点对点	一台驱动器,10 台接收器	32 台驱动器,32 台接收器
抗干扰能力	弱	强	强
传输介质	扁平或多芯电缆	两条双绞线	一对双绞线

9.1.3　工厂自动化通信网络

为实现工业控制系统各处理机间的数据通信,达到互通信息、数据共享的目的,必须将通信系统构成一定的网络形式。

凡将地理位置不同而又具有各自独立功能的多个计算机,通过通信设备和通信线路相互连接起来构成的计算机系统就称为计算机网络。通常将网络中的这个计算机或交换信息的设备称为网络的站或节点。各节点挂接在网络上后就具有双重功能,它在负责本地信息处理同时,还应能将本信息以一定方式发送出去,即能接收和处理其他节点送来的信息。计算机网络就是由通信线路和若干节点(站)组成的。

按网络中各站间的距离可将计算机网络划分为三类:远程网络 WAN(Wide Area Network)、局域网络 LAN(Local Area Network)和紧耦合网络(或多处理机系统)。局域网络的传输距离介于其他两者之间,约几十米到几千米,数据传输速率在 0.1～20Mbps 之间。局域网络是工业计算机控制系统中主要使用的计算机网络,因其通信系统费用低、性能价格比高,从而得到广泛应用。目前 PLC 网络均为局域网络。

通过传输介质、通信接口将各分处理机连成计算机网络,按一定通信方式,实现通信,各处理机的连接在局域网络中,常见以下三种拓扑结构形式:

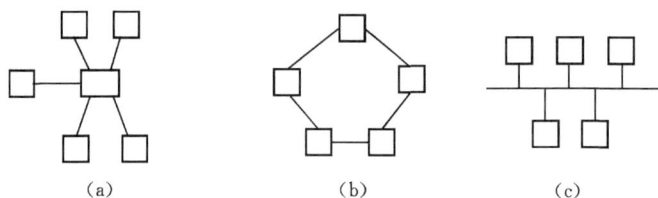

图 9-3　网络拓扑结构

(a)星形网络结构;(b)环形网络结构;(c)总线型网络结构

9.1.4　通信网络的传输介质

通信网络传输介质是连接网络上各站或节点的物理信号通路,在网络中称为通信链路。用于网络的传输介质通常用双绞线、同轴电缆、光缆等。

1. 双绞线

双绞线由两根有规则扭绞在一起的绝缘导线组成,如图 9-4(a)所示。一根作为信号线而另一根为地线,将两根线组织在一起可大大减小外部静电和电磁干扰对传输信号的影响。将双绞线用屏蔽层屏蔽起来,多股双绞线捆在一起,封在外层屏蔽套内,可构成一条多股电缆,如图 9-4(b)所示。多股电缆也可以是多根有屏蔽层的单线,封在最外屏蔽套内来构成。

双绞线可用来传输数字信号和模拟信号。对数字信号,每 2~3km 需要一个转发器,对模拟信号,约 5~6km 要设一个放大器,以弥补传输损耗,保证信号传送正确性,防止出现误码。双绞线可用在点对点和点对多点应用场合,当用于点对点数据通信时,传输距离可达 15km。

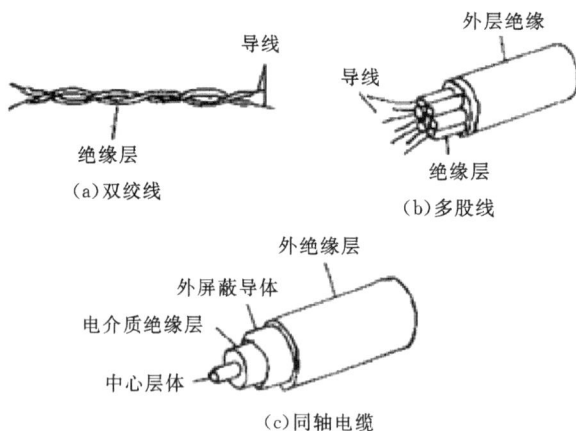

(a)双绞线

(b)多股线

(c)同轴电缆

图 9-4　通信网络的传输介质

2. 同轴电缆

同轴电缆由中心导体、固定中心导体的电介质绝缘层、外屏蔽导体和外绝缘层构成,如图 9-4(c)所示。

同轴电缆是局域网络中较通用的传输介质,按信号传输形式可分为基带同轴电缆和宽带同轴电缆。基带同轴电缆用于数字信号传输,传输速率可达 10Mb/s。宽带同轴电缆既可用于数字信号传输,也可用于模拟信号传输,当用于数字信号传输时,其数据传输速率可达 50Mb/s。

3. 光缆

光缆是由光导纤维构成的可传输光信号的传输介质。光缆传送数据速率可达几百 Mb/s,在不用转发器情况下可在几千米范围内传输,且光缆不受电磁干扰,保密性好,是十分令人鼓舞的传输介质,其应用已日益广泛。

9.1.5　计算机通信的国际标准

1. 开放系统互连模型

如果没有一套通用的计算机网络通信标准,要实现不同厂家生产的智能设备之间的通信将会付出昂贵的代价。国际标准化组织 ISO 提出了开放系统互连模型 OSI,作为通信网络国际标准化的参考模型,它详细描述了软件功能的 7 个层次(见图 9 - 5)。

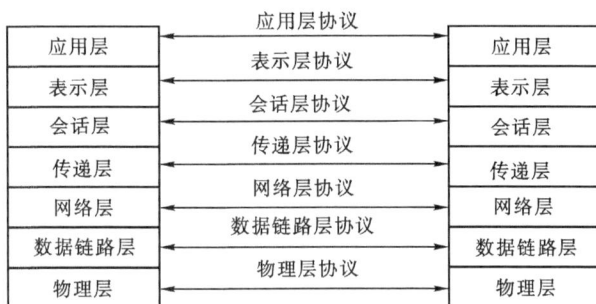

图 9 - 5　国际 OSI 企业自动化系统模型

2. 通信协议

通信双方就如何交换信息所建立的一些规定和过程,称为通信协议。在 PLC 网络中配置的通信协议分为两大类,一类是通用协议,一类是公司专用协议。

在网络金字塔的各个层次中,高层次子网中一般采用通用协议,如 PLC 网之间的互联及 PLC 网与其他局域网的互联,这表明工业网络向标准化和通用化发展的趋势。高层子网传送的是管理信息,与普通商业网络性质接近,同时要解决不同种类的网络互联。OSI 的模型所用的通信协议一般为 7 层,如图 9 - 5 所示。

低层子网和中间层子网一般采用公司专用协议,尤其是最低层子网,由于传送的是过程数据及控制命令,这种信息较短,但实时性要求高。

9.2　S7 - 200 的通信方式与通信参数的设置

9.2.1　S7 - 200 的通信方式

在网络中的设备被定义为两类:主站和从站。主站设备可以对网络上其他设备发出请求,也可以对网络上的其他主站设备的请求作出响应。从站只响应来自主站的申请。典型的主站设备包括编程软件、TD200 等可编程人机界面(HMI)产品和 S7 - 300,S7 - 400 等 PLC。从站设备只能对网络上主站的请求作出响应,自己不能发送通信请求。一般情况下,S7 - 200 PLC 被配置为从站。当 S7 - 200 需要从另外的 S7 - 200 读取信息时,S7 - 200 也可以定义为主站。

S7 - 200 系统的通信方式有:PPI 方式、用户自定义(自由端口模式)方式和 DP 方式。在 PPI 方式中又包含单主站方式和多主站方式。

1. 单主站方式

单个主站与一个或多个从站通信,如图 9 - 6 所示,主站依次和每一个从站通信,它具有访问网络上所有从站的权利。主站通常是上位 PC,从站是 S7 - 200 PLC。

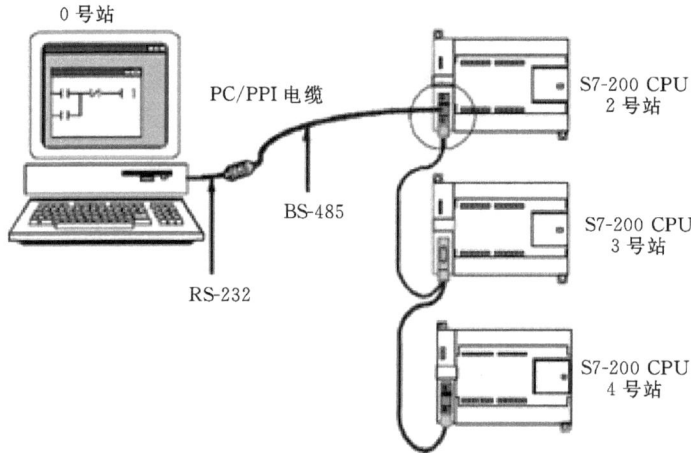

图 9 - 6　单主站方式

2. 多主站方式

该通信网络中有多个主站,一个或多个从站,如图 9 - 7 所示。主站可以是上位 PC、文本显示器 TD200、操作面板(OP15)或触摸屏等,从站可以是 S7 - 200 系列 PLC 或是其他智能设备。

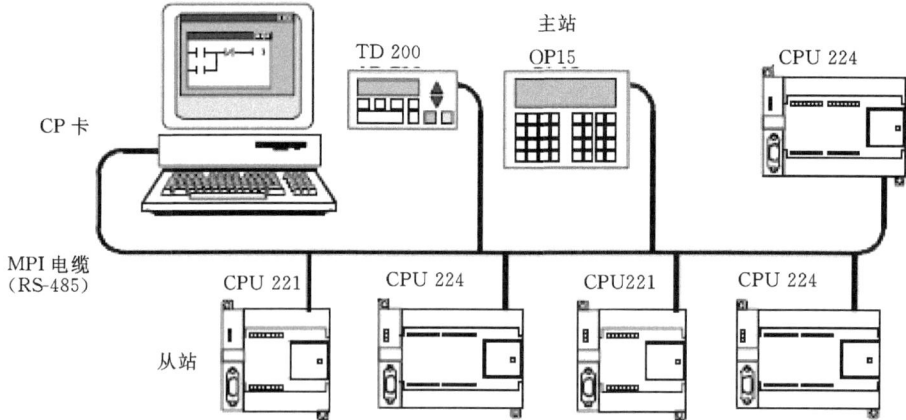

图 9 - 7　多主站方式

3. 用户自定义(自由端口模式)方式

这种方式也是一种单主站方式,区别在于图 9 - 6 中的上位 PC 改为 S7 - 200 系列 PLC,这为两台或多台 S7 - 200 PLC 之间作简单的并行数据交换提供了方便的通信形式。

4. DP 方式

这种方式实际上是使用调制解调器的远程通信方式,具有 DP 功能的 S7 - 200 CPU 可以组成 PROFIBUS - DP 网络,实现远程 I/O 通信。

9.2.2　S7 - 200 支持的通信协议

S7 - 200 系列 PLC 安装有串行通讯口。CPU221、CPU222、CPU224 为 1 个 RS - 485 口,定义为 PORT0。CPU226 及 CPU226XM 为 2 个 RS - 485 口,定义为 PORT0 和 PORT1。S7 - 200 CPU 支持点对点接口(PPI)、多点接口(MPI)、PROFIBUS 通讯协议和 USS 协议中的一种或多种,如果使用相同的波特率,这些协议可以在同一个网络中同时运行而互不干扰。

在对网络中的设备进行配置时,必须对设备的类型、在网络中的地址和通信的波特率进行设置。

在网络中的设备必须有唯一的地址,以保证数据发送到正确的设备或从正确的设备接收数据,S7 - 200 支持的网络地址为 0 到 126。对于有两个通信口(CPU 226)的 S7 - 200,每一个通信口可以有不同的地址。S7 - 200 的地址在编程软件的系统块中设定 S7 - 200 的缺省地址是 2,编程软件的缺省地址是 0,操作面板(如 TD200 和 OP37)的缺省地址是 1。

1. PPI 协议

PPI 通讯协议是西门子公司专为 S7 - 200 系列 PLC 开发的通讯协议。内置于 S7 - 200 CPU 中。PPI 协议物理上基于 RS - 485 口,通过屏蔽双绞线就可以实现 PPI 通讯。PPI 协议是一种主－从协议。主站设备发送要求到从站设备,从站设备响应,从站不能主动发出信息。主站靠 PPI 协议管理的共享连接来与从站通讯。PPI 协议并不限制与任意一个从站通讯的主站的数量,但在一个网络中,主站不能超过 32 个。PPI 协议最基本的用途是使用 PC 机运行 STEP7－Micro/WIN32 软件编程,从而上载及下载应用程序,此时使用西门子公司的 PC/PPI 电缆连接 PC 机的 RS - 232 口及 PLC 机的 RS - 485 口,并选择一定的波特率即可。

与此类似的情况是由 PC 机作为主站,一台或多台 S7 - 200 机作为从站的 PPI 模式通讯情况,PC/PPI 电缆仍旧是 RS - 232/RS - 485 口的主要匹配设备。图 9 - 6 为通过 PC/PPI 电缆与多台 S7 - 200 机通讯时的连接。

PPI 通讯协议用于多丰站时,网络中可以有 PC 机、PLC、HMI 等主站设备,这时 S7 - 200 机可以作为主站也可作为从站。图 9 - 7 为多主站的 PPI 网络。

2. MPI 协议

MPI 允许主－主通讯和主－从通讯。协议如何操作有赖于设备类型,如果设备是 S7 - 300 CPU,那么就建立主－主通讯;如果设备是 S7 - 200 CPU 那么就建立主－从通讯,因为 S7 - 200 系列 PLC 在 MPI 协议网络中仅能作为从站。PC 机运行 STEP7－Micro/WIN32 与 S7 - 200 机通讯时必须通过 CP 卡,且设备之间通讯连接的个数受 S7 - 200 CPU 及 PROFI-BUS - DP 模块 EM277 所支持的连接个数的限制,EM277 为 PROFIBUS - DP 分布 I/O 的扩展接口。图 9 - 8 为带有主站及从站的 MPI 协议网络。

3. PROFIBUS 协议

PROFIBUS 是一种国际化的、开放的、不依赖于设备生产厂商的现场总线标准。它广泛应用于制造业自动化、流程工业自动化和楼宇、交通、电力等其他领域自动化,适用于工厂内车间级和现场级设备之间的数据交换和通信,以实现工厂现场底层到车间级的分散式数字控制和现场通信网络化,从而为实现工厂综合自动化和现场设备智能化提供了可行的解决方案。

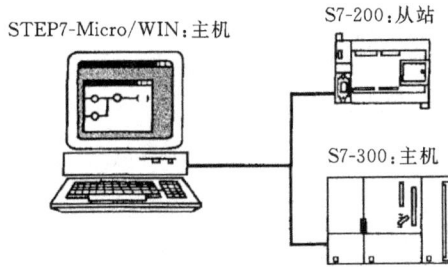

图 9-8 带有主站及从站的 MPI 协议网络

PROFIBUS 协议包括 DP、PA 和 FMS 三种,应用时可以使用不同厂家的 PROFIBUS 设备。这些设备可以包括普通的输入/输出模块及 PLC。PROFIBUS 网络通常可以有一个主站及若干个 I/O 从站。S7－200 系列 PLC 可作为从站通过 EM277 接入 PROFIBUS 网络。图 9－9 给出了一个 S7－300 主机带有一个 S7－200 从站的网络。

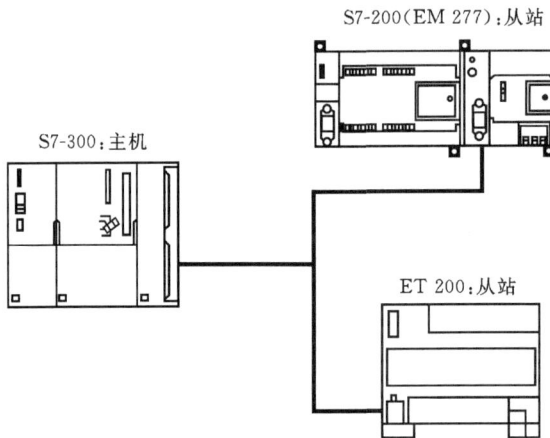

图 9-9 PROFIBUS 网络中的 S7－200

4. 自由口模式

自由口模式是 S7－200 PLC 一个很有特色的功能。S7－200 PLC 的自由口通信,即用户可以通过用户程序对通信口进行操作,自己定义通信协议(例如 ASCII 协议)。应用此种通信方式,使 S7－200 CPU 可以与任何通信协议已知、具有串口的智能设备和控制器(例如打印机、条形码阅读器、调制解调器、变频器、上位 PC 机等)进行通信,当然也可以用于两个 CPU 之间简单的数据交换。该通信方式使可通信的范围大大增大,使控制系统配置更加灵活、方便。当连接的智能设备具有 RS－485 接口时,可以通过双绞线进行连接,如果连接的智能设备具有 RS－232 接口时,可以通过 PC/PPI 电缆连接起来进行自由口通信。此时通信支持的波特率为 1.2～115.2kb/s。

在自由口通信模式下,通信协议完全由用户程序控制。通过设定特殊存储字节 SMB30(端口 0)或 SMB130(端口 1)允许自由口模式。应注意的是,只有在 CPU 处于 RUN 模式时才能允许自由口模式,此时编程器无法与 S7－200 进行通信。当 CPU 处于 STOP 模式时,自由口模式通信停止,通信模式自动转换成正常的 PPI 协议模式,编程器与 S7－200 恢复正常的通信。

5. USS 协议

USS 协议是西门子传动产品（变频器等）通信的一种协议，S7 - 200 提供 USS 协议的指令，用户使用这些指令可以方便地实现对变频器的控制。通过串行 USS 总线最多可接 30 台变频器（从站），然后用一个主站（PC 或西门子 PLC）进行控制，总线上的每个传动装置都有一个从站号（在传动设备的参数中设定），主站依靠此从站号识别每个传动装置。USS 协议是一种主 - 从总线结构，从站只是对主站发来的报文做出回应并发送报文。另外也可以是一种广播通信方式，一个报文同时发给所有 USS 总线传动设备。

9.2.3　S7 - 200 通信的网络部件

网络部件可以把每个 S7 - 200 上的通信口连到网络总线上。下面介绍通信口、网络总线连接器和用于扩展网络的中继器。

1. 通信口

S7 - 200 CPU 上的通信口是 PROFIBUS 标准的 RS - 485 兼容 9 针 "D" 型连接器。图 9 - 10 是通信接口的物理连接口。

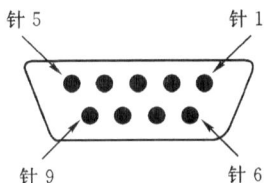

图 9 - 10　9 针 "D" 型连接器

2. 网络连接器

利用西门子提供的两种网络连接器可以把多个设备很容易地连到网络中，图 9 - 11 所示为电缆接入网络连接器的情况。两种连接器都有两组螺丝端子，可以连接网络的输入和输出。两种网络连接器还有网络终端匹配（电阻）选择开关。一种连接器仅提供连接到 CPU 的接口，而另一种连接器则增加了一个编程接口。带有编程接口的连接器可以把西门子编程器和操作面板增加到网络中，而不用改动现有的网络连接。带编程口的连接器把从 CPU 来的信号传到编程口，这个连接器对于连接从 CPU 取电源的设备（例如 TD200 或 OP37）很有用。

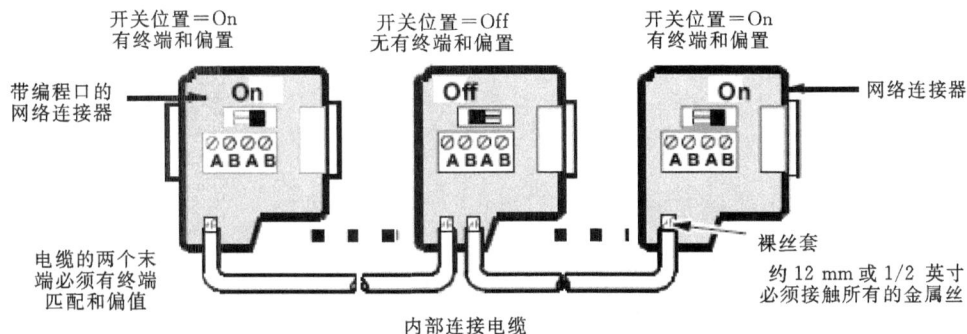

图 9 - 11　网络电缆的连接

185

3. 中继器

西门子提供连接到 PROFIBUS 网络段的网络中继器,如图 9 - 12 所示。利用中继器可以延长网络距离;允许给网络加入设备,并且提供了一个隔离不同网络段的方法。在波特率是 9600 时,PROFIBUS 允许在一个网络段上最多有 32 个设备,最长距离是 1200 m,每个中继器允许给网络增加另外的 32 个设备,而且可以把网络再延长 1200m。网络中最多可以使用 9 个中继器.网络总长度可增加至 9600m。每个中继器为网络段提供终端匹配开关。

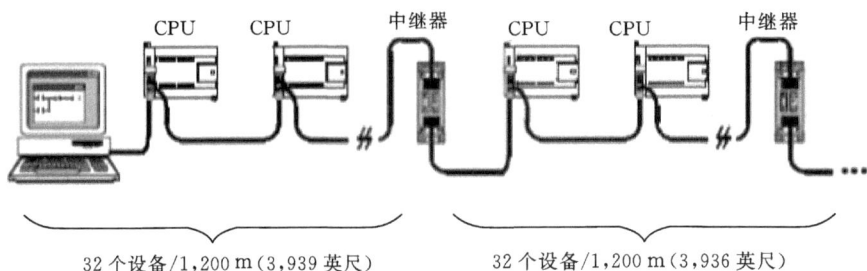

图 9 - 12　带有中继器的网络

9.2.4　网络读写指令

网络读写指令如图 9 - 13 所示。

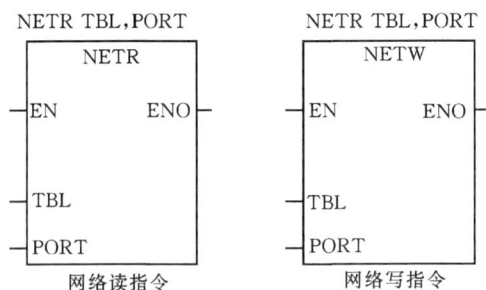

图 9 - 13　网络读写指令

网络读指令　NETR 初始化通信操作,通过通信端口(PORT)接收远程设备的数据并保存在表(TBL)中。TBL 和 PORT 均为字节型,PORT 为常数。

网络写指令　NETW 初始化通信操作,通过指定的端口(PORT)向远程设备写入表(TBL)中的数据。

NETR 指令可从远程站点上最多读取 16 字节的信息,NETW 指令可向远程站点最多写入 16 字节的信息。可以在程序中使用任意数目的 NETR 利 NETW 指令,但在任意时刻最多只能有 8 个 NETR 及 NETW 指令有效。

9.2.5　S7 - 200 通信扩展模块

1. EM241 调制解调器模块

使用 EM241 调制解调器模块可以使 S7 - 200 具有电话机所具有的部分功能。该模块的主要特点和功能有:

①提供标准的国际电话线接口,与电话线连接;

②提供与支持 STEP7 - Micro/WIN32,通过调制解调器接口,连接到具有 EM241 扩展模块的 S7 - 200 上,实现对 S7 - 200 的编程和远程诊断;

③支持 Modbus RTU 协议;

④提供向预先设定的寻呼机发送数字或文本信息的功能;

⑤提供向预先设定的手机发送短信息的功能;

⑥允许 CPU 到 CPU 或 CPU 到 Modbus 的数据传送;

⑦密码保护功能;

⑧提供安全回拨功能。

2. CP243 - 1 工业以太网通信处理器模块

CP243 - 1 是一种通信处理器,它可以将 S7 - 200 系统连接到工业以太网中。CP243 - 1 还可用于实现 S7 - 200 低端性能产品的以太网通信。因此,一台 S7 - 200 还可通过以太网与其他 S7 - 200、S7 - 300 或 S7 - 400 控制器进行通信,并可与基于 OPC 的服务器进行通信。

在开放的 SIMATIC NET 通信系统中,工业以太网可以用作协调级和单元级网络。在技术上,工业以太网是一种基于屏蔽同轴电缆、双绞线而建立的电气网络,或一种基于光纤电缆的光网络。

9.2.6　通讯设置

在进行组网之前,首先必须对进入网络的 PLC 进行各个参数的设置,包括站地址、通信速率等关键因素。可以在两处对通讯进行设置,一是在 STEP7 - Micro/WIN32 软件中的"Communication"中设置,例如对通讯接口的安装与删除操作;第二是对通讯设备的硬件的设置,例如对 PC/PPI 电缆上开关的设置。

9.3　计算机与 PLC 的通信

计算机与 S7 - 200 系列 PLC 之间通信可以用以下的方法来实现:

①使用 Micro Computing 软件提供的 SIMATIC 控件实现通信。

②使用用户自定义的协议(自由端口模式)通信。

③使用工控组态软件(如西门子的 WinCC)实现通信。

④使用高级编程语言 VB 的串行通信控件(Comm Control)实现通信。

⑤使用 STEP7 - Micro/WIN32 软件,在 PPI 工作模式下实现。

9.3.1　用 Micro Computing 软件实现 PLC 与计算机的通信

西门子公司的 SIMATIC Micro Computing 软件使用微软的 Active X 技术,可用来实现计算机与 S7 - 200 CPU 之间的数据通信。它提供了供计算机与 PLC 交换数据的数据控件(Data Control)和一组可通过数据控件从 PLC 读写数据的用户控件(标准 Active X 控件)。这些控件不仅可以用于软件本身提供的控件窗口,生成与 S7 - 200 CPU 交换数据的简易人机界面,也可以嵌入到 Office、VB、VC 或 Delphi 等所有支持 OLE(对象链接与嵌入)的 Windows 应用软件中。因此,该软件为其他 Windows 应用程序提供了一种访问 PLC 的方法,极大地提高了设计的灵活性,从而能够满足用户各式各样的设计要求。

Micro Computing 有下列 4 种用户控件：

①Button(按钮控件) 可用来模拟物理按钮，也可以作状态指示灯使用。

②Label(标签控件) 用于显示字符串常量或过程数据，标签控件不能写入字符或数据。

③Edit(编辑控件) 用于显示或修改 PLC 的存储器变量。

④Slider(滑块控件) 用可移动的滑块形象地显示或修改 PLC 的存储器变量。

根据需要，还可以添加 Windows 应用程序提供的 Active X 控件。

9.3.2　自由端口模式下 PLC 的串行通信程序设计

自由端口模式为计算机或其他有串行通信接口的设备与 S7 - 200 CPU 之间的通信提供了一种廉价和灵活的方法。计算机与 PLC 通信时，为了避免通信中的各方争用通信线，一般采用主从方式，即计算机为主机，PLC 为从机，只有主机才有权主动发送请求报文(或称为请求帧)，从机收到后返回响应报文。下面主要介绍使用 PC/PPI 电缆连接计算机和 CPU 模块在自由端口模式下的编程方法。

如果使用 PC/PPI 电缆，在 S7 - 200 CPU 的用户程序中应考虑电缆的切换时间。S7 - 200 CPU 接收到 RS - 232 设备的请求报文后，到它发送响应报文的延迟时间必须大于等于电线的切换时间。波特率为 9600 bit/s 和 19200 bit/s 时，电线的切换时间分别为 2ms 和 1ms。一般用定时中断实现切换延时。S7 - 200 的通信帧采用异或校验，异或校验(或求和校验)是提高通信可靠性的最常用的措施之一，用得较多的是异或校验，即将每一帧中的第一个字符(不包括起始字符)到该帧中正文的最后一个字符作异或运算，并将异或的结果(异或校验码)作为报文的一部分发送到接收端。接收方计算出接收到的数据的异或校验码，并与发送方传送过来的校验码比较，如果不同，可以判定通信有误。

9.3.3　使用工控组态软件(如西门子的 WinCC)实现通信

人机界面就是人与机械沟通的桥梁，称为 HMI(Human - Machine Interface)，通过 HMI，人与机械就能建立直观、方便的对话方式，完成各种操作。HMI 一般具有以下功能。

①画面显示与组织功能。

②数据处理与统计功能。

③故障处理功能。

④现场设备及系统操作功能。

常用的人机界面一般可分为软件和硬件一体的人机界面。通常所用的工业控制组态软件就是一种人机界面软件，它可与各种工控机 IPC 和各种显示、控制仪表通信，采集各种数据并作动态显示及实时处理，且能把过程参量组态成动画形式直观表达。西门子公司的组态软件 WinCC 是比较出名的一种，此外国内自主开发的组态软件有研华公司的 Genie。

工业控制组态软件的共同特点是：必须运行在一个操作系统平台上，比如 DOS，Windows 等。虽然还未出现各型号 PLC 都可以公用的组态软件，但是各 PLC 生产厂家却都同时采用液晶、触摸屏技术的最新成果，为自己的 PLC 开发了软硬一体的液晶触摸屏，例如西门子的 OP 系列等。有些公司的触摸屏只能与本公司的 PLC 相连，有些专门生产 HMI 产品的公司的触摸屏则与常用的 PLC 都能相连。

如图 9 - 14 所示，为应用组态软件的触摸屏编辑界面示例，该界面美观、形象、易于理解。

触摸屏和 PLC 可以采取直接传送的方式,编辑界面时,在所选择的图形上,直接定义出 PLC 的 I/O 地址或寄存器的编号。该方式直接读取或改写 PLC 内部元件的值(但是不能改写 I/O 端口值),大大减轻了用户程序的负担,而且操作方便,节省了输入点数。

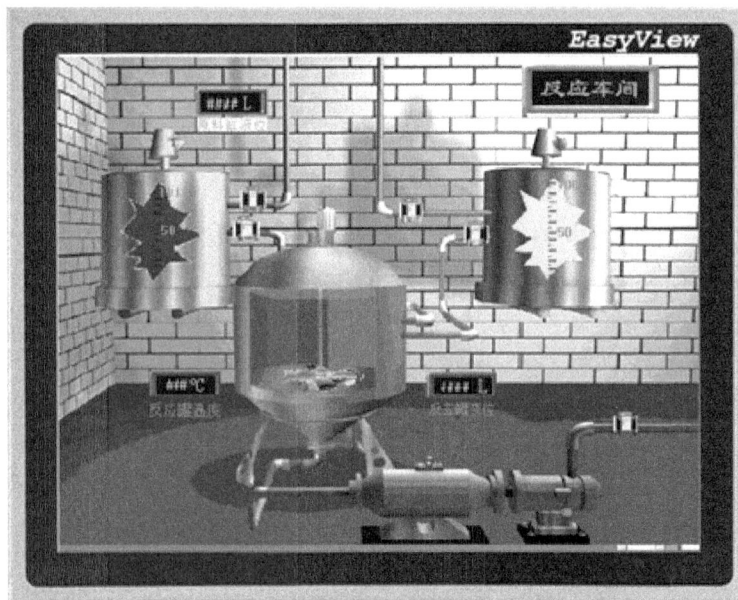

图 9-14　应用组态软件的触摸屏编辑界面示例

9.3.4　使用串行通信控件实现通信

在 Windows 环境下,操作系统通过驱动程序控制各硬件资源,不允许用户象在 Dos 环境下那样直接对串口进行底层的操作。为此,VB 提供了一个串行通信控件 Microsoft Comm Control1,简称 MSComm 控件。程序员只需设置和监视 MSComm 控件的属性和事件,就可以轻而易举地实现串行通信。这个控件也可以安装在其他高级语言程序中,例如 Delphi、VC,应用的方法是一样的。

1. MSComm 控件的属性

通过设置 MSComm 控件的属性对串口进行操作,其主要属性如下:

CommPort:设置并返回通信端口号。

Settings:设置并返回波特率、奇偶校验位、数据位和停止位。其中以字符 n、o、e 分别代表无校验、奇校验和偶校验。

PortOpen:设置并返回通信端口的状态。设置为 True 时,打开端口。设置为 False 时,关闭端口。

Input:从接收缓冲区读取数据,类型为 Variant。

OutPut:向发送缓冲区写入数据,类型为字符串或字节数组。

InputMode:设置从缓冲区读取数据的格式,设为 0 时为字符串格式,设为 1 时为二进制格式。

InBufferCount:设置和返回接收缓冲区的字节数,设为 0 时清空接收缓冲区。

OutBufferCount:设置和返回发送缓冲区的字节数,设为 0 时清空发送缓冲区。

InputLen：设置和返回 Input 每次读出的字节数，设为 0 时读出接收缓冲区中的全部内容。

RThreshold：表示在串口事件（OnComm）发生之前，接收缓冲区接收的最少字节数。若设为 0，可以禁止发生 OnComm 事件。一般设为 1，即当接收缓冲区中的字节数大于等于 1 时，就会产生接收事件。

CommEvent：返回相应的 OnComm 事件常数。

2. MSComm 控件处理接收信息的方式

MSComm 控件提供了两种处理方式：事件驱动方式和查询方式。一般用事件驱动方式，只要处理接收到的 RThreshold 属性非 0 时，收到字符或传输线发生变化时就会产生串口事件 OnComm。通过查询 CommEvent 属性可以捕获并处理这些通信事件。图 9 - 15 上类似电话的图标是 MSComm 控件，按右键点击属性弹出属性页对话框，可以对控件进行设置，也可以在对象的属性中或程序中逐一设置。双击该图标可以调出 OnComm 事件，编写相应的通信程序即可，这里不再赘述。

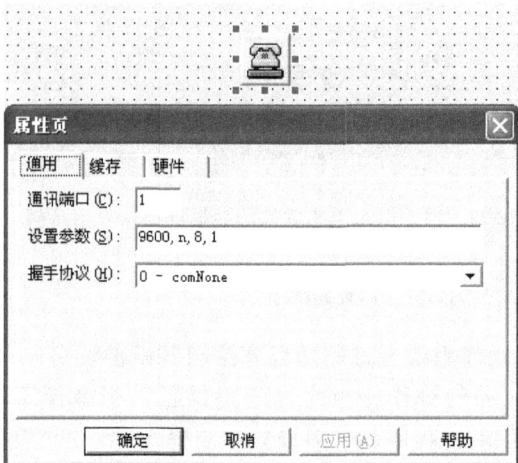

图 9 - 15　通信控件设置窗口

9.3.5　使用 STEP7 - Micro/WIN32 软件在 PPI 工作模式下实现通信

在 STEP7 - Micro/WIN32 软件管理下，PC 可作为通信中的主站，S7 - 200 系列 PLC 则作为通信中的从站，不需编程。此种通信形式主要执行工艺参数的设定和修改、生产过程的监控和显示、用户程序的上/下载等。在该软件的使用中已有介绍。

习　题

1. 什么叫并行和串行通信？各自应用在什么场合？
2. 说明同步通信和异步通信的信息传输格式。
3. 什么叫计算机网络？工业上常用哪几种网络类型。
4. 什么是基带传输和宽带传输？宽带传输信号调制有哪些类型？
5. 什么是通信网络的传输介质？常用介质有哪几种？

6. 网络通信时数据传输的方式有哪几种,它们各有什么特点?

7. S7 - 200 系列 PLC 可在那些通讯协议中完成工作?

8. S7 - 200 系列 PLC 的 PPI 通讯方式及自由口通讯方式有那些特点?

9. 如何实现计算机与 PLC 的通信?

10. 自由口通讯时如何设定站地址?

附　录

附录一　常用电气图形符号新旧对照表（GB 4728－85）

名称	新符号	旧符号	名称	新符号	旧符号
直流	—— 或 -----	—	导线的连接	⊥ 或 ⊤	丅
交流	∿	∿	导线的多线连接	或	或
交直流	≂	≂			
接地一般符号	⏚	⏚	导线的不连接	＋	＋
无噪声接地（抗干扰接地）	⏚		接通的连接片	或	
保护接地	⏚		断开的连接片		
接机壳或接底板	或 ⊥	⊥ 或	电阻器一般符号	优选形　其他形	
等电位	▽		电容器一般符号		
故障	⚡		极性电容器	＋　＋	＋
闪络、击穿		⚡	半导体二极管一般符号	▸⊣	▸⊢
导线间绝缘击穿			光电二极管		
导线对机壳绝缘击穿	或		电压调整二极管（稳压管）		
			晶体闸流管（阴极侧受控）		
			PNP 型半导体三极管		
导线对地绝缘击穿			NPN 型半导体三极管		

名称	新符号	旧符号	名称	新符号	旧符号
荧光灯启动器			示波器		
转速继电器		或	热电偶	或	
压力继电器			电喇叭		或
温度继电器	或	或	扬声器		或
			受话器		或
液位继电器			电铃	优选形 其他形	
火花间隙			蜂鸣器	优选形 其他形	
避雷器			原电池或蓄电池		或
熔断器			等电位		
跌开式熔断器			换向器上的电刷		
熔断器式开关			集电环上的电刷		
熔断器式隔离开关			桥式全波整流器	或	或
熔断器式负荷开关					

名称	新符号	旧符号	名称	新符号	旧符号
动合（常开）触点			位置开关的动合触点		
动断（常闭）触点			位置开关的动断触点		
先断后合的转换触点			热继电器的触点		
先合后断的转换触点			接触器的动合触点		
中间断开的双向触点			接触器的动分触点		
延时闭合的动合触点			三极开关		
延时断开的动合触点			三极高压断路器		
延时闭合的动断触点			三级高压隔离开关		
延时断开的动断触点			三级高压负荷开关		
延时闭合和延时断开的动合触点			继电器线圈		
延时闭合和延时断开的动断触点			热继电器的驱动器件		
带动合触点的按钮			灯		照明灯 信号灯
带动断触点的按钮					
带动合和动断触点的按钮			电抗器		

名称	新符号	旧符号	名称	新符号	旧符号
换向绕组			串励直流电动机		
补偿绕组			他励直流电动机		
串励绕组			并励直流电动机		
并励或他励绕组		或	复励直流电动机		
发电机	G	F	铁心带间隙的铁心		
直流发电机	G	F	单机变压器		
交流发电机	G	F	有中心抽头的单相变压器		
电动机	M	D	三相变压器星形—有中性点引出线的星形连接		
直流电动机	M	D			
交流电动机	M	D	三相变压器有中性点引出线的星形—三角形连接		
直线电动机	M				
步进电动机	M				
手摇发电机	G				
三相笼型异步电动机	M 3~				
三相绕线转子异步电动机	M 3~		电流互感器脉冲变压器	或	或

附录二 常用基本文字符号新旧对照表

名称	旧符号	新符号 单字母	新符号 双字母	名称	旧符号	新符号 单字母	新符号 双字母	名称	旧符号	新符号 单字母	新符号 双字母
发电机	F	G		刀开关	DK	Q	QK	照明灯	ZD	E	EL
直流电动机	ZF	G	GD	控制开关	KK	S	SA	指示灯	SD	H	HL
交流电动机	JF	G	GA	行程开关	CK	S	AT	蓄电池	XDC	G	GB
同步电动机	TF	G	GS	限位开关	XK	S	SL	光电池	GDC	B	
异步电动机	YF	G	GA	终点开关	ZDK	S	SE	晶体管	BG	B	
永磁电动机	YCF	G	GM	微动开关	WK	S	SS	电子管	G	B	VE
水轮发电机	SLF	G	GH	脚踏开关	TK	S	SR	调节器	T	A	
汽轮发电机	QLF	G	GT	按钮开关	AN	S	SB	放大器	FD	A	
励磁机	L	G	GE	接近开关	JK	S	SP	晶体管放大器	BF	A	AD
电动机	D	M		继电器	J	K		电子管放大器	GF	A	AV
直流电动机	ZD	M	MD	电压继电器	YJ	K	KV	磁放大器	CF	A	AM
交流电动机	JD	M	MA	电流继电器	LJ	K	KA	变换器	BH	B	
同步电动机	TD	M	MS	时间继电器	SJ	K	KT	压力变换器	YB	B	BP
异步电动机	YD	M	MA	频率继电器	PJ	K	KF	位置变换器	WZB	B	BQ
笼型电动机	LD	M	MC	压力继电器	YLJ	K	KP	温度变换器	WDB	B	BT
绕组	Q	W		控制继电器	KJ	K	KC	速度变换器	SDB	B	BV
电枢绕组	SQ	W	WA	信号继电器	XJ	K	KS	自整角机	ZZJ	B	
定子绕组	DQ	W	WS	接地继电器	JDJ	K	KE	测速发电机	CSF	B	BR
转子绕组	ZQ	W	WR	接触器	C	K	KM	送话器	S	B	
励磁绕组	LQ	W	WE	电磁铁	DT	Y	YA	受话器	SH	B	
控制绕组	KQ	W	WC	制动电磁铁	ZDT	Y	YB	拾声器	SS	B	
变压器	B	T		牵引电磁铁	QYT	Y	YT	扬声器	Y	B	
电力变压器	LB	T	TM	起重电磁铁	QZT	Y	YL	耳机	EJ	B	
控制变压器	KB	T	TC	电磁离合器	CLH	Y	YC	天线	TX	W	
升压变压器	SB	T	TU	电阻器	R	R		接线柱	JX	X	
降压变压器	JB	T	TD	变阻器	R	R		连接片	LP	X	XB
自耦变压器	OB	T	TA	电位器	W	R	RP	插头	CT	X	XP
整流变压器	ZB	T	TR	启动电阻器	QR	R	RS	插座	CZ	X	XS
电炉变压器	LB	T	TF	制动电阻器	ZDR	R	RB	测量仪表	CB	P	
稳压器	WY	T	TS	频敏电阻器	PR	R	RF	高	G	H	G
互感器	H	T		附加电阻器	FR	R	RA	低	D	L	D
电流互感器	LH	T	TA	电容器	C	C		升	S	U	S
电压互感器	YH	T	TV	电感器	L	L		降	J	D	J
整流器	ZL	U		电抗器	DK	L	LS	主	Z	M	Z
变流器	BL	U		起动电抗器	QK	L		辅	F	AUX	F
逆变器	NB	U		感应线圈	GQ	L		中	Z	M	Z
变频器	BP	U		电线	DX	W		正	Z	FW	Z
断路器	DL	Q	QF	电缆	DL	W		反	F	R	F
隔离开关	GK	Q	QS	母线	M	W		红	H	RD	H
自动开关	ZK	Q	QA	避雷针	BL	F		绿	L	GN	L
转换开关	HK	Q	QC	熔断器	RD	F	FU	黄	U	YE	U

附录三　常用辅助文字符号新旧对照表

名称	新符号	旧符号		名称	新符号	旧符号	
		单组合	多组合			单组合	多组合
白	WH	B	B	附加	ADD	F	F
蓝	BL	A	A	异步	ASY	Y	Y
直流	DC	ZL	Z	同步	SYN	T	T
交流	AC	JL	J	自动	A,AUT	Z	Z
电压	V	Y	Y	手动	M,MAN	S	S
电流	A	L	L	启动	ST	Q	Q
时间	T	S	S	停止	STP	T	T
闭合	ON	BH	B	控制	C	K	K
断开	OFF	DK	D	信号	S	X	X

附录四　西门子 S7-200 系列可编程控制器 CPU 规范

类型	CPU221	CPU222	CPU224	CPU226	CPU226XM
存储器					
用户程序空间	2048 字		4096 字	4096 字	8192 字
用户数据空间（EEP-ROM）	1024 字（永久存储）		2560 字（永久存储）		5120 字（永久存储）
装备(超级电容)(可选电池)	50h/典型值(40℃时最少 8h) 200 天/典型值		190h/典型值(40℃时最少 120h) 200 天/典型值		
I/O					
木机数字输入/输出	6 输入/4 输出	8 输入/6 输出	14 输入/10 输出	24 输入/16 输出	
数字 I/O 映像区	256(128 入/128 出)				
模拟 I/O 映像区	无	32(16 入/16 出)	64(32 入/32 出)		
允许最大的扩展模块	无	2 模块	7 模块		
允许的最大的智能模块	无	2 模块	7 模块		
脉冲捕捉输入	6	8	14		
高速计数器	4 个计数器		6 个计数器		
单相	4 个 30kHz		6 个 30 kHz		
两相	2 个 20 kHz		4 个 20kHz		
脉冲输出	2 个 20kHz(仅限于 DC 输出)				

续表

类型	CPU221	CPU222	CPU224	CPU226	CPU226XM
常规					
定时器	256 定时器;4 个定时器(1ms);16 个定时器(10ms);236 个定时器(100ms)				
计数器	256(由超级电容或电池备份)				
内部存储器位 掉电保存	256(由超级电容或电池备份)　　112(存储在 EEPROM)				
时间中断	2 个 1ms 分辨率				
边沿中断	4 个上升沿和/或 4 个下降沿				
模拟电位器	1 个 8 位分辨率			2 个 8 位分辨率	
布尔量运算执行速度	0.37μs 每条指令				
时钟	可选卡件			内置	
卡件选项	存储卡、电池卡和时钟卡			存储卡和电池卡	
集成的通讯功能					
接口	一个 RS－485 口			两个 RS－485 口	
PPI,DP/T 波特率	9.6、19.2、187.5K 波特				
自由口波特率	1.2K～115.2K 波特				
每段最大电缆长度	使用隔离的中继器:187.5K 波特可达 1000m,38.4K 波特可达 1200m 未使用隔离中继器:50m				
最大站点数	每段 32 个站,每个网络 126 个站				
最大主站数	32				
点到点(PPI 主站模式)	是(NETR/NETW)				
MPI 连接	共 4 个,2 个保留(1 个给 PG,1 个给 OP)				

参考文献

[1]张华宇. 数控机床电气及 PLC 控制技术. 北京:电子工业出版社,2014.

[2]高安邦. 机床电气 PLC 编程方法与实例. 北京:机械工业出版社,2014.

[3]廖兆荣. 机床电气自动控制. 北京:化学工业出版社,2004.

[4]SIEMENS 公司. SIMATIC　S7－200. 可编程序控制器系统手册. 2002.

[5]汪建武. 机床电气控制与 PLC 技术. 北京:电子工业出版社,2013.

[6]杨丁,刘帅. 数控机床电气控制与 PLC. 成都:西南交通大学出版社,2013.

[7]刘芬. 机床电气控制与 PLC. 北京:国防工业出版杜,2009.

[8]刘喜峰. 机床电气控制与 PLC 技术. 北京:清华大学出版社,2011.

[9]林盛昌. 机床电气控制与 PLC. 北京:北京大学出版社,2013.

[10]汤以范. 电气与可编程序控制器技术. 北京:机械工业出版社,2004.

[11]李道霖. 电气控制与 PLC 原理及应用. 北京:电子工业出版社,2005.

[12]陈富安. 单片机与可编程控制器应用技术. 北京:国防工业出版社,2003.

[13]廖兆荣. 数控机床电气控制. 北京:高等教育出版社,2004.